"十四五"职业教育国家规划教材

机械加工工艺

（第4版）

活页式教材

主　编　武友德　史慧芳

副主编　蔡云松

北京理工大学出版社

BEIJING INSTITUTE OF TECHNOLOGY PRESS

内 容 简 介

本书紧紧围绕高素质技术技能人才培养目标，对接专业教学标准和"1+X"职业能力评价标准，选择项目案例，结合生产实际中需要解决的一些工艺技术应用与创新的基础性问题，以项目为纽带、任务为载体、工作过程为导向，科学组织教材内容，进行教材内容模块化处理，注重课程之间的相互融通及理论与实践的有机衔接，开发工作页式的工单，形成了多元多维、全时全程的评价体系，并基于互联网，融合现代信息技术，配套开发了丰富的数字化资源，编写成了该活页式教材。

本书共分为"课程认识""机械加工工艺规程制定""轴类零件加工工艺设计""盘、套类零件加工工艺设计""箱体零件加工工艺设计""机械产品装配工艺编制""特种加工技术认知"等7大模块。

本书以工作页式的工单为载体，强化项目导学、自主探学、合作研学、展示赏学、检测评学，在课程革命、学生地位革命、教师角色革命、课堂革命和评价革命等方面全面改革。

本书可以作为高职高专院校、技术应用型本科院校机械制造类专业学生用书，也可作为企业技术人员的参考资料。

图书在版编目（CIP）数据

机械加工工艺 / 武友德，史慧芳主编. -- 4 版. --
北京 ：北京理工大学出版社，2021.9（2024.7 重印）
　ISBN 978-7-5763-0320-9

　Ⅰ. ①机… 　Ⅱ. ①武… ②史… 　Ⅲ. ①金属切削–高
等学校–教材 　Ⅳ. ①TG506

中国版本图书馆 CIP 数据核字（2021）第 181993 号

责任编辑：孟雯雯　　文案编辑：多海鹏
责任校对：周瑞红　　责任印制：李志强

出版发行 / 北京理工大学出版社有限责任公司
社　　址 / 北京市丰台区四合庄路 6 号
邮　　编 / 100070
电　　话 / （010）68914026（教材售后服务热线）
　　　　　（010）68944437（课件资源服务热线）
网　　址 / http://www.bitpress.com.cn

版 印 次 / 2024 年 7 月第 4 版第 3 次印刷
印　　刷 / 河北盛世彩捷印刷有限公司
开　　本 / 787 mm × 1092 mm　1/16
印　　张 / 22
字　　数 / 501 千字
定　　价 / 59.90 元

编写人员

主　编　武友德（学校）

　　　　史慧芳（企业）

副主编　蔡云松

参编（学校）　杨保成　沈韦华　西庆坤　王鹏伟

　　　　　　　徐　伟

参编（企业）　范华献　李　威　马　涛　钱俊松

　　　　　　　石义官　肖　勇　尹　健　余海勇

主　审　卢万强（学校）

　　　　高　丰（企业）

前　言

　　为贯彻落实党的二十大精神，服务人才强国战略，努力培养造就更多大师、创新团队、青年科技人才、卓越工程师、大国工匠、高技能人才，推动制造业高端化、智能化、绿色化发展，本教材着力提升学生的综合素质及专业技术技能水平，强调学生创新精神的养成，鼓励学生开展自主学习，激发学生立志成才、技术报国的热情。

　　"机械加工工艺"课程是高职高专机械制造类专业的一门专业核心课程。为建设好该课程，编者认真研究专业教学标准和"1＋X"职业能力评价标准，开展广泛调研，联合企业制定了毕业生所从事岗位（群）的《岗位（群）职业能力及素养要求分析报告》，并依据《岗位（群）职业能力及素养要求分析报告》开发了《专业人才培养质量标准》，按照《专业人才培养质量标准》中的素质、知识和能力要求要点，注重"以学生为中心，以立德树人为根本，强调知识、能力、思政目标并重"，组建了校企合作的结构化课程开发团队。以生产企业实际项目案例为载体，任务驱动、工作过程为导向，进行课程内容模块化处理，以"项目＋任务"的方式，开发工作页式的任务工单，注重课程之间的相互融通及理论与实践的有机衔接，形成了多元多维、全时全程的评价体系，并基于互联网，融合现代信息技术，配套开发了丰富的数字化资源，编写成了该活页式教材。

　　本书以工作页式的工单为载体，强化项目导学和自主探学、合作研学、展示赏学、检测评学，在课程革命、学生地位革命、教师角色革命、课堂革命、评价革命等方面全面改革，在评价体系中强调以立德树人为根本，素质教育为核心，突出技术应用，强化学生创新能力的培养。

　　本书实施"双主编""双主审"制，由四川工程职业技术学院武友德教授和中国兵器装备集团自动化研究所史慧芳高级工程师联合担任主编，由四川工程职业技术学院卢万强教授和中国兵器装备集团自动化研究所高丰高级工程师联合担任主审。各模块内容由企业和学校人员联合编写。

　　四川工程职业技术学院武友德博士、教授和中国兵器装备集团自动化研究所范华献联合编写模块一；

　　四川工程职业技术学院蔡云松讲师、技师和中国兵器装备集团自动化研究所李威联合编写模块二；

　　四川工程职业技术学院西庆坤硕士、副教授和中国兵器装备集团自动化研究所马涛联合编写模块三；

　　四川工程职业技术学院沈韦华硕士、副教授和中国兵器装备集团自动化研究所钱俊松联合编写模块四；

　　四川工程职业技术学院杨保成副教授、技师和中国兵器装备集团自动化研究所石义官联合编写模块五；

　　四川工程职业技术学院徐伟硕士、副教授和中国兵器装备集团自动化研究所肖勇联合写模块六；

　　四川工程职业技术学院王鹏伟博士、讲师和中国兵器装备集团自动化研究所尹健联合编写模块七。

　　因该书涉及内容广泛，编者水平有限，难免出现错误和处理不妥之处，请读者批评指正。

编　者

目　录

模块一　课程认识 ·· 1

　任务一　课程性质及定位理解 ··· 1

　任务二　前后课程的衔接和融通 ·· 7

模块二　机械加工工艺规程制定 ··· 14

项目一　工艺基本概念理解 ·· 15

　任务一　机械加工工艺过程及其组成认知 ································ 15

　任务二　生产类型的划分及其工艺特点认知 ···························· 21

　任务三　常用工艺文件认知及应用 ·· 28

　任务四　制定机械加工工艺规程的原则、方法及步骤分析 ············· 33

项目二　机械加工精度保证 ·· 39

　任务一　加工精度和加工误差的概念认知 ································ 39

　任务二　获取加工精度的方法认知及应用 ································ 44

　任务三　影响加工精度的因素分析 ·· 51

　任务四　保证和提高加工精度的途径认知及应用 ······················ 62

项目三　零件图样的工艺分析 ··· 68

　任务一　零件结构工艺性分析 ··· 68

项目四　毛坯的选择 ··· 75

　任务一　常用毛坯的种类认知及毛坯选择时应考虑的因素分析 ········ 75

　任务二　毛坯的材料、形状及尺寸的确定 ································ 81

项目五　加工方案和加工顺序的确定 ·· 86

　任务一　加工方案的确定 ·· 86

　任务二　加工顺序的确定 ·· 95

项目六　定位基准的选择 ·· 103

　任务一　基准的概念及其分类认知 ·· 103

　任务二　定位基准的选择 ·· 109

项目七　加工余量、工序尺寸及公差的确定 ··································· 116

　任务一　加工余量的确定 ·· 116

　任务二　工序尺寸及公差的确定 ··· 123

项目八　机床及工艺装备的选择 ·· 132
　　任务一　机床及工艺装备的选择 ·· 132
项目九　时间定额的确定及提高劳动生产率的工艺途径分析 ············· 138
　　任务一　时间定额的含义及组成认知 ·· 138
　　任务二　提高劳动生产率的工艺途径分析 ·································· 143
项目十　工艺文件的填写 ·· 149
　　任务一　工艺文件的填写 ·· 149

模块三　轴类零件加工工艺设计 ··· 156

项目一　轴类零件工艺分析 ··· 157
　　任务一　轴类零件的功用和结构特点分析 ·································· 157
　　任务二　轴类零件技术要求分析 ·· 162
　　任务三　轴类零件的材料、毛坯及热处理方式选择 ····················· 167
项目二　轴类零件常见表面加工方法选择 ·· 173
　　任务一　外圆表面的加工方法选择及应用 ·································· 173
　　任务二　轴其他表面的加工方法选择及应用（螺纹、槽、锥面等）··· 179
项目三　典型轴类零件机械加工工艺规程制定 ·································· 184
　　任务一　典型轴类零件机械加工工艺规程制定 ··························· 184

模块四　盘、套类零件加工工艺设计 ··· 192

项目一　盘、套类零件工艺分析 ·· 193
　　任务一　盘、套类零件的工艺和结构特点分析 ··························· 193
　　任务二　盘、套类零件材料、毛坯及热处理方式选择 ··················· 198
项目二　盘、套类零件常见表面加工方法选择 ·································· 203
　　任务一　内孔加工方法的选择及应用 ·· 204
　　任务二　盘、套类零件的加工方案 ··· 217
项目三　典型盘、套类零件机械加工工艺规程制定 ·························· 223
　　任务一　典型盘、套类零件机械加工工艺规程制定 ····················· 223

模块五　箱体零件加工工艺设计 ··· 230

项目一　箱体零件工艺分析 ··· 230
　　任务一　箱体零件的功用和结构特点分析 ·································· 230
　　任务二　箱体零件技术要求分析 ·· 235
　　任务三　箱体零件材料、毛坯及热处理方式选择 ························ 240
项目二　箱体零件常见表面加工方法选择 ·· 246
　　任务一　平面的加工方法选择及应用 ·· 247
　　任务二　孔系的加工方法选择及应用 ·· 251
项目三　箱体零件定位基准的选择 ··· 256
　　任务一　箱体零件加工精基准的选择及应用 ······························ 257

　　任务二　箱体零件加工粗基准的选择及应用 ……………………………………… 261
　项目四　典型箱体零件机械加工工艺规程制定 …………………………………… 267
　　任务一　制定箱体零件机械加工工艺过程的共性原则认知 …………………… 267
　　任务二　典型箱体零件机械加工工艺规程制定 ………………………………… 272

模块六　机械产品装配工艺编制 ……………………………………………………… 279

　项目一　机械装配认知 ………………………………………………………………… 280
　　任务一　装配及装配精度的概念认知 …………………………………………… 280
　　任务二　制定装配工艺规程的原则与步骤认知 ………………………………… 285
　项目二　产品装配工艺制定 …………………………………………………………… 290
　　任务一　产品结构的装配工艺性分析 …………………………………………… 290
　　任务二　装配尺寸链的原理及应用 ……………………………………………… 295
　　任务三　产品装配工艺的制定 …………………………………………………… 300

模块七　特种加工技术认知 …………………………………………………………… 306

　项目一　特种加工技术认知 …………………………………………………………… 306
　　任务一　特种加工的认知 ………………………………………………………… 306
　　任务二　特种加工技术分类 ……………………………………………………… 311
　项目二　电火花加工工艺编制及应用 ………………………………………………… 317
　　任务一　电火花成形加工的原理、工艺特点及应用认知 ……………………… 317
　　任务二　电火花线切割加工的原理、工艺特点及应用认知 …………………… 329

模块一 课程认识

任务一 课程性质及定位理解

1.1.1 任务描述

完成如图 1-1 所示的零件加工应该具备的知识，以及应该完成的准备工作分析。

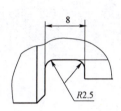

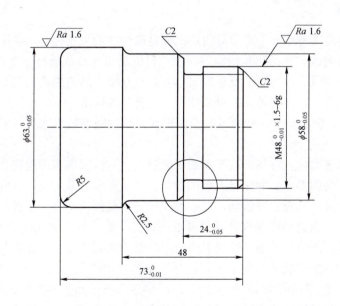

技术要求
锐边倒钝。

图 1-1 短轴

1.1.2　学习目标

1. 知识目标

（1）掌握课程的性质；

（2）掌握课程在人才培养中的定位。

2. 能力目标

（1）能理解机械加工工艺的内涵；

（2）能理解本课程在专业人才培养中的定位。

3. 素养素质目标

（1）培养勤于思考、分析问题的意识；

（2）培养规范意识；

（3）培养低碳环保意识。

1.1.3　重难点

1. 重点

课程性质认知。

2. 难点

本课程在人才培养中的定位。

1.1.4　相关知识链接

高职高专机械制造类专业，主要面向的是机械制造企业的设备操作、零件制造工艺与工装设计、产品装配与调试、产品质量检验等岗位，目的是培养高素质技术技能型人才。

随着科学技术的发展，对产品的要求越来越高，一方面产品的结构日趋复杂，另一方面精度和性能要求日趋提高，再就是大力提倡低碳、绿色制造技术，因此对生产工艺提出了更高的要求。为适应这一新的趋势，必须紧跟当今世界先进的制造技术水平，采用低碳和环保的手段制造产品。

随着产品结构的复杂化，对其制造产品的工艺设备——机床也相应地提出了高效率、高精度和高自动化等方面的要求。为满足人们的需要，产品需求日益更新，且向多品种、单件小批量的趋势发展。为了适应这种趋势，就必须找到一种能解决单件、小批量、多品种，特别是复杂型面零件加工的自动化并保证质量要求的设备，数控机床就是在此背景下产生的。数控机床加工技术是利用数控设备、根据不同的工艺要求来完成零件加工的技术，工艺技术水平的高低直接影响到数控机床功能的发挥，并直接影响到产品的质量和生产效益。

产品的生产和制造，首先必须对产品进行设计，然后分析产品中各零件图样的技术要求，确定加工工艺方案，最后进行产品的加工。机械零件的制造离不开检测量具或量仪、刀具、夹具、机床等工艺装备，故将这些项目列入具有专门格式要求的表格中，形成工艺文件。零件的制造工艺文件是指导生产不可缺少的技术文件，工艺文件所反映的主要内容包含零件生产加工过程中所使用的刀具及参数、量具、机床设备和切削用量等。

　　"机械加工工艺"课程是机械制造类专业的一门主干专业课程，其培养目标就是要围绕生产加工岗位的能力要求，强化零件加工工艺的设计及应用能力的培养，使学生具备分析和解决生产过程中一般工艺问题的能力；能依据工艺文件的要求，合理选择刀具、机床和切削用量；能编制零件加工工艺文件，并具备现场工艺实施能力。

　　"机械加工工艺"课程主要讲授机械加工工艺规程的设计方法、机械质量概念、常见典型零件的加工工艺设计、机械装配工艺设计以及特种加工工艺等，使学生全面具备机械加工工艺的编制与实施能力。

1.1.5　任务实施

1.1.5.1　学生分组

学生分组表 1–1

班级		组号		授课教师	
组长		学号			
组员	姓名	学号		姓名	学号

1.1.5.2　完成任务工单

任务工作单

　　组号：_____　姓名：_____　学号：_____　检索号：　1152–1

引导问题：

（1）谈谈你对"机械加工工艺"课程的认识。

_____

_____

（2）简述学好该课程对以后工作的支撑作用。

_____

_____

（3）简述如何做到低碳环保。

_____

_____

任务工作单

组号：_____　　姓名：_____　　学号：_____　　检索号：<u>1152－2</u>

引导问题：

（1）完成图1－1所示零件的加工，应具备哪些方面的知识储备？

_____

_____

（2）完成图1－1所示零件的加工，应完成哪些准备工作？

_____

_____

1.1.5.3　合作探究

任务工作单

组号：_____　　姓名：_____　　学号：_____　　检索号：<u>1153－1</u>

引导问题：

（1）小组讨论，教师参与，确定任务工作单1152－1和1152－2的最优答案，并检讨自己存在的不足。

_____

_____

（2）每组推荐一个小组长，进行汇报。根据汇报情况，再次检讨自己的不足。

_____

_____

1.1.6　评价反馈

任务工作单

组号：_____　　姓名：_____　　学号：_____　　检索号：<u>116－1</u>

自我评价表

班级		组名		日期	年　月　日
评价指标	评价内容			分数/分	分数评定
信息收集能力	能有效利用网络、图书资源查找有用的相关信息等；能将查到的信息有效地传递到学习中			10	
感知课堂生活	是否能在学习中获得满足感，课堂生活的认同感			10	

评价指标	评价内容	分数/分	分数评定
参与态度，沟通能力	积极主动与教师、同学交流，相互尊重、理解、平等；与教师、同学之间是否能够保持多向、丰富、适宜的信息交流	15	
	能处理好合作学习和独立思考的关系，做到有效学习；能提出有意义的问题或能发表个人见解	15	
对本课程的认识	本课程主要培养的能力 / 本课程主要培养的知识	5	
	对将来工作的支撑作用	10	
辩证思维能力	是否能发现问题、提出问题、分析问题、解决问题、创新问题	10	
自我反思	按时保质地完成任务；较好地掌握知识点；具有较为全面、严谨的思维能力，并能条理清楚、明晰地表达成文	25	
自评分数			
总结提炼			

任务工作单

被评价人信息：组号：_____　　姓名：_____　　学号：_____　　检索号：__116-2__

小组内互评验收表

验收人组长		组名		日期	年　月　日
组内验收成员					
任务要求	课程定位的认识；完成给定零件加工任务应具备的知识、能力储备分析；完成给定零件加工应该做的工作准备；任务完成过程中，至少包含 5 份文献检索目录清单				
文档验收清单	被评价人完成的 1152-1 任务工作单				
	被评价人完成的 1152-2 任务工作单				
	文献检索目录清单				
验收评分	评分标准		分数/分	得分	
	能正确表述课程的定位，缺一处扣 1 分		25		
	描述完成给定零件加工任务应具备的知识、能力储备分析，缺一处扣 1 分		25		
	描述完成给定的零件加工应该做的工作准备，缺一处扣 1 分		25		
	文献检索目录清单，少一份扣 5 分		25		
评价分数					
总体效果定性评价					

任务工作单

被评组号：＿＿＿＿＿＿＿＿＿＿＿＿＿＿＿＿＿　　检索号：　116－3

小组间互评表（听取各小组长汇报，同学打分）

班级		评价小组	日期	年　月　日
评价指标	评价内容		分数/分	分数评定
汇报表述	表述准确		15	
	语言流畅		10	
	准确反映改组完成任务情况		15	
内容正确度	所表述的内容正确		30	
	阐述表达到位		30	
互评分数				

二维码 1－1

任务工作单

组号：＿＿＿＿＿　姓名：＿＿＿＿＿　学号：＿＿＿＿＿　检索号：　116－4

任务完成情况评价表

任务名称		课程性质与定位理解			总得分	
评价依据		学生完成任务后的任务工作单				
序号	任务内容及要求		配分/分	评分标准	教师评价	
					结论	得分
1	课程定位	（1）描述正确	10	缺一个要点扣 1 分		
		（2）语言表达流畅	10	酌情赋分		
2	完成给定零件加工任务应具备的知识、能力储备分析	（1）应具备的知识分析	10	缺一个要点扣 1 分		
		（2）应具备的能力分析	10	缺一个要点扣 1 分		
3	完成给定零件加工应该做的工作准备	（1）涉及哪几个方面的准备	15	缺一个要点扣 2 分		
		（2）每一个工作准备的作用	15	缺一个要点扣 2 分		

序号	任务内容及要求		配分/分	评分标准	教师评价	
					结论	得分
4	至少包含 5 份文献检索目录清单	（1）数量	10	每少一个扣 2 分		
		（2）参考的主要内容要点	10	酌情赋分		
5	素质素养评价	（1）沟通交流能力	10	酌情赋分，但违反课堂纪律，不听从组长、教师安排，不得分		
		（2）团队合作				
		（3）课堂纪律				
		（4）合作探学				
		（5）自主研学				

二维码 1-2

任务二　前后课程的衔接和融通

1.2.1　任务描述

理解该课程与已学习的前序课程、平行课程的知识、能力的衔接与融通关系，以及对后续课程的支撑与融通关系。

1.2.2　学习目标

1. 知识目标

（1）掌握该课程与前序课程的衔接和融通关系；
（2）掌握该课程与平行课程的衔接和融通关系。

2. 能力目标

（1）能理解该课程与其他课程的衔接和融通关系；
（2）能理解本课程对后续课程的支撑作用。

3. 素养素质目标

（1）培养辩证分析能力；
（2）培养逻辑思维能力。

1.2.3　重难点

1. 重点

本课程与其他课程的衔接和融通关系。

2. 难点

本课程对后续课程的支撑作用。

1.2.4　相关知识链接

"机械加工工艺"课程，是机械制造类专业的一门主干专业课程，是学生在学习完金属切削加工与刀具、机床夹具及应用、零件几何量检测、金属切削机床等主干专业课程的基础上，进行综合应用的一门课程，该课程与其他各课程之间衔接紧密，是培养学生零件加工工艺设计能力的主要课程。

在"金属切削加工与刀具"课程中，讲到了金属切削加工原理以及刀具的选择、加工质量的控制、切削用量的合理选择等知识，这些内容与"机械加工工艺"课程关联性极大，机械加工工艺的主要内容之一就是要合理地确定切削用量和正确地选择刀具，因此该课程的知识点掌握得好与坏，直接影响到"机械加工工艺"课程的学习。

"机床夹具及应用"课程，主要讲授工件加工时的定位、安装及装夹，工件的装夹是离不开夹具的。这些内容与"机械加工工艺"课程的关联性极大，因为机械加工工艺主要反映如何把零件从毛坯加工到符合零件图样要求的全过程的方法和手段等，其中当然包含完成每一个加工工序时零件的定位和合理装夹。由此可见，"机床夹具及应用"课程学得好与坏，也直接影响到工艺课程的学习。

"金属切削机床"课程，主要讲授的是用于加工机械零件的机床设备的性能及使用等，通过该课程的学习，学生能够根据实际的加工要求，合理地选择机床设备的规格、型号和技术要求。这些内容也是工艺设计的主要内容，可以说该门课程与工艺课程的衔接和相互关联性强。

"机械加工工艺"课程就是要把前面各主要课程的知识点进行综合应用，解决工艺设计问题。所以说该课程是机械制造类专业重要的专业主干课程，只有学好该门课程才能保障机械制造类专业"工艺"核心能力的培养，才能保证专业培养目标的实现。

"机械加工工艺"课程学完后，根据专业人才培养总体要求，后续还开设有"机械加工工艺课程设计""机械加工实训""数控编程""毕业设计"等课程，这些课程都和该课程紧密联系，为后续课程的学习提供了支撑作用。

由于该门课程对理论与实践要求都很高，所以必须强化理论与实践的有机结合，要充分利用行业、企业优势，大力推行"校企合作、工学结合"的教学模式，做到理论与实践并重，强化应用能力的培养。

教师教学方法：

（1）采取任务驱动的教学模式；

（2）完善实践教学资源，开发多种教学手段；

（3）引入企业典型案例，理论联系实际开展教学；

（4）要充分利用工作页式的任务工单，推进教师角色转换革命，调动学生的积极性；改进课堂学习环境，推动学生自主学习和合作探究式学习。

学生学习方法：

（1）要充分了解该门课程的重要性；

（2）重视该门课程，端正学习态度；有自主学习的能动性、积极合作探究的精神；

（3）要善于收集信息，并对信息进行辩证地分析和处理，拓展相关知识面；

（4）要主动深入实验室认真做好试验；

（5）要深入校内生产实训基地，全面了解企业生产过程，切实了解各类常用刀具及其在生产中的正确应用。

1.2.5　任务实施

1.2.5.1　学生分组

学生分组表 1-2

班级		组号		授课教师	
组长		学号			
组员	姓名	学号	姓名	学号	

1.2.5.2　完成任务工单

任务工作单

组号：_____　姓名：_____　学号：_____　检索号：__1252-1__

引导问题：

（1）前序相关课程有哪些？分别阐述其与该课程的衔接与融通关系。

_____

_____

（2）你了解有哪些相关的平行课程？分析它们与该课程的关联性。

_____

_____

（3）你是否了解该课程相关的后续课程？该课程对后续课程有哪些支撑作用？

_____

_____

1.2.5.3 合作探究

任务工作单

组号：_____ 姓名：_____ 学号：_____ 检索号：__1253-1__

引导问题：

（1）小组讨论，教师参与，确定任务工作单1252-1的最优答案，并检讨自己存在的不足。

_____

_____

（2）每组推荐一个小组长，进行汇报。根据汇报情况，再次检讨自己的不足。

_____

_____

1.2.6 评价反馈

任务工作单

组号：_____ 姓名：_____ 学号：_____ 检索号：__126-1__

自我评价表

班级		组名		日期	年　月　日
评价指标	评价内容			分数/分	分数评定
信息收集能力	能有效利用网络、图书资源查找有用的相关信息等；能将查到的信息有效地传递到学习中			10	
感知课堂生活	是否能在学习中获得满足感，课堂生活的认同感			10	
参与态度，沟通能力	能积极主动与教师、同学交流，相互尊重、理解、平等；与教师、同学之间是否能够保持多向、丰富、适宜的信息交流			10	
	能处理好合作学习和独立思考的关系，做到有效学习；能提出有意义的问题或能发表个人见解			10	
知识、能力获得	本课程的前序课程名称			20	
	本课程的平行课程名称				
	本课程的后续课程名称				
	与前序课程衔接的知识点			20分	
	与平行课程衔接的知识点				
	支撑后续课程的知识点				

评价指标	评价内容	分数/分	分数评定
辩证思维能力	是否能发现问题、提出问题、分析问题、解决问题、创新问题	10	
自我反思	按时保质地完成任务；较好地掌握知识点；具有较为全面、严谨的思维能力，并能条理清楚、明晰地表达成文	10	
自评分数			
总结提炼			

任务工作单

被评价人信息：组号：_____　姓名：_____　学号：_____　检索号：__126-2__

小组内互评验收表

验收人组长		组名		日期	年　月　日
组内验收成员					
任务要求	该课程关联紧密的前序课程；该课程与前序课程的衔接和融通关系；该课程与平行课程的关系；该课程与后续课程的衔接和融通关系；任务完成过程中，至少包含5份文献检索的目录清单				
文档验收清单	被评价人完成的1252-1任务工作单				
	文献检索目录清单				
验收评分	评分标准		分数/分		得分
	能正确表述与该课程关联紧密的前序课程，缺一处扣1分		20		
	描述该课程与前序课程的衔接和融通关系，缺一处扣1分		20		
	描述该课程与平行课程的关系，缺一处扣1分		20		
	描述该课程与后续课程的衔接和融通关系，缺一处扣1分		20		
	文献检索目录清单，至少5份，少一份扣5分		20		
评价分数					
总体效果定性评价					

任务工作单

被评组号：＿＿＿＿＿＿＿＿＿＿＿＿＿＿＿＿＿＿＿　检索号：　126－3

小组间互评表（听取各小组长汇报，同学打分）

班级		评价小组		日期	年 月 日
评价指标	评价内容			分数/分	分数评定
汇报表述	表述准确			15	
	语言流畅			10	
	准确反映改组完成任务情况			15	
内容正确度	所表述的内容正确			30	
	阐述表达到位			30	
互评分数					

二维码 1-3

任务工作单

组号：＿＿＿＿　姓名：＿＿＿＿＿＿　学号：＿＿＿＿＿＿　检索号：　126－4

任务完成情况评价表

任务名称	前后课程的衔接和融通		总得分		
评价依据	学生完成任务后的任务工作单				
序号	任务内容及要求		配分/分	评分标准	教师评价
					结论	得分
1	阐述与该课程关联紧密的前序课程	（1）描述正确	10	缺一个要点扣1分		
		（2）语言表达流畅	10	酌情赋分		
2	该课程与前序课程的衔接和融通关系	（1）描述正确	10	缺一个要点扣1分		
		（2）语言流畅	10	酌情赋分		
3	该课程与平行课程的关系	（1）描述正确	10	缺一个要点扣2分		
		（2）语言流畅	10	酌情赋分		
4	该课程与后续课程的衔接和融通关系	（1）描述正确	10	缺一个要点扣2分		
		（2）语言流畅	10	酌情赋分		

序号	任务内容及要求		配分/分	评分标准	教师评价	
					结论	得分
5	至少包含 5 份文献检索目录清单	（1）数量	5	每少一个扣 2 分		
		（2）参考的主要内容要点	5	酌情赋分		
5	素质素养评价	（1）沟通交流能力	10	酌情赋分，但违反课堂纪律，不听从组长、教师安排，不得分		
		（2）团队合作				
		（3）课堂纪律				
		（4）合作探学				
		（5）自主研学				

二维码 1-4

模块二　机械加工工艺规程制定

　　图 2-1 所示为某企业实际生产的、年产量达 350 件的传动轴零件图。在企业真实的生产中，要完成该零件的加工，在车间接受任务后，首先由工艺人员审查零件图，分析零件结构

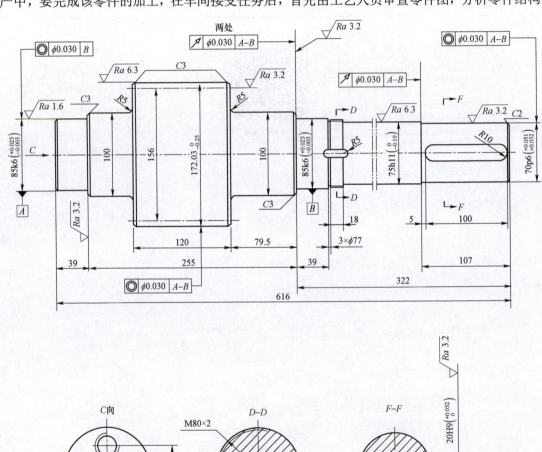

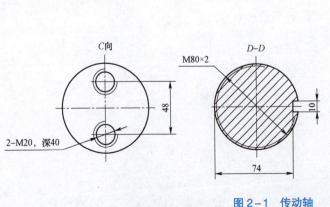

图 2-1　传动轴

和要求；选择或根据给定的零件材料，确定毛坯以及分析应采用哪些热处理方式及表面的加工方法；根据企业工人技术水平、设备和工艺装备状况，选择加工设备和工艺装备，确定零件精度检验手段及相关检测工具；查阅有关技术手册和相关资料，编制加工工艺文件，然后操作工人按照工艺文件的加工顺序及要求，完成零件的加工。可以说工艺文件是指导加工的重要技术文件，所编制的工艺文件是否科学合理，直接影响到零件的加工质量、生产效率和制造成本。机械加工工艺规程的制定，就是要完成工艺文件的编制，以指导企业生产。

项目一　工艺基本概念理解

任务一　机械加工工艺过程及其组成认知

2.1.1.1　任务描述

要完成图 2-1 所示零件的加工，首先就要制定机械加工工艺过程。请说明机械加工工艺过程及其组成要素。

2.1.1.2　学习目标

1. 知识目标

（1）掌握机械加工工艺过程的概念；
（2）掌握工序、安装、工位、工步及走刀的概念。

2. 能力目标

（1）能理解机械加工工艺过程及其各个组成部分之间的关系；
（2）能正确划分工序和工步。

3. 素养素质目标

（1）培养勤于思考及分析问题的意识；
（2）培养严谨的工作作风；
（3）培养成本、效益与质量的意识。

2.1.1.3　重难点

1. 重点

机械加工工艺过程及其组成。

2. 难点

工序及工步的划分。

2.1.1.4 相关知识链接

1. 生产过程

生产过程是指将原材料转变为成品的全过程，生产过程包含：

（1）生产技术准备过程。这个过程主要完成产品投入生产前的各项准备工作，如产品设计、工艺设计和工装设计制造等。

（2）毛坯的制造。

（3）零件的机械加工及热处理。

（4）部件或产品的装配和试验。

（5）产品的油漆和包装。

（6）原材料、半成品和工具的供应、运输、保管以及产品的发运等。

生产过程可以划分为工艺过程和辅助过程。在生产过程中，直接改变生产对象的形状、尺寸及相对位置和性质等，使其成为成品或半成品的过程称为工艺过程。除工艺过程以外，其他的劳动过程是辅助过程。上述过程中，第二、三、四项为工艺过程，其余为辅助过程。

2. 机械加工工艺过程

采用机械加工方法直接改变毛坯的形状、尺寸、相对位置与性质等，使其成为零件的工艺过程称为机械加工工艺过程。机械加工工艺过程直接决定零件和机械产品的精度，对产品的成本、生产周期都有较大的影响，是整个工艺过程的重要组成部分。

零件的机械加工工艺过程由若干个按顺序排列的工序组成，而工序又可分为安装、工位、工步和走刀。

1）工序

所谓工序，是指一个（或一组）工人，在一个工作地（或一台机床）上对一个（或同时对几个）工件连续完成的那一部分工艺过程。

工序是工艺过程中的基本单元，也是制定劳动定额、配备设备、安排工人、制定生产计划、进行成本核算的基本单元。

划分工序的主要依据是工作地点是否变动和工作过程是否连续。

2）安装

在工件加工前，使其在机床或夹具中相对刀具占据正确位置并给予固定的过程，称为装夹（装夹包括定位和夹紧两过程）。工件经一次装夹后所完成的那一部分工序内容称为安装。

在一道工序中，工件可能被装夹一次或多次才能完成加工。工件在加工过程中，应尽量减少装夹次数，因为多一次装夹就会增加装夹时间，还会增加装夹误差。

二维码 2-1

3）工位

为了完成一定的工序内容，一次装夹工件后，工件与夹具或设备的可动部分一起相对刀具或设备的固定部分所占据的每一个位置，称为工位。

一次安装可以包括一个或多个工位。为了减少工件的装夹次数，常采用各种回转工作台、回转夹具或移动夹具，使工件在一次装夹中先后处于几个不同的位置进行加工。

多工位加工的好处：

（1）减少工件的安装次数；

（2）减少辅助时间，缩短工时，提高效率；

（3）可实现加工时间与辅助时间的重叠。

4）工步

在加工表面和加工工具不变的情况下，所连续完成的那一部分工序内容称为工步。划分工步的依据是加工表面、加工刀具是否变化。

二维码 2-2

5）走刀

在一个工步内，若被加工表面需切去的金属层很厚，则可分几次切削，每切削一次为一次走刀。一个工步可以包括一次或数次走刀。

二维码 2-3

2.1.1.5　任务实施

2.1.1.5.1　学生分组

学生分组表 2-1

班级		组号		授课教师	
组长		学号			
组员	姓名	学号	姓名	学号	

2.1.1.5.2　完成任务工单

任务工作单

组号：_____　姓名：_____　学号：_____　检索号：　21152-1

引导问题：

（1）生产过程和工艺过程有什么区别？

_____

_____

（2）为什么要将零件的机械加工工艺过程划分成若干道工序？

_____

_____

（3）不同生产类型在划分工序时有什么区别？

_____

_____

（4）工序、安装、工位、工步和走刀之间是一个什么样的关系？

_____

_____

2.1.1.5.3　合作探究

任务工作单

组号：_____　姓名：_____　学号：_____　检索号：　21153－1

引导问题：

（1）小组讨论，教师参与，确定任务工作单 21152－1 的最优答案，并检讨自己存在的不足。

_____

_____

（2）每组推荐一个小组长，进行汇报。个人结合汇报情况，再次检讨自己的不足。

_____

_____

2.1.1.6　评价反馈

任务工作单

组号：_____　姓名：_____　学号：_____　检索号：　2116－1

自我检测表

班级		组名		日期	年　月　日
评价指标	评价内容			分数/分	分数评定
信息收集能力	能有效利用网络、图书资源查找有用的相关信息等；能将查到的信息有效地传递到学习中			10	
感知课堂生活	是否能在学习中获得满足感，课堂生活的认同感			10	
参与态度沟通能力	积极主动与教师、同学交流，相互尊重、理解、平等；与教师、同学之间是否能够保持多向、丰富、适宜的信息交流			10	
	能处理好合作学习和独立思考的关系，做到有效学习；能提出有意义的问题或能发表个人见解			10	
知识、能力获得情况	生产过程的定义：			10	
	工艺过程的定义：			10	

评价指标	评价内容	分数/分	分数评定
知识、能力获得情况	生产过程与工艺过程的区别：	10	
	工序	10	
	工步		
	工位		
	安装		
	走刀		
辩证思维能力	是否能发现问题、提出问题、分析问题、解决问题、创新问题	10	
自我反思	按时保质地完成任务；较好地掌握知识点；具有较为全面、严谨的思维能力，并能条理清楚、明晰地表达成文	10	
自评分数			
总结提炼			

任务工作单

组号：_____   姓名：_____   学号：_____   检索号：___2116-2___

小组内互评验收表

验收组长		组名		日期	年 月 日
组内验收成员					
任务要求	生产过程的认知；工艺过程的认知；工序、工步、工位、安装、走刀的定义；生产类型不同，工序如何划分				
验收文档清单	被评价人完成的 21152-1 任务工作单				
	文献检索目录清单				
验收评分	评分标准			分数/分	得分
	解释生产过程，错误不得分			20	
	解释工艺过程，错误不得分			20	
	说明生产过程与工艺过程的区别，错一处扣 2 分			20	
	能理解工序、工步、工位、安装、走刀的定义，错一处扣 2 分			20	
	能根据生产类型不同，正确划分工序，错一处扣 2 分			10	
	提供文献检索目录清单，至少 5 份，缺一份扣 2 分			10	
评价分数					
不足之处					

任务工作单

被评组号：_____   检索号：__2116－3__

小组间互评表

班级		评价小组		日期	年 月 日
评价指标		评价内容		分数/分	分数评定
汇报表述	表述准确			15	
	语言流畅			10	
	准确反映改组完成情况			15	
内容正确度	内容正确			30	
	句型表达到位			30	
互评分数					

二维码2－4

任务工作单

组号：_____   姓名：_____   学号：_____   检索号：__2116－4__

任务完成情况评价表

任务名称		机械加工工艺过程及其组成认知			总得分	
评价依据		学生完成的21152－1任务工作单				
序号	任务内容及要求		配分/分	评分标准	教师评价	
					结论	得分
1	生产过程的内涵理解	（1）描述正确	10	缺一个要点扣1分		
		（2）语言表达流畅	10	酌情赋分		
2	工艺过程的定义	（1）描述正确	10	缺一个要点扣1分		
		（2）语言流畅	10	酌情赋分		
3	工序、工步、工位、安装、走刀的定义	（1）描述正确	10	缺一个要点扣2分		
		（2）语言流畅	10	酌情赋分		

序号	任务内容及要求		配分/分	评分标准	教师评价	
					结论	得分
4	生产类型的定义，能根据生产类型划分工序类型	（1）描述正确	10	缺一个要点扣2分		
		（2）语言流畅	10	酌情赋分		
5	至少包含 5 份文献检索目录清单	（1）数量	5	每少一个扣2分		
		（2）参考的主要内容要点	5	酌情赋分		
6	素质素养评价	（1）沟通交流能力	10	酌情赋分，但违反课堂纪律，不听从组长、教师安排，不得分		
		（2）团队合作				
		（3）课堂纪律				
		（4）合作探学				
		（5）自主研学				

二维码 2-5

任务二　生产类型的划分及其工艺特点认知

2.1.2.1　任务描述

根据图 2-1 的零件加工任务要求，划分该零件的生产类型并确定该零件机械加工工艺过程的工艺特征。

2.1.2.2　学习目标

1. 知识目标

（1）掌握生产类型的概念及其划分方法；
（2）掌握不同生产类型的工艺特征。

2. 能力目标

（1）能准确划分零件的生产类型；
（2）能根据不同生产类型的工艺特征合理编制机械加工工艺规程。

3. 素养素质目标

（1）培养辩证分析能力；

（2）培养逻辑思维能力。

2.1.2.3　重难点

1. 重点

生产类型的划分。

2. 难点

不同生产类型的工艺特征。

2.1.2.4　相关知识链接

1. 生产类型

生产类型是指企业（或车间、工段、班组、工作地）生产专业化程度的分类，一般分为单件生产、成批生产和大量生产三种类型。

1）单件生产

加工对象经常改变、产品品种很多、同一产品的产量很少、每种产品很少重复生产。例如，重型机械制造、专用设备制造和新产品试制都属于单件生产。

2）成批生产

一年中分批轮流地制造几种不同的产品，每种产品均有一定的数量，加工对象周期性地重复。例如，机床、机车、电机和纺织机械的制造多属于成批生产。

3）大量生产

产品的产量很大，大多数产品按一定生产节拍重复生产。例如，汽车、拖拉机、自行车、缝纫机和手表的制造多属于大量生产。

生产类型的划分主要根据生产纲领确定，同时还与产品的大小和结构复杂程度有关。

2. 生产纲领

生产纲领是指企业在计划期内应当生产的产品产量和进度计划。计划期常定为 1 年，所以生产纲领常称为年产量。

零件生产纲领要计入备品和废品的数量，可按下式计算：

$$N = Qn(1+\alpha)(1+\beta)$$

式中：N——零件的年产量，单位为件/年；

$\quad\quad Q$——产品的年产量，单位为台/年；

$\quad\quad n$——每台产品中该零件的数量，单位为件/台；

$\quad\quad \alpha$——备品的百分率；

$\quad\quad \beta$——废品的百分率。

生产类型和生产纲领的关系见表 2-1。

表 2-1　生产类型和生产纲领的关系

生产类型		生产纲领/（台·年⁻¹）或（件·年⁻¹）		
		重型零件（30 kg 以上）	中型零件（4~30 kg）	轻型零件（4 kg 以下）
单件生产		≤5	≤10	≤100
成批生产	小批生产	>5~100	>10~150	>100~500
	中批生产	>100~300	>150~500	>500~5 000
	大批生产	>300~1 000	>500~5 000	>5 000~50 000
大量生产		>1 000	>5 000	>50 000

3. 各种生产类型的工艺特征

生产类型不同，产品和零件的制造工艺、所用设备及工艺装备、采取的技术措施、达到的技术经济效果及生产组织管理形式均不同。划分生产类型有利于进行生产的规划和管理。各种生产类型的工艺特征见表 2-2。

表 2-2　各种生产类型的工艺特征

工艺特征 ＼ 生产类型	单件小批生产	中批生产	大批量生产
加工对象	经常变换	周期性变换	固定不变
零件的互换性	无互换性，钳工修配	普遍采用互换或选配	完全互换或分组互换
毛坯	木模手工造型或自由锻，毛坯精度低，加工余量大	金属模造型或模锻毛坯，精度中等，加工余量中等	金属模机器造型、模锻或其他高生产率毛坯制造方法，毛坯精度高，加工余量小
机床及布局	通用机床，按"机群式"排列	通用机床和专用机床，按工件类别分工段排列	广泛采用专用机床及自动机床，按流水线排列
工件的安装方法	划线找正	广泛采用夹具，部分划线找正	夹具
获得尺寸方法	试切法	调整法	调整法或自动加工
刀具和量具	通用刀具、量具	通用和专用刀具、量具	高效率专用刀具、量具
工人技术要求	高	中	低
生产率	低	中	高
成本	高	中	低
夹具	极少采用专用夹具和特种工具	广泛使用专用夹具和特种工具	广泛使用高效率的专用夹具和特种工具
工艺规程	机械加工工艺过程卡	较详细的工艺规程，对重要零件有详细的工艺规程	详细编制工艺规程和各种工艺文件

2.1.2.5　任务实施

2.1.2.5.1　学生分组

学生分组表 2-2

班级		组号		授课教师	
组长		学号			
组员	姓名	学号		姓名	学号

2.1.2.5.2　完成任务工单

任务工作单

组号：_____　　姓名：_____　　学号：_____　　检索号：__21252-1__

引导问题：

（1）制定零件机械加工工艺规程前为什么要划分生产类型？

_____

_____

（2）如何划分零件的生产类型？

_____

_____

（3）同一种零件单件小批生产和大批大量生产时其机械加工工艺规程有什么区别？举例说明。

_____

_____

2.1.2.5.3　合作探究

任务工作单

组号：_____　　姓名：_____　　学号：_____　　检索号：__21253-1__

引导问题：

（1）小组讨论，教师参与，确定任务工作单 21252-1 的最优答案，并检讨自己存在的不足。

_____

（2）每组推荐一个小组长，进行汇报。根据汇报情况，再次检讨自己的不足。

_____

2.1.2.6　评价反馈

任务工作单

组号：_____　姓名：_____　学号：_____　检索号：　2126-1

自我检测表

班级			组名		日期	年　月　日
评价指标	评价内容				分数/分	分数评定
信息收集能力	能有效利用网络、图书资源查找有用的相关信息等；能将查到的信息有效地传递到学习中				10	
感知课堂生活	是否能在学习中获得满足感，课堂生活的认同感				10	
参与态度沟通能力	积极主动与教师、同学交流，相互尊重、理解、平等；与教师、同学之间是否能够保持多向、丰富、适宜的信息交流				10	
	能处理好合作学习和独立思考的关系，做到有效学习；能提出有意义的问题或能发表个人见解				10	
知识、能力获得情况	划分生产类型的意义：				10	
	划分生产类型的依据：				10	
	生产类型不同，制定工艺规程有什么不同：				10	
	工艺规程				10	
	生产类型					
辩证思维能力	是否能发现问题、提出问题、分析问题、解决问题、创新问题				10	
自我反思	按时保质地完成任务；较好地掌握知识点；具有较为全面、严谨的思维能力，并能条理清楚、明晰地表达成文				10	
自评分数						
总结提炼						

任务工作单

组号：_____ 姓名：_____ 学号：_____ 检索号：__2126-2__

小组内互评验收表

验收组长		组名		日期	年 月 日
组内验收成员					
任务要求	划分生产类型的意义；划分生产类型的依据；如何根据生产类型制定工艺规程；文献检索目录清单				
验收文档清单	被评价人完成的 21252-1 任务工作单				
	文献检索目录清单				
验收评分	评分标准			分数/分	得分
	划分生产类型的意义，错一处扣 5 分			20	
	划分生产类型的依据，错一处扣 5 分			20	
	说明生产过程与工艺过程的区别，错一处扣 2 分			20	
	如何根据生产类型制订工艺规程，错一处扣 5 分			30	
	提供文献检索目录清单，至少 5 份，缺一份扣 2 分			10	
	评价分数				
不足之处					

任务工作单

被评组号：_____ 检索号：__2126-3__

小组间互评表

班级		评价小组		日期	年 月 日
评价指标	评价内容			分数	分数评定
汇报表述	表述准确			15 分	
	语言流畅			10 分	
	准确反映改组完成情况			15 分	
内容正确度	内容正确			30 分	
	句型表达到位			30 分	
	互评分数				

二维码 2-6

任务工作单

组号：_____ 姓名：_____ 学号：_____ 检索号： 2126－4

任务完成情况评价表

任务名称	生产类型的划分及其工艺特点认知		总得分		
评价依据	学生完成的 21252－1 任务工作单				
序号	任务内容及要求		配分/分	评分标准	教师评价	
					结论	得分
1	划分生产类型的意义	（1）描述正确	10	缺一个要点扣1分		
		（2）语言表达流畅	10	酌情赋分		
2	划分生产类型的依据	（1）描述正确	10	缺一个要点扣1分		
		（2）语言流畅	10	酌情赋分		
3	说明生产过程与工艺过程的区别	（1）描述正确	10	缺一个要点扣2分		
		（2）语言流畅	10	酌情赋分		
4	如何根据生产类型制定工艺规程	（1）描述正确	10	缺一个要点扣2分		
		（2）语言流畅	10	酌情赋分		
5	至少包含5份文献检索目录清单	（1）数量	5	每少一个扣2分		
		（2）参考的主要内容要点	5	酌情赋分		
6	素质素养评价	（1）沟通交流能力	10	酌情赋分，但违反课堂纪律，不听从组长、教师安排，不得分		
		（2）团队合作				
		（3）课堂纪律				
		（4）合作探学				
		（5）自主研学				

二维码 2-7

任务三　常用工艺文件认知及应用

2.1.3.1　任务描述

加工如图 2-1 所示的零件，请说明常常采用的工艺文件有几种，谈谈每一种工艺文件的作用。

2.1.3.2　学习目标

1. 知识目标

掌握常用工艺文件的类型及应用。

2. 能力目标

（1）能正确填写机械加工工艺过程卡片；
（2）能正确填写机械加工工序卡片。

3. 素养素质目标

（1）培养勤于思考及分析问题的意识；
（2）培养讲规矩、守原则、重规范的意识；
（3）培养责任担当意识。

2.1.3.3　重难点

1. 重点

机械加工工艺过程卡片及机械加工工序卡片的格式及应用。

2. 难点

（1）工序简图的画法；
（2）工艺参数的制定。

2.1.3.4　相关知识链接

工艺规程是规定产品或零部件制造工艺过程和操作方法等的工艺文件。正确的工艺规程是在总结长期的生产实践和科学实践的基础上，依据科学理论和必要的工艺实验并考虑具体的生产条件而制定的。将工艺规程的内容填入一定格式的卡片，即成为生产准备和施工依据的工艺文件。常用工艺文件的格式有下列几种。

1. 机械加工工艺过程卡

这种卡片以工序为单位，简要地列出整个零件加工所经过的工艺路线（包括毛坯制造、机械加工和热处理等）。它是制定其他工艺文件的基础，也是安排生产设备、编排作业计划和组织生产的依据。在这种卡片中，由于各工序的说明不够具体，故一般不直接指导工人操作，而多作为生产管理方面使用。但在单件小批生产中，由于通常不编制其他较详细的工艺文件，故就以这种卡片指导生产。

2. 机械加工工艺卡片

机械加工工艺卡片是以工序为单位，详细地说明整个工艺过程的一种工艺文件。它是用来指导工人生产与帮助车间管理人员和技术人员掌握整个零件加工过程的一种主要技术文件，广泛用于零件的成批生产和重要零件的小批生产中。机械加工工艺卡片内容包括零件的材料、重量、毛坯种类、工序号、工序名称、工序内容、工艺参数、操作要求以及采用的设备和工艺装备等。

3. 机械加工工序卡片

机械加工工序卡片是在机械加工工艺过程卡的基础上，以工步为单位按工序编制的一种工艺文件，是用来具体指导工人操作的工艺文件。在这种卡片上要画出工序简图（后面有详细说明），说明该工序每一工步的内容、工艺参数、操作要求以及所用的设备及工艺装备，一般用于大批大量生产的零件。

二维码 2-8

二维码 2-9

2.1.3.5　任务实施

2.1.3.5.1　学生分组

学生分组表 2-3

班级		组号		授课教师	
组长		学号			
组员	姓名	学号	姓名	学号

2.1.3.5.2　完成任务工单

任务工作单

组号：_____　姓名：_____　学号：_____　检索号：____21352-1____

引导问题：

（1）分析机械加工工艺过程卡与机械加工工序卡的区别及应用场合。

_____

_____

（2）为什么在机械加工工序卡里要画工序简图？

_____

_____

2.1.3.5.3　合作探究

任务工作单

组号：_____　姓名：_____　学号：_____　检索号：__21353－1__

引导问题：

（1）小组讨论，教师参与，确定任务工作单21352－1的最优答案，并检讨自己存在的不足。

_____

_____

（2）每组推荐一个小组长，进行汇报。根据汇报情况，再次检讨自己的不足。

_____

_____

2.1.3.6　评价反馈

任务工作单

组号：_____　姓名：_____　学号：_____　检索号：__2136－1__

自我检测表

班级		组名		日期	年　月　日
评价指标	评价内容			分数/分	分数评定
信息收集能力	能有效利用网络、图书资源查找有用的相关信息等；能将查到的信息有效地传递到学习中			10	
感知课堂生活	是否能在学习中获得满足感，课堂生活的认同感			10	
参与态度沟通能力	积极主动与教师、同学交流，相互尊重、理解、平等；与教师、同学之间是否能够保持多向、丰富、适宜的信息交流			10	
	能处理好合作学习和独立思考的关系，做到有效学习；能提出有意义的问题或能发表个人见解			10	
知识、能力获得情况	机械加工工艺过程卡的定义：			10	
	机械加工工序卡的定义：			10	

评价指标	评价内容	分数/分	分数评定
知识、能力获得情况	机械加工工艺过程卡与机械加工工序卡应用上的区别：	10	
	工序简图的绘制方法 工序简图的作用	10	
辩证思维能力	是否能发现问题、提出问题、分析问题、解决问题、创新问题	10	
自我反思	按时保质地完成任务；较好地掌握知识点；具有较为全面、严谨的思维能力，并能条理清楚、明晰地表达成文	10	
自评分数			
总结提炼			

任务工作单

组号：_____ 姓名：_____ 学号：_____ 检索号：__2136－2__

小组内互评验收表

验收组长		组名		日期	年 月 日
组内验收成员					
任务要求	机械加工工艺过卡的定义；机械加工工序卡的定义；机械加工工艺过程卡与机械加工工序卡应用上的区别；工艺简图的绘制；工艺简图的作用；文献检索目录清单				
验收文档清单	被评价人完成的21352－1任务工作单				
	文献检索目录清单				
验收评分	评分标准			分数/分	得分
	机械加工工艺过卡的定义，错一处扣5分			20	
	机械加工工序卡的定义，错一处扣5分			20	
	机械加工工艺过程卡与机械加工工序卡应用上的区别，错一处扣2分			20	
	工艺简图的绘制，错一处扣5分			20	
	工艺简图的作用，错一处扣2分			10	
	提供文献检索清单，至少5份，缺一份扣2分			10	
	评价分数				
不足之处					

任务工作单

被评组号：＿＿＿＿＿＿＿＿＿＿＿＿＿＿＿＿＿＿　　检索号：　2136-3

小组间互评表

班级		评价小组		日期	年 月 日
评价指标	评价内容			分数/分	分数评定
汇报表述	表述准确			15	
	语言流畅			10	
	准确反映改组完成情况			15	
内容正确度	内容正确			30	
	句型表达到位			30	
互评分数					

二维码 2-10

任务工作单

组号：＿＿＿＿　姓名：＿＿＿＿　学号：＿＿＿＿　检索号：　2136-4

任务完成情况评价表

任务名称		常用工艺文件认知及应用		总得分		
评价依据		学生完成的 21352-1 任务工作单				
序号	任务内容及要求		配分/分	评分标准	教师评价	
					结论	得分
1	机械加工工艺过卡的定义	（1）描述正确	10	缺一个要点扣1分		
		（2）语言表达流畅	10	酌情赋分		
2	机械加工工序卡的定义	（1）描述正确	10	缺一个要点扣1分		
		（2）语言流畅	10	酌情赋分		
3	分机械加工工艺过程卡与机械加工工序卡应用上的区别	（1）描述正确	10	缺一个要点扣2分		
		（2）语言流畅	5	酌情赋分		

序号	任务内容及要求		配分/分	评分标准	教师评价	
					结论	得分
4	工序简图的绘制	（1）描述正确	10	缺一个要点扣2分		
		（2）语言流畅	5	酌情赋分		
5	工序简图的作用	（1）描述正确	5	缺一个要点扣2分		
		（2）语言流畅	5	酌情赋分		
6	至少包含 5 份文献检索目录清单	（1）数量	5	每少一个扣1分		
		（2）参考的主要内容要点	5	酌情赋分		
7	素质素养评价	（1）沟通交流能力	10	酌情赋分，但违反课堂纪律，不听从组长、教师安排，不得分		
		（2）团队合作				
		（3）课堂纪律				
		（4）合作探学				
		（5）自主研学				

二维码 2–11

任务四　制定机械加工工艺规程的原则、方法及步骤分析

2.1.4.1　任务描述

编制加工如图 2-1 所示零件的工艺文件时，说出制定机械加工工艺规程的原则、方法及步骤，并合理编制零件机械加工工艺规程。

2.1.4.2　学习目标

1. 知识目标

（1）掌握制定零件机械加工工艺规程的原则及方法；
（2）掌握制定零件机械加工工艺规程的步骤。

2. 能力目标

能根据制定零件机械加工工艺规程的原则、方法及步骤，正确制定零件机械加工工艺规程。

3. 素养素质目标

（1）培养讲原则、守规矩、守法纪的意识；

（2）培养逻辑思维能力；

（3）培养质量、成本、效益的意识。

2.1.4.3 重难点

1. 重点

制定工艺规程的原则。

2. 难点

制定工艺规程的步骤。

2.1.4.4 相关知识链接

1. 编制工艺规程的原则及方法

1）制定工艺规程的原则

（1）制定工艺规程的原则：保证产品质量，提高生产效率，降低成本；

（2）注意的问题：技术上的先进性，经济效益高，良好的劳动环境。

2）制定工艺规程的原始资料

在制定工艺规程时，首先要收集以下原始资料。

（1）产品的装配图和零件图；

（2）质量验收标准；

（3）生产纲领；

（4）毛坯资料；

（5）本厂的生产技术条件；

（6）有关的各种技术资料。

2. 制定工艺规程的步骤

（1）分析零件技术要求及加工精度；

（2）选择毛坯的制造方法；

（3）拟订工艺路线，选择定位基准；

（4）确定各工序尺寸及公差；

（5）确定各工序的工艺装备；

（6）确定各工序的切削用量和工时定额；

（7）确定各工序的技术要求和检验方法；

（8）填写工艺文件。

2.1.4.5 任务实施

2.1.4.5.1 学生分组

学生分组表 2−4

班级		组号		授课教师	
组长		学号			
组员	姓名	学号		姓名	学号

2.1.4.5.2 完成任务工单

任务工作单

组号：_____　姓名：_____　学号：_____　检索号：__21452−1__

引导问题：

（1）如何理解制定零件机械加工工艺规程的原则？

_____

（2）原始资料在制定零件机械加工工艺规程时有哪些作用？

_____

（3）分析制定工艺规程的主要步骤及各步骤的注意要点。

_____

2.1.4.5.3 合作探究

任务工作单

组号：_____　姓名：_____　学号：_____　检索号：__21453−1__

引导问题：

（1）小组讨论，教师参与，确定任务工作单 21452−1 的最优答案，并检讨自己存在的不足。

_____

（2）每组推荐一个小组长，进行汇报。根据汇报情况，再次检讨自己的不足。

2.1.4.6 评价反馈

任务工作单

组号：_____ 姓名：_____ 学号：_____ 检索号：__2146-1__

自我检测表

班级		组名		日期	年 月 日
评价指标	评价内容			分数/分	分数评定
信息收集能力	能有效利用网络、图书资源查找有用的相关信息等；能将查到的信息有效地传递到学习中			10	
感知课堂生活	是否能在学习中获得满足感，课堂生活的认同感			10	
参与态度沟通能力	积极主动与教师、同学交流，相互尊重、理解、平等；与教师、同学之间是否能够保持多向、丰富、适宜的信息交流			10	
	能处理好合作学习和独立思考的关系，做到有效学习；能提出有意义的问题或能发表个人见解			10	
知识、能力获得情况	制定机械加工工艺规程的原则：			10	
	制定工艺规程的步骤：			10	
	制定工艺规程的注意事项：			10	
	制定工艺规程所需的原始资料			10	
辩证思维能力	是否能发现问题、提出问题、分析问题、解决问题、创新问题			10	
自我反思	按时保质地完成任务；较好地掌握知识点；具有较为全面、严谨的思维能力，并能条理清楚、明晰地表达成文			10	
自评分数					
总结提炼					

任务工作单

组号：_____ 姓名：_____ 学号：_____ 检索号： 2146-2

小组内互评验收表

验收组长		组名		日期	年 月 日
组内验收成员					
任务要求	制定机械加工工艺规程的原则；制定工艺规程的步骤；制定工艺规程的注意事项；制定工艺规程所需的原始资料；文献检索目录清单				
验收文档清单	被评价人完成的 21452-1 任务工作单				
	文献检索目录清单				
验收评分	评分标准			分数/分	得分
	制定机械加工工艺规程的原则，错一处扣5分			20	
	制定工艺规程的步骤，错一处扣5分			20	
	制定工艺规程的注意事项，错一处扣2分			20	
	制定工艺规程所需的原始资料，错一处扣5分			20	
	提供文献检索清单，至少5份，缺一份扣4分			20	
	评价分数				
不足之处					

任务工作单

被评组号：_____ 检索号： 2146-3

小组间互评表

班级		评价小组		日期	年 月 日
评价指标	评价内容			分数/分	分数评定
汇报表述	表述准确			15	
	语言流畅			10	
	准确反映改组完成情况			15	
内容正确度	内容正确			30	
	句型表达到位			30	
	互评分数				

二维码 2-12

任务工作单

组号：_____ 姓名：_____ 学号：_____ 检索号：__2146−4__

任务完成情况评价表

任务名称	制定机械加工工艺规程的原则、方法及步骤分析			总得分	
评价依据	学生完成的 21452−1 任务工作单				
序号	任务内容及要求		配分/分	评分标准	教师评价
					结论 / 得分
1	制定机械加工工艺规程的原则	（1）描述正确	10	缺一个要点扣1分	
		（2）语言表达流畅	10	酌情赋分	
2	制定工艺规程的注意事项	（1）描述正确	10	缺一个要点扣1分	
		（2）语言流畅	10	酌情赋分	
3	制定工艺规程的步骤	（1）描述正确	10	缺一个要点扣2分	
		（2）语言流畅	10	酌情赋分	
4	制定工艺规程所需的原始资料	（1）描述正确	10	缺一个要点扣2分	
		（2）语言流畅	10		
5	至少包含5份文献检索目录清单	（1）数量	5	每少一个扣1分	
		（2）参考的主要内容要点	5	酌情赋分	
6	素质素养评价	（1）沟通交流能力	10	酌情赋分，但违反课堂纪律，不听从组长、教师安排，不得分	
		（2）团队合作			
		（3）课堂纪律			
		（4）合作探学			
		（5）自主研学			

二维码2−13

项目二　机械加工精度保证

如图 2-1 所示传动轴，在加工时要考虑到工件尺寸精度、形状位置精度、表面粗糙度、热处理等方面的要求。本项目就是要弄清楚哪些因素会影响到上述几个方面的要求，以及在实际生产中采用什么方法来保证上述要求，这就是本项目的主要任务。

任务一　加工精度和加工误差的概念认知

2.2.1.1　任务描述

分析零件加工精度的内涵要求，说明它对工艺规程制定的作用。

2.2.1.2　学习目标

1. 知识目标

（1）掌握加工精度的概念；
（2）掌握加工误差的概念。

2. 能力目标

能根据图纸标注准确分析零件加工精度要求。

3. 素养素质目标

"差之毫厘，谬以千里"，树立质量就是生命的理念和意识。

2.2.1.3　重难点

1. 重点

加工精度和加工误差的概念。

2. 难点

加工精度和加工误差之间的辩证关系。

2.2.1.4　相关知识链接

1. 加工精度的概念

加工精度是指零件加工后的实际几何参数（尺寸、形状和位置）与理想几何参数的符合程度。加工精度包括尺寸精度、形状精度和位置精度三个方面。

1）尺寸精度

尺寸精度是指加工后零件表面本身或表面之间的实际尺寸与理想尺寸之间的符合程度。这里所说的理想尺寸是指零件图上所标注的有关尺寸的平均值。

2）形状精度

形状精度是指加工后零件各表面实际几何形状与理想几何形状之间的符合程度。这里所说的表面理想形状是指绝对准确的表面形状，如直线、平面、圆柱面、球面、螺旋面等。

3）位置精度

位置精度是指加工后零件表面之间实际位置与理想位置的符合程度。这里所说的表面之间理想位置是绝对准确的表面之间的位置，如两平面平行、两平面垂直、两圆柱面同轴等。

对于任何一个零件来说，其加工后的实际尺寸、形状和位置相对于理想状态都存在着一定的误差，若误差在零件图所规定的公差范围内，则在机械加工精度质量要求方面能够满足要求，即是合格品；若有其中任何一项超出公差范围，则是不合格品。

2. 加工误差的概念

加工误差是指零件加工后的实际几何参数对理想几何参数的偏离程度。无论是用试切法加工一个零件，还是用调整法加工一批零件，加工后则会发现可能有很多零件在尺寸、形状和位置方面与理想零件有所不同，它们之间的差值分别称为尺寸、形状或位置误差。

由此可见，"加工精度"利"加工误差"这两个概念是从两个不同侧面来评定零件几何参数加工状态的。加工精度的高、低是通过加工误差的大、小来度量的，对于同一个零件的同一要素来说，加工误差越小，加工精度越高。所以，保证和提高加工精度，实际上就是限制和减小加工误差。在实际加工中，应根据零件的使用性能要求，将零件几何参数的加工误差控制在规定的公差范围内，零件即为合格，而那种不计加工成本，盲目追求较高加工精度的方法反而是不可取的。

2.2.1.5 任务实施

2.2.1.5.1 学生分组

学生分组表 2–5

班级		组号		授课教师	
组长		学号			
组员	姓名	学号		姓名	学号

2.2.1.5.2　完成任务工单

任务工作单

组号：＿＿＿＿＿＿　姓名：＿＿＿＿＿＿　学号：＿＿＿＿＿＿　检索号：＿22152－1＿

引导问题：

（1）零件的加工精度对零件的使用性能和寿命有哪些影响？举例说明。

＿＿

＿＿

（2）零件的加工精度越高，零件的使用性能是否就越好？

＿＿

＿＿

（3）零件的加工精度要求对工艺规程编制有什么指导作用？

＿＿

＿＿

2.2.1.5.3　合作探究

任务工作单

组号：＿＿＿＿＿＿　姓名：＿＿＿＿＿＿　学号：＿＿＿＿＿＿　检索号：＿22153－1＿

引导问题：

（1）小组讨论，教师参与，确定任务工作单 22152－1 的最优答案，检讨自己存在的不足。

＿＿

＿＿

（2）每组推荐一个小组长，进行汇报。根据汇报情况，再次检讨自己的不足。

＿＿

＿＿

2.2.1.6　评价反馈

任务工作单

组号：＿＿＿＿＿＿　姓名：＿＿＿＿＿＿　学号：＿＿＿＿＿＿　检索号：＿2216－1＿

自我检测表

班级		组名		日期	年　月　日
评价指标	评价内容			分数/分	分数评定
信息收集能力	能有效利用网络、图书资源查找有用的相关信息等；能将查到的信息有效地传递到学习中			10	
感知课堂生活	是否能在学习中获得满足感，课堂生活的认同感			10	

评价指标	评价内容	分数/分	分数评定
参与态度 沟通能力	积极主动与教师、同学交流，相互尊重、理解、平等；与教师、同学之间是否能够保持多向、丰富、适宜的信息交流	10	
	能处理好合作学习和独立思考的关系，做到有效学习；能提出有意义的问题或能发表个人见解	10	
知识、能力 获得情况	举例说明，零件的加工精度对零件的使用性能和寿命有哪些影响：	10	
	零件的加工精度越高，是否说明零件的使用性能就越好：	10	
	分析零件的加工精度要求对工艺规程编制的指导作用：	10	
	加工精度与成本、效益的关系	10	
辩证思维 能力	是否能发现问题、提出问题、分析问题、解决问题、创新问题	10	
自我反思	按时保质地完成任务；较好地掌握知识点；具有较为全面、严谨的思维能力，并能条理清楚、明晰地表达成文	10	
自评分数			
总结提炼			

任务工作单

组号：＿＿＿＿＿　　姓名：＿＿＿＿＿＿　　学号：＿＿＿＿＿＿　　检索号：＿＿2216-2＿＿

小组内互评验收表

验收组长		组名		日期	年　月　日
组内验收成员					
任务要求	举例说明，零件的加工精度对零件的使用性能和寿命有哪些影响；零件的加工精度越高，是否说明零件的使用性能就越好；分析零件的加工精度要求对工艺规程编制的指导作用；加工精度与成本、效益的关系；文献检索目录清单				
验收文档清单	被评价人完成的22152-1任务工作单				
	文献检索目录清单				
验收评分	评分标准			分数/分	得分
	零件的加工精度对零件的使用性能和寿命的影响，错一处扣5分			20	
	零件的加工精度越高，是否说明零件的使用性能就越好，错误一处扣5分			20	

验收评分	评分标准	分数/分	得分
	分析零件的加工精度要求对工艺规程编制的指导作用，错一处扣2分	20	
	加工精度与成本、效益的关系，错一处扣2分	20	
	提供文献检索目录清单，至少5份，缺一份扣4分	20	
评价分数			
不足之处			

任务工作单

被评组号：_____　　　检索号：___2216－3___

小组间互评表

班级		评价小组		日期	年 月 日
评价指标	评价内容			分数/分	分数评定
汇报表述	表述准确			15	
	语言流畅			10	
	准确反映改组完成情况			15	
内容正确度	内容正确			30	
	句型表达到位			30	
互评分数					

二维码 2－14

任务工作单

组号：_____　姓名：_____　学号：_____　检索号：___2216－4___

任务完成情况评价表

任务名称		加工精度和加工误差的概念认知			总得分		
评价依据		被评价人完成的22152－1任务工作单					
序号	任务内容及要求		配分/分	评分标准	教师评价		
					结论	得分	
1	零件的加工精度对零件的使用性能和寿命的影响	（1）描述正确	10	缺一个要点扣1分			
		（2）语言表达流畅	10	酌情赋分			

序号	任务内容及要求		配分/分	评分标准	教师评价	
					结论	得分
2	分析零件的加工精度要求,对工艺规程编制的指导作用	(1)描述正确	10	缺一个要点扣1分		
		(2)语言流畅	10	酌情赋分		
3	零件的加工精度越高,是否说明零件的使用性能就越好	(1)描述正确	10	缺一个要点扣2分		
		(2)语言流畅	10	酌情赋分		
4	加工精度与成本、效益的关系	(1)描述正确	10	缺一个要点扣2分		
		(2)语言流畅	10	酌情赋分		
5	至少包含5份文献检索目录清单	(1)数量	5	每少一个扣1分		
		(2)参考的主要内容要点	5	酌情赋分		
6	素质素养评价	(1)沟通交流能力	10	酌情赋分,但违反课堂纪律,不听从组长、教师安排,不得分		
		(2)团队合作				
		(3)课堂纪律				
		(4)合作探学				
		(5)自主研学				

二维码 2-15

任务二　获取加工精度的方法认知及应用

2.2.2.1　任务描述

选择合理的方法获取零件所需加工精度要求。

2.2.2.2　学习目标

1. 知识目标

(1)掌握获取尺寸精度的方法;

（2）掌握获取形状精度的方法；

（3）掌握获取位置精度的方法。

2. 能力目标

（1）能正确选择尺寸精度获取方法；

（2）能正确选择形状精度获取方法；

（3）能正确选择位置精度获取方法。

3. 素养素质目标

（1）培养辩证分析和解决问题的能力；

（2）培养严谨、细致的工作作风。

2.2.2.3 重难点

1. 重点

获取加工精度的方法。

2. 难点

加工精度获取方法的选择。

2.2.2.4 相关知识链接

在机械加工中，根据生产批量和生产条件的不同，可采用以下一些获得加工精度的方法。

1. 尺寸精度的获得方法

在机械加工中，获得尺寸精度的方法主要有下述四种。

1）试切法

它是获得零件尺寸精度最早采用的加工方法，同时也是目前常用的能获得高精度尺寸的主要方法之一。所谓试切法，即是在零件加工过程中不断对已加工表面的尺寸进行测量，并相应调整刀具相对工件加工表面的位置进行试切，直至达到尺寸精度要求的加工方法。零件上轴颈尺寸的试切车削加工、轴颈尺寸的在线测量磨削、箱体零件孔系的试镗加工及精密量块的手工精研等，都是采用试切法加工的。

2）调整法

它是在成批生产条件下采用的一种加工方法。所谓调整法，即是按试切好的工件尺寸、标准件或对刀块等调整确定刀具相对于工件定位基准的准确位置，并在保持此准确位置不变的条件下，对一批工件进行加工的方法。如在多刀车床或六角自动车床上加工轴类零件、在铣床上铣槽、在无心磨床上磨削外圆及在摇臂钻床上用钻床夹具加工孔系等。

3）定尺寸刀具法

它是在加工过程中采用具有一定尺寸的刀具或组合刀具，以保证被加工零件尺寸精度的一种方法。如用方形拉刀拉方孔，用钻头、扩孔钻、铰刀或镗刀块加工内孔，以及用组合铣刀铣工件两侧面和槽面等。

4）自动控制法

自动控制法是指在加工过程中，通过由尺寸测量装置、动力进给装置和控制机构等组成的自动控制系统，使加工过程中的尺寸测量、刀具的补偿调整和切削加工等一系列工作自动完成，从而自动获得所要求尺寸精度的一种加工方法。如在无心磨床上磨削轴承圈外圆时，通过测量装置控制导轮架进行微量的补偿进给，从而保证工作的尺寸精度，以及在数控机床上，通过数控装置、测量装置及伺服驱动机构，控制刀具在加工时应具有的准确位置，从而保证零件的尺寸精度等。

2. 形状精度的获得方法

在机械加工中，获得形状精度的方法主要有下述两种。

1）成形运动法

零件的各种表面可以归纳为几种简单的几何形面，比如平面、圆柱面等，这些几何形面均可通过刀具与工件之间做一定的运动加工出来。成形运动是保证得到工件要求的表面形状的运动，成形运动法就是利用工件之间的成形运动来加工表面的方法。

成形运动法根据具体使用不同，又可分为轨迹法（利用刀尖运动轨迹形成工件表面形状）、成形法（由成形刀刃的形状形成工件表面形状）、展成法（由切削刃包络面形成工件表面形状）等。

2）非成形运动法

零件表面形状精度的获得不是靠刀具相对工件的准确成形运动，而是靠在加工过程中对加工表面形状的不断检验和工人对其进行精细修整加工的方法。

这种非成形运动法，虽然是获得零件表面形状精度最原始的加工方法，但直到目前为止某些复杂的形状表面和形状精度要求很高的表面仍然采用。如具有较复杂空间形面锻模的精加工、高精度测量平台和平尺的精密刮研加工，以及精密丝杠的手工研磨加工等。

3. 位置精度的获得方法

在机械加工中，获得位置精度的方法主要有以下两种。

1）一次装夹获得法

零件有关表面间的位置精度是直接在工件的同一次装夹中，由各有关刀具相对工件的成形运动之间的位置关系保证的，如轴类零件外圆与端面、端台的垂直度，箱体孔系加工中各孔之间的同轴度、平行度和垂直度等，均可采用一次装夹获得法。

2）多次装夹获得法

零件有关表面间的位置精度是由刀具相对工件的成形运动与工件定位基准面（亦是工件在前几次装夹时的加工面）之间的位置关系来保证的。如轴类零件上键槽对外圆表面的对称度，箱体平面与平面之间的平行度、垂直度，箱体孔与平面之间的平行度和垂直度等，均可采用多次装夹获得法。在多次装夹获得法中，又可根据工件的不同装夹方式划分为直接装夹法、找正装夹法和夹具装夹法。

2.2.2.5 任务实施

2.2.2.5.1 学生分组

学生分组表 2-6

班级		组号		授课教师	
组长		学号			
组员	姓名	学号	姓名	学号	

2.2.2.5.2 完成任务工单

任务工作单

组号：_____ 姓名：_____ 学号：_____ 检索号：__22252-1__

引导问题：

（1）确定图 2-1 所示传动轴零件各个主要表面尺寸精度、形状精度及位置精度的获取方法。

_____

_____

（2）说明在一次装夹获得法中工件定位误差对零件加工后的位置误差是否有影响。

_____

2.2.2.5.3 合作探究

任务工作单

组号：_____ 姓名：_____ 学号：_____ 检索号：__22253-1__

引导问题：

（1）小组讨论，教师参与，确定任务工作单 22252-1 的最优答案，并检讨自己存在的不足。

_____

_____

（2）每组推荐一个小组长，进行汇报。根据汇报情况，再次检讨自己的不足。

_____

_____

2.2.2.6　评价反馈

任务工作单

组号：_____　姓名：_____　学号：_____　检索号：___2226-1___

自我检测表

班级		组名		日期	年　月　日
评价指标	评价内容			分数/分	分数评定
信息收集能力	能有效利用网络、图书资源查找有用的相关信息等；能将查到的信息有效地传递到学习中			10	
感知课堂生活	是否能在学习中获得满足感，课堂生活的认同感			10	
参与态度沟通能力	积极主动与教师、同学交流，相互尊重、理解、平等；与教师、同学之间是否能够保持多向、丰富、适宜的信息交流			10	
	能处理好合作学习和独立思考的关系，做到有效学习；能提出有意义的问题或能发表个人见解			10	
知识、能力获得情况	确定图2-1所示传动轴零件各个主要表面尺寸精度、形状精度及位置精度的获取方法：			10	
	零件的加工精度越高，是否说明零件的使用性能就越好：			10	
	说明在一次装夹获得法中，工件定位误差对零件加工后位置误差的影响：			10	
	工件的装夹方法			10	
辩证思维能力	是否能发现问题、提出问题、分析问题、解决问题、创新问题			10	
自我反思	按时保质地完成任务；较好地掌握知识点；具有较为全面、严谨的思维能力，并能条理清楚、明晰地表达成文			10	
自评分数					
总结提炼					

任务工作单

组号：_____　姓名：_____　学号：_____　检索号：___2226-2___

小组内互评验收表

验收组长		组名		日期	年 月 日
组内验收成员					
任务要求	确定图 2-1 所示传动轴零件各个主要表面尺寸精度、形状精度及位置精度的获取方法；零件的加工精度越高，是否说明零件的使用性能就越好；说明在一次装夹获得法中，工件定位误差对零件加工后位置误差的影响；工件的装夹方法；文献检索目录清单				
验收文档清单	被评价人完成的 22252-1 任务工作单				
	文献检索目录清单				
验收评分	评分标准			分数/分	得分
	确定图 2-1 所示传动轴零件各个主要表面尺寸精度、形状精度及位置精度的获取方法，错一处扣 5 分			20	
	零件的加工精度越高，是否说明零件的使用性能就越，错误一处扣 5 分			20	
	说明在一次装夹获得法中，工件定位误差对零件加工后位置误差的影响，错一处扣 2 分			20	
	工件的装夹方法，错一处扣 2 分			20	
	提供文献检索目录清单，至少 5 份，缺一份扣 4 分			20	
	评价分数				
不足之处					

<h1 align="center">任务工作单</h1>

被评组号：_____ 检索号：__2226-3__

小组间互评表

班级		评价小组		日期	年 月 日
评价指标		评价内容		分数/分	分数评定
汇报表述		表述准确		15	
		语言流畅		10	
		准确反映改组完成情况		15	
内容正确度		内容正确		30	
		句型表达到位		30	
		互评分数			

二维码 2-16

任务工作单

组号：_____ 姓名：_____ 学号：_____ 检索号：__2226-4__

任务完成情况评价表

任务名称	获取加工精度的方法认知及应用			总得分		
评价依据	被评价人完成的 22252-1 任务工作单					

序号	任务内容及要求		配分/分	评分标准	教师评价	
					结论	得分
1	确定图 2-1 所示传动轴零件各个主要表面尺寸精度、形状精度及位置精度的获取方法	（1）描述正确	10	缺一个要点扣 1 分		
		（2）语言表达流畅	10	酌情赋分		
2	说明在一次装夹获得法中，工件定位误差对零件加工后位置误差的影响	（1）描述正确	10	缺一个要点扣 1 分		
		（2）语言流畅	10	酌情赋分		
3	零件的加工精度越高，是否说明零件的使用性能就越好	（1）描述正确	10	缺一个要点扣 2 分		
		（2）语言流畅	10	酌情赋分		
4	工件的装夹方法	（1）描述正确	10	缺一个要点扣 2 分		
		（2）语言流畅	10	酌情赋分		
5	至少包含 5 份文献检索目录清单	（1）数量	5	每少一个扣 1 分		
		（2）参考的主要内容要点	5	酌情赋分		
6	素质素养评价	（1）沟通交流能力	10	酌情赋分，但违反课堂纪律，不听从组长、教师安排，不得分		
		（2）团队合作				
		（3）课堂纪律				
		（4）合作探学				
		（5）自主研学				

二维码 2-17

任务三　影响加工精度的因素分析

2.2.3.1　任务描述

对加工过程中影响零件加工精度的因素进行分析，说出影响加工精度的常见因素。

2.2.3.2　学习目标

1. 知识目标

掌握影响零件加工精度的因素。

2. 能力目标

能判断影响零件加工精度的因素并找到解决办法。

3. 素养素质目标

（1）培养勤于思考、分析问题的意识；
（2）培养善于抓住主要矛盾解决问题的意识；
（3）培养质量意识。

2.2.3.3　重难点

1. 重点

影响零件加工精度的因素。

2. 难点

影响零件加工精度的因素判断及解决方案。

2.2.3.4　相关知识链接

在机械加工时，机床、夹具、刀具和工件就构成了一个完整的系统，称为工艺系统。影响工件加工精度（或加工误差）的因素可以归纳为以下三个方面：工艺系统的几何误差；工艺系统的力效应；工艺系统的热变形。

1. 工艺系统的几何误差对加工精度的影响

1）机床制造误差及磨损

机床的制造误差、安装误差以及使用中的磨损，都将直接影响工件的加工精度，其中对加工精度影响较大的主要是机床主轴回转运动、机床导轨直线运动和机床传动链的误差。

2）原理误差

原理误差是由于采用了近似的成形运动或近似的刀刃轮廓所产生的误

二维码 2-18

差。一般情况下，为了获得规定的加工表面，刀具和工件之间必须做相对准确的成形运动。如车削螺纹时，必须使刀具和工件间完成准确的螺旋运动（成形运动）；滚切齿轮时，必须使滚刀和工件间有准确的展成运动。机械加工中这种相对的成形运动称为加工原理。当然也可以用成形刀具直接加工出成形表面。从理论上讲应该采用理想的加工原理和完全准确的成形运动，以获得精确的零件表面。但在实践中，由于采用理论上完全精确的加工原理，有时会使机床或刀具的结构极为复杂，造成制造上的困难；或由于结构环节多，机床传动中误差增加，反而得不到高的加工精度。所以，在这种情况下，常常采用近似的加工原理，以获得较高的加工精度。同时还可以提高加工效率，使加工过程更为经济。

3）刀具误差

机械加工中常用的刀具有一般刀具、定尺寸刀具和成形刀具。

（1）一般刀具（如普通车刀、单刃镗刀和平面铣刀等）的制造误差，对加工精度没有直接影响。

（2）定尺寸刀具（如钻头、铰刀、拉刀等）的尺寸误差直接影响加工工件的尺寸精度。刀具在安装使用中操作不当将产生跳动，也会影响加工精度。

（3）成形刀具（如成形车刀、成形铣刀及齿轮刀具等）的制造误差和磨损，主要影响被加工表面的形状精度。

4）工件的装夹误差与夹具磨损

工件装夹误差是指定位误差和夹紧误差，这部分内容已在《机床夹具及应用》一书中介绍，此处不再叙述。此外，夹具在长期使用过程中工作表面的磨损也会直接影响工件的加工精度。

5）调整误差

在机械加工的每一工序中，总是要对工艺系统进行这样或那样的调整工作，由于调整不可能绝对准确，因而会产生调整误差。工艺系统的调整有以下两种基本方式，不同的调整方式有不同的误差来源。

（1）试切法调整。单件小批生产中，通常采用试切法调整。方法是：对工件进行试切—测量—调整—再试切，直到达到要求的精度为止。这时，引起调整误差的因素如下：

① 测量误差。由于量具本身精度、测量方法不同及使用条件的差别（如温度、操作者的细心程度等），它们都会影响测量精度，因而产生加工误差。

② 进给机构的位移误差。在试切中，总是要微量调整刀具的位置。在低速微量进给中，常会出现进给机构的"爬行"现象，其结果使刀具的实际位移与刻度盘上的数值不一致，造成加工误差。

③ 试切与正式切削时切削层厚度不同的影响。精加工时，试切的最后一刀往往很薄，切削刃只起挤压作用而不起切削作用，但正式切削时的深度较大，切削刃不打滑，就会多切工件，因此工件尺寸就与试切时不同，形成工件的尺寸误差。

（2）调整法调整。采用调整法对工艺系统进行调整时，也要以试切为依据。因此，上述影响试切法调整精度的因素对调整法也有影响。此外，影响调整精度的因素还有：用定程机构调整时，调整精度取决于行程挡块、靠模及凸轮等机构的制造精度和刚度，以及与其配合使用的离合器、控制阀等的灵敏度；用样件或样板调整时，调整精度取决于样件或样板的制造、安装和对刀精度；工艺系统初调好以后，一般要试切几个工件，并以其平均尺寸作为判断调整是否准确的依据。由于试切加工的工件数（称为抽样件数）不可能太多，不能完全反映整批工件切削过程中的各种随机误差，故试切加工几个工件的平均尺寸与总体尺寸不能完全符合，也会造成加工误差。

2. 工艺系统受力变形对加工精度的影响

1) 基本概念

（1）受力变形现象。

在机械加工中，工艺系统在切削力、夹紧力、传动力、惯性力等外力的作用下会发生变形，如图2-2所示。

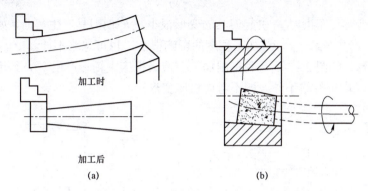

加工时

加工后

(a)   (b)

图2-2　工艺系统受力变形引起的加工误差

（2）工艺系统刚度。

工艺系统在外力作用下抵抗变形的能力。

$$K = \frac{F}{Y}$$

式中：K——静刚度（N/mm）；

　　　F——沿变形方向上的静载荷大小（N）；

　　　Y——静变形量（mm）。

2) 切削力对加工精度的影响

在加工过程中，刀具相对于工件的位置是不断变化的，切削力的作用点位置和切削力的大小也是在变化的。

（1）切削力作用点位置变化产生的加工误差。

现以在车床顶尖间加工光轴的情况来说明，设切削过程中切削力为常值，则工艺系统的变形为（夹具包含在机床中）

$$y_{st} = y_{jc} + y_j + y_d + y_g$$

式中：y_{st}——工艺系统变形；

　　　y_{jc}——夹具变形；

　　　y_j——机床变形；

　　　y_d——刀具变形；

　　　y_g——工件变形。

① 工件的变形。工件的变形一般可按材料力学公式计算。工件可视为简支梁，距前顶尖 x 处，在 y_z 方向上造成工件的变形量为 Δx，工件的变形为

$$y_g = \frac{F_y}{3EI} \frac{(L-x)^2 x^2}{L}$$

式中：F_y——吃刀抗力；

L——工件长度；

x——刀具距前顶角的距离。

工件的刚度为

$$K_g = \frac{3EIL}{(L-x)^2 x^2}$$

② 刀具的变形。车削时 F_y 引起刀具的变形很小，F_z 使刀具产生弯曲，如图 2-3 所示，在工件的切向上产生位移 y_{d1}，对加工程度的影响很小，也可忽略不计。

③ 机床变形。如图 2-3 所示，车削加工会造成机床主轴端产生 y_a，其相对较小，尾端 y_{wz} 也相对较小，均可忽略不计，即不考虑机床变形。

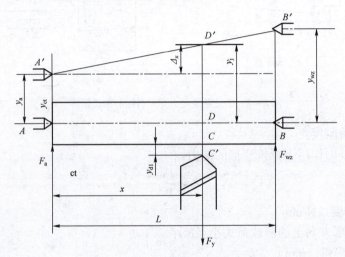

图 2-3　机床变形随切削力位置的变化

④ 工艺系统变形。

$$y_{st} = y_{jc} + y_g$$

$$= F_y \left[\frac{1}{K_{dj}} + \frac{1}{K_{ct}} \left(\frac{L-x}{L} \right)^2 + \frac{1}{K_{wz}} \left(\frac{x}{L} \right)^2 + \frac{(L-x)^2 x^2}{3EIL} \right]$$

$$K_{st} = \frac{1}{\dfrac{1}{K_{dj}} + \dfrac{1}{K_{ct}} \left(\dfrac{L-x}{L} \right)^2 + \dfrac{1}{K_{wz}} \left(\dfrac{x}{L} \right)^2 + \dfrac{(L-x)^2 x^2}{3EIL}}$$

（2）切削力大小变化产生的加工误差。

在机械加工过程中，由于加工余量不均或材料硬度不一致，也会影响工件的加工精度。

如图 2-4 所示毛坯横截面存在圆度误差，图 2-4 中 A 所示为毛坯外圆表面，双点画线所示为理想外圆，B 为工件加工完成后的实际形状。

3）其他作用力对加工精度的影响

工艺系统除受切削力作用之外，还会受到夹紧力、惯性力、传动力等的作用，也会使工件产生误差。

（1）夹紧力产生的加工误差。图 2−5 所示为用三爪装夹来加工薄壁套内孔。夹紧后，工件内孔变形为三棱形（见图 2−5 中Ⅱ），内孔加工后为圆形（见图 2−5 中Ⅲ）。但是，松开后弹性恢复，该孔便成为三棱形（见图 2−5 中Ⅳ）。为了减小夹紧变形，可以采用如图 2−5 所示的圆弧软爪，以增加接触面积、减小压强，或用开口套筒来加大夹紧力的接触面积。

（2）惯性力产生的加工误差。如图 2−6 所示，它在加工误差敏感方向上的分力和切削力的方向有时相同，有时相反，从而引起受力变形的变化，使工件产生形状误差。加工后工件呈心脏线形。

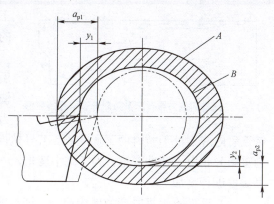

图 2−4　毛坯误差的复映

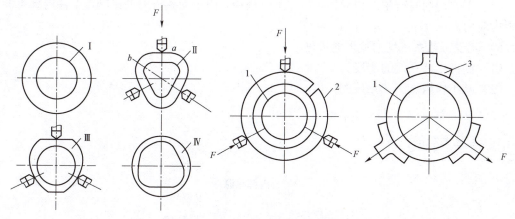

图 2−5　夹紧力引起的加工误差

Ⅰ—毛坯；Ⅱ—夹紧后；Ⅲ—加工内孔后；Ⅳ—松开后；1—工件；2—开口套筒；3—圆弧软爪

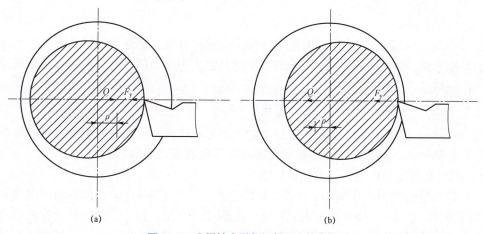

图 2−6　由惯性力引起切削深度的变化

4）内应力重新分布对加工精度的影响

内应力是指当外部载荷去除后，仍残存在工件内部的应力。内应力是由于热加工和冷加

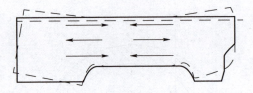

图2-7 床身内应力导致床身重新分布引起的变形

工使金属内部宏观或微观的组织发生了不均匀的体积变化而产生的。

（1）毛坯制造时产生的内应力。如图 2-7 所示的床身铸件铸造后，由于导轨表面冷却较快，内部冷却较慢，铸件内部产生内应力，内应力的分布是导轨表层呈压应力、内部为拉应力。

铸造后内应力处于暂时的平衡状态。若导轨面加工去一层，则破坏了原来的平衡状态，内应力重新分布发生弯曲变形。为了减小变形，一般在铸件粗加工后进行时效处理，消除掉内应力后再进行精加工。

（2）工件冷校直时产生的内应力。细长的轴类零件，如光杠、丝杠、曲轴等刚性较差的零件，在加工和搬运过程中很容易弯曲。因此大多数在加工过程中安排有冷校直工序，冷校直后工件也会产生内应力。

（3）工件切削时产生的内应力。在加工过程中，由于受到外力的影响，工件内部可能会出现内应力。

5）减少工艺系统受力变形的措施

（1）提高工艺系统的刚度。

（2）减小作用于工艺系统的外力。

3. 工艺系统受热变形对加工精度的影响

1）工艺系统的热源

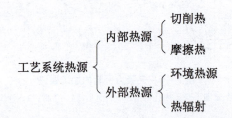

（1）内部热源。

① 切削热。热切削过程中，消耗于切削层金属的弹性、塑性变形以及刀具与工件、切屑间的摩擦能量，绝大部分转化为切削热。切削热的大小与切削力的大小以及切削速度的高低有关，一般按下式估算：

$$Q = P_c = F_c v_c$$

② 摩擦热。机床中各运动副在相对运动时产生的摩擦力转化为摩擦热而形成热源。

（2）外部热源。工艺系统的外部热源主要是环境温度与热辐射。

2）工艺系统热变形对加工精度的影响

（1）机床受热变形产生的加工误差。机床受内、外热源的影响，各部分的温度将发生变化而引起变形。图2-8（b）所示为立式铣床的热变形情况。由于主轴回转的摩擦热及立柱前、后壁温度不同，热伸长变形不同，使立柱在垂直面内产生弯曲变形而导致主轴在垂直面内倾斜。这样，加工后的工件会出现被加工表面与定位表面间的位置误差，如平行度误差和垂直度误差等。

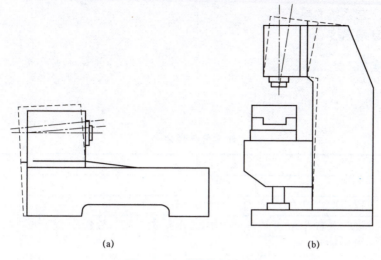

(a)   (b)

图2-8　机床的热变形趋势

（2）工件热变形引起的加工误差。在磨削或铣削薄片状零件时，由于工件单边受热，工件两边受热不均匀而产生翘曲。图2-9（a）所示为在平面磨床上磨削长度为 L、厚度为 H 的板状零件。上、下表面间形成温度差，上表面温度高，膨胀比下表面大，使工件向上凸起，凸起的地方在加工时被磨去（见图2-9（b）），冷却后工件恢复原状，被磨去的地方出现下凹（见图2-9（c）），产生平面度误差 ΔH，且工件越长，厚度越小，变形及误差越大。

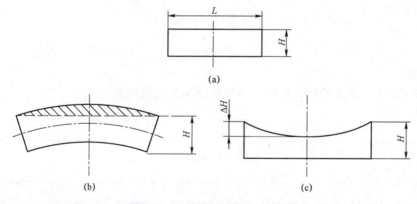

(b)   (c)

图2-9　工件单面受热的加工误差

（3）刀具热变形引起的加工误差。刀具的热变形主要由切削热引起，因刀具体积小、热容量小，所以刀具的温升可能非常高。刀具的热伸长一般在被加工工件的误差敏感方向上，其变形对加工精度的影响有时是不可忽视的。

二维码2-19

3）减小工艺系统热变形的措施。

（1）减少热源产生的热量。

① 减小切削热或磨削热。通过控制切削或磨削的用量，合理选用刀具来减少切削热。

② 减少机床各运动副的摩擦热。

（2）分离、隔离热源。

（3）加强冷却。

（4）保持工艺系统的热平衡。

（5）控制环境温度。

2.2.3.5 任务实施

2.2.3.5.1 学生分组

学生分组表 2-7

班级		组号		授课教师	
组长		学号			
组员	姓名	学号		姓名	学号

2.2.3.5.2 完成任务工单

任务工作单

组号：＿＿＿＿＿　　姓名：＿＿＿＿＿　　学号：＿＿＿＿＿　　检索号：__22352-1__

引导问题：

（1）举例说明工艺系统的几何精度是如何影响加工精度的。

_____

_____

（2）举例说明减少工艺系统受力变形的措施。

_____

_____

（3）举例说明减少工艺系统受热变形的措施。

_____

_____

2.2.3.5.3 合作探究

任务工作单

组号：＿＿＿＿＿　　姓名：＿＿＿＿＿　　学号：＿＿＿＿＿　　检索号：__22353-1__

引导问题：

（1）小组讨论，教师参与，确定任务工作单 22352-1 的最优答案，并检讨自己存在的不足。

_____

（2）每组推荐一个小组长，进行汇报。根据汇报情况，再次检讨自己的不足。

_____

2.2.3.6 评价反馈

任务工作单

组号：_____ 姓名：_____ 学号：_____ 检索号：__2236-1__

自我检测表

班级		组名		日期	年　月　日
评价指标	评价内容			分数/分	分数评定
信息收集能力	能有效利用网络、图书资源查找有用的相关信息等；能将查到的信息有效地传递到学习中			10	
感知课堂生活	是否能在学习中获得满足感，课堂生活的认同感			10	
参与态度沟通能力	积极主动与教师、同学交流，相互尊重、理解、平等；与教师、同学之间是否能够保持多向、丰富、适宜的信息交流			10	
	能处理好合作学习和独立思考的关系，做到有效学习；能提出有意义的问题或能发表个人见解			10	
知识、能力获得情况	工艺系统的几何精度含义：			10	
	工艺系统的几何精度对加工精度的影响：			10	
	减少工艺系统受力变形的举措：			10	
	减少工艺系统受热变形的措施			10	
辩证思维能力	是否能发现问题、提出问题、析问题、解决问题、创新问题			10	
自我反思	按时保质地完成任务；较好地掌握知识点；具有较为全面、严谨的思维能力，并能条理清楚、明晰地表达成文			10	
自评分数					
总结提炼					

任务工作单

组号：_____ 姓名：_____ 学号：_____ 检索号：__2236－2__

小组内互评验收表

验收组长		组名		日期	年　月　日
组内验收成员					
任务要求	工艺系统的几何精度；工艺系统的几何精度对加工精度的影响；减少工艺系统受力变形的举措；减少工艺系统受热变形的措施；文献检索目录清单				
验收文档清单	被评价人完成的 22352－1 任务工作单				
	文献检索目录清单				
验收评分	评分标准		分数/分		得分
	工艺系统的几何精度，错一处扣 5 分		20		
	工艺系统的几何精度对加工精度的影响，错一处扣 5 分		20		
	减少工艺系统受力变形的举措，错一处扣 2 分		20		
	减少工艺系统受热变形的措施，错一处扣 2 分		20		
	提供文献检索目录清单，至少 5 份，缺一份扣 4 分		20		
	评价分数				
不足之处					

任务工作单

被评组号：_____ 检索号：__2236－3__

小组间互评表

班级		评价小组		日期	年　月　日
评价指标	评价内容		分数/分		分数评定
汇报表述	表述准确		15		
	语言流畅		10		
	准确反映改组完成情况		15		
内容正确度	内容正确		30		
	句型表达到位		30		
	互评分数				

二维码 2－20

任务工作单

组号：_____ 姓名：_____ 学号：_____ 检索号：__2236-4__

任务完成情况评价表

任务名称		影响加工精度的因素分析		总得分		
评价依据		被评价人完成的 22352-1 任务工作单				
序号	任务内容及要求		配分/分	评分标准	教师评价	
					结论	得分
1	工艺系统的几何精度	（1）描述正确	10	缺一个要点扣1分		
		（2）语言表达流畅	10	酌情赋分		
2	减少工艺系统受力变形的举措	（1）描述正确	10	缺一个要点扣1分		
		（2）语言流畅	10	酌情赋分		
3	工艺系统的几何精度对加工精度的影响	（1）描述正确	10	缺一个要点扣2分		
		（2）语言流畅	10	酌情赋分		
4	减少工艺系统受热变形的举措	（1）描述正确	10	缺一个要点扣2分		
		（2）语言流畅	10	酌情赋分		
5	至少包含 5 份文献检索目录清单	（1）数量	5	每少一个扣1分		
		（2）参考的主要内容要点	5	酌情赋分		
6	素质素养评价	（1）沟通交流能力	10	酌情赋分，但违反课堂纪律，不听从组长、教师安排，不得分		
		（2）团队合作				
		（3）课堂纪律				
		（4）合作探学				
		（5）自主研学				

二维码2-21

任务四　保证和提高加工精度的途径认知及应用

2.2.4.1　任务描述

理解误差预防和误差补偿的原理，并应用到零件加工过程中。

2.2.4.2　学习目标

1. 知识目标

（1）掌握误差预防技术的原理；
（2）掌握误差补偿技术的原理。

2. 能力目标

能利用误差预防技术与误差补偿技术保证和提高零件加工精度。

3. 素养素质目标

（1）培养思考问题、分析问题的能力；
（2）培养实践应用能力。

2.2.4.3　重难点

1. 重点

误差预防技术和误差补偿技术的原理。

2. 难点

误差预防技术与误差补偿技术的运用。

2.2.4.4　相关知识链接

1. 误差预防技术

（1）合理采用先进工艺与设备。

（2）直接减少原始误差。首先查明影响加工精度的主要原始误差因素，然后将其消除或减少。

（3）转移原始误差。将影响加工精度的原始误差转移到误差的非敏感方向上。

（4）就地加工法。牛头刨床、龙门刨床为了使其工作台面对滑枕、横梁保持平行的位置关系，装配后在自身机床上进行"自刨自"的精加工。车床为了保证三爪卡盘卡爪的装夹面与主轴回转轴线同轴，也常采用"就地加工"的方法，对卡爪的装夹面进行就地车削（对于软爪）或就地磨削（需在溜板箱上装磨头）。

（5）均化原始误差法。例如研磨时，研具的精度并不很高，分布在研具上的磨料粒度大小也可能不一样。但由于研磨时工件和研具间有复杂的相对运动轨迹，使工件上各点均有机会与研具的各点相互接触并受到均匀的微量切削。同时工件和研具相互修整，精度也逐步共同提高，进一步使误差均化，因此可获得精度高于研具原始精度的加工表面。用易位法加工精密分度蜗轮也是均化原始误差的一个例子。

（6）控制加工过程中温升。大型精密丝杠加工中，需要严格控制机床和工件在加工过程中的温度变化，可采取以下措施：

① 母丝杠采用空心结构，通入恒温油使母丝杠保持恒温。

② 采用淋浴的方法使工件保持恒温。

2. 误差补偿技术

（1）在线自动补偿。在加工中随时测量工件的实际尺寸（形状、位置精度），根据测量结果按一定的模型或算法，实时给刀具以附加的补偿量，从而控制刀具和工件间的相对位置，使工件尺寸的变动范围始终在自动控制之中。

（2）配对加工。这种方法是将互配件中的一个零件作为基准，去控制另一个零件的加工精度。在加工过程中自动测量工件的实际尺寸，并与基准件的尺寸比较，直至达到规定的差值时机床就自动停止加工。柴油机高压油泵柱塞的自动配磨采用的就是这种形式。

图 2-10 所示为自动配磨装置的原理框图。当测孔仪和测轴仪进行测量时，测头的机械位移就改变了电容发送器的电容量。孔与轴的尺寸之差转化成电容量变化之差，使电桥 2 输入桥臂的电参数发生变化，在电桥的输出端形成一个输出电压。该电压经过放大和交直流转换以后，控制磨床的动作和指示灯的明灭，最终保证被磨柱塞与被测柱塞套有合适的间隙。

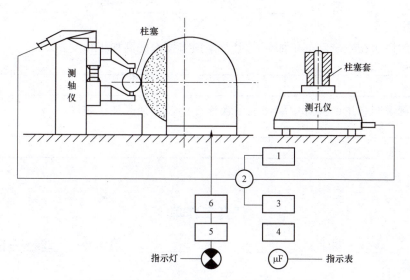

图 2-10 高压油泵偶件自动配磨装置示意图

1—高频振荡发生器；2—电桥；3—三级放大器；4—相敏检波；5—直流放大器；6—执行机构

2.2.4.5　任务实施

2.2.4.5.1　学生分组

学生分组表2-8

班级		组号		授课教师	
组长		学号			
组员	姓名	学号		姓名	学号

2.2.4.5.2　完成任务工单

任务工作单

组号：_____　姓名：_____　学号：_____　检索号：__22452-1__

引导问题：

（1）举例说明在生产实际中如何利用误差预防技术提高加工精度。

_____

（2）举例说明在生产实际中如何利用误差补偿技术提高加工精度。

_____

2.2.4.5.3　合作探究

任务工作单

组号：_____　姓名：_____　学号：_____　检索号：__22453-1__

引导问题：

（1）小组讨论，教师参与，确定任务工作单22452-1的最优答案，并检讨自己存在的不足。

_____

（2）每组推荐一个小组长，进行汇报。根据汇报情况，再次检讨自己的不足。

2.2.4.6 评价反馈

任务工作单

组号：_____ 姓名：_____ 学号：_____ 检索号：<u>2246-1</u>

自我检测表

班级		组名		日期	年 月 日
评价指标	评价内容			分数/分	分数评定
信息收集能力	能有效利用网络、图书资源查找有用的相关信息等；能将查到的信息有效地传递到学习中			10	
感知课堂生活	是否能在学习中获得满足感，课堂生活的认同感			10	
参与态度沟通能力	积极主动与教师、同学交流，相互尊重、理解、平等；与教师、同学之间是否能够保持多向、丰富、适宜的信息交流			10	
	能处理好合作学习和独立思考的关系，做到有效学习；能提出有意义的问题或能发表个人见解			10	
知识、能力获得情况	误差预防技术：			10	
	利用误差预防技术提高加工精度的方法：			10	
	误差补偿技术：			10	
	利用误差补偿技术提高加工精度的路径			10	
辩证思维能力	是否能发现问题、提出问题、分析问题、解决问题、创新问题			10	
自我反思	按时保质地完成任务；较好地掌握知识点；具有较为全面、严谨的思维能力，并能条理清楚、明晰地表达成文			10	
自评分数					
总结提炼					

任务工作单

组号：_____ 姓名：_____ 学号：_____ 检索号：__2246－2__

小组内互评验收表

验收组长		组名		日期	年 月 日
组内验收成员					
任务要求	误差预防技术；利用误差预防技术提高加工精度的方法；误差补偿技术；利用误差补偿技术提高加工精度的路径；文献检索目录清单				
验收文档清单	被评价人完成的 22452－1 任务工作单				
	文献检索目录清单				
	评分标准			分数/分	得分
验收评分	误差预防技术概念，错一处扣 5 分			20	
	利用误差预防技术提高加工精度的方法，错一处扣 5 分			20	
	误差补偿技术概念，错一处扣 2 分			20	
	利用误差补偿技术提高加工精度的路径，错一处扣 2 分			20	
	提供文献检索目录清单，至少 5 份，缺一份扣 4 分			20	
	评价分数				
不足之处					

任务工作单

被评组号：_____ 检索号：__2246－3__

小组间互评表

班级		评价小组		日期	年 月 日
评价指标		评价内容		分数/分	分数评定
汇报表述		表述准确		15	
		语言流畅		10	
		准确反映改组完成情况		15	
内容正确度		内容正确		30	
		句型表达到位		30	
		互评分数			

二维码 2－22

任务工作单

组号：_____ 姓名：_____ 学号：_____ 检索号：__2246-4__

任务完成情况评价表

任务名称	保证和提高加工精度的途径认知及应用			总得分		
评价依据	被评价人完成的 22452-1 任务工作单					

序号	任务内容及要求		配分/分	评分标准	教师评价	
					结论	得分
1	误差预防技术概念	（1）描述正确	10	缺一个要点扣1分		
		（2）语言表达流畅	10	酌情赋分		
2	误差补偿技术概念	（1）描述正确	10	缺一个要点扣1分		
		（2）语言流畅	10	酌情赋分		
3	利用误差预防技术提高加工精度的方法	（1）描述正确	10	缺一个要点扣2分		
		（2）语言流畅	10	酌情赋分		
4	利用误差补偿技术提高加工精度的路径	（1）描述正确	10	缺一个要点扣2分		
		（2）语言流畅	10	酌情赋分		
5	至少包含 5 份文献检索目录清单	（1）数量	5	每少一个扣1分		
		（2）参考的主要内容要点	5	酌情赋分		
6	素质素养评价	（1）沟通交流能力	10	酌情赋分，但违反课堂纪律，不听从组长、教师安排，不得分		
		（2）团队合作				
		（3）课堂纪律				
		（4）合作探学				
		（5）自主研学				

二维码 2-23

零件图是制定工艺规程最主要的原始依据。对零件图的分析是否透彻，将直接影响所制定工艺规程的科学性、合理性和经济性。在制定零件的机械加工工艺规程之前，对零件进行结构工艺性分析，以及对产品零件图提出修改意见，是制定工艺规程的一项重要工作。

任务一　零件结构工艺性分析

2.3.1.1　任务描述

能根据所加工零件的实际功用，对零件结构工艺性进行分析。

2.3.1.2　学习目标

1. 知识目标

（1）掌握零件结构工艺性的概念；
（2）掌握零件结构工艺性分析的要求。

2. 能力目标

能根据零件功用对零件进行结构工艺性分析并提出修改意见。

3. 素养素质目标

（1）培养勤于思考、分析问题的意识；
（2）培养实事求是的工作态度；
（3）培养大局意识。

2.3.1.3　重难点

1. 重点

零件结构工艺性认知。

2. 难点

零件结构工艺性分析运用。

2.3.1.4　相关知识链接

1. 零件结构工艺性的概念

零件结构工艺性是指所设计的零件在能满足使用要求的前提下制造的可行性和经济性。它包括零件各个制造过程中的工艺性，有零件结构的铸造、锻造、冲压、焊接、热处理和切削加工等工艺性。由此可见，零件结构工艺性涉及面很广，具有综合性，必须全面综合地分析。在制定机械加工工艺规程时，主要应进行零件切削加工工艺性的分析。

在不同的生产类型和生产条件下，同样结构的制造可行性和经济性可能不同。例如如

图 2-11 所示双联斜齿轮，两齿圈之间的轴向距离很小，因而小齿圈不能用滚齿加工，只能用插齿加工；又因插斜齿需要专用的螺旋导轨，因而它的结构工艺性不好。若能采用电子束焊，则先分别滚切两个齿圈，再将它们焊成一体，这样的制造工艺就较好，且能缩短齿轮间的轴向尺寸。由此可见，结构工艺性要根据具体的生产类型和生产条件来分析，具有相对性。从上述分析也可知，只有熟悉制造工艺、有一定的实践知识并且掌握工艺理论，才能分析零件结构工艺性。

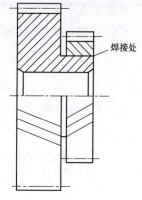

焊接处

图 2-11 双联斜齿轮的结构

零件结构工艺性的分析，可从零件尺寸和公差的标注、零件的组成要素和零件的整体结构等三方面来阐述。

2. 零件的工艺性分析

1）审查各项技术要求

分析产品图纸，熟悉该产品的用途、性能及工作状态，明确被加工零件在产品中的位置和作用，进而了解图纸上各项技术要求制定的依据，以便在拟订工艺规程时采取适当的工艺措施加以保证。

例：审查图 2-12 所示零件图纸的完整性、技术要求的合理性以及材料选择是否合理，并提出改进意见。

如图 2-12（a）所示的汽车板簧和弹簧吊耳内侧面的表面粗糙度，可由原设计的 $Ra3.2\ \mu m$ 改为 $Ra25\ \mu m$，这样即可在铣削加工时增大进给量，以提高生产率。又如图 2-12（b）所示的方头销零件，其方头部分要求淬硬到 HRC55～60，其销轴 $\phi 8^{+0.01}_{+0.001}$ mm 上有个 $\phi 2^{+0.01}_{0}$ mm 的小孔，在装配时配作，材料为 T8A，小孔 $\phi 2^{+0.01}_{0}$ mm 因是配作，故不能预先加工好，淬火时，因零件太小势必全部被淬硬，造成 $\phi 2^{+0.01}_{0}$ mm 孔很难加工。若将材料改为 20Cr，则可局部渗碳，在小孔处镀铜保护，则零件加工就容易得多。

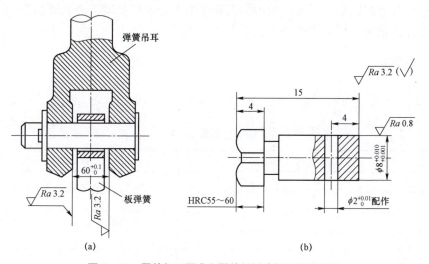

图 2-12 零件加工要求和零件材料选择不当的示例

2）审查零件结构工艺性

所谓良好的工艺性，是指在保证产品使用要求的前提下，能用生产率高、劳动量少、节省材料和生产成本低的方法制造出来。图2-13所示为零件局部结构工艺性的一些实例,每个实例右边为合理的结构。

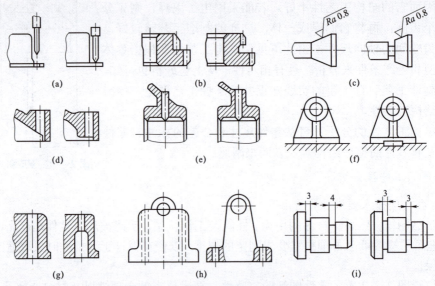

图2-13　零件局部结构工艺性示例

3)结构设计时应注意的几项原则

(1)尽可能采用标准化参数,有利于采用标准刀具和量具;

(2)要保证加工的可能性和方便性,加工面应有利于刀具的进入和退出;

(3)加工表面形状应尽量简单,便于加工,并尽可能布置在同一表面或同一轴线上,以减少工件装夹、刀具调整及走刀次数;

(4)零件结构应便于工件装夹,并有利于增强工件或刀具的刚度;

(5)应尽可能减轻零件质量,减小加工表面面积,并尽量减少内表面加工;

(6)零件的结构应与先进的加工工艺方法相适应。

2.3.1.5　任务实施

2.3.1.5.1　学生分组

学生分组表2-9

班级		组号		授课教师	
组长		学号			
组员	姓名	学号		姓名	学号

2.3.1.5.2　完成任务工单

任务工作单

组号：_____　姓名：_____　学号：_____　检索号：<u>23152-1</u>

引导问题：

（1）零件表面技术要求是否合理的前提是什么？

_____

_____

（2）试分析图 2-14 所示零件在结构工艺性上有哪些缺陷，如何改进。

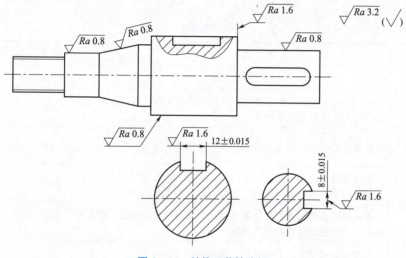

图 2-14　结构工艺性分析

_____

_____

_____

_____

2.3.1.5.3　合作探究

任务工作单

组号：_____　姓名：_____　学号：_____　检索号：<u>23153-1</u>

引导问题：

（1）小组讨论，教师参与，确定任务工作单 23152-1 的最优答案，并检讨自己存在的不足。

_____

_____

（2）每组推荐一个小组长，进行汇报。根据汇报情况，再次检讨自己的不足。

_____

_____

二维码2-24

2.3.1.6 评价反馈

任务工作单

组号：_____ 姓名：_____ 学号：_____ 检索号：__2316-1__

自我检测表

班级		组名		日期	年 月 日
评价指标	评价内容			分数/分	分数评定
信息收集能力	能有效利用网络、图书资源查找有用的相关信息等；能将查到的信息有效地传递到学习中			10	
感知课堂生活	是否能在学习中获得满足感，课堂生活的认同感			10	
参与态度沟通能力	积极主动与教师、同学交流，相互尊重、理解、平等；与教师、同学之间是否能够保持多向、丰富、适宜的信息交流			10	
	能处理好合作学习和独立思考的关系，做到有效学习；能提出有意义的问题或能发表个人见解			10	
知识、能力获得情况	零件表面技术要求合理性判定依据：			10	
	零件结构工艺性好坏的判定依据：			10	
	分析图2-14零件结构工艺性：			10	
	图2-14 零件结构工艺性改进方法			10	
辩证思维能力	是否能发现问题、提出问题、分析问题、解决问题、创新问题			10	
自我反思	按时保质地完成任务；较好地掌握知识点；具有较为全面、严谨的思维能力，并能条理清楚、明晰地表达成文			10	
自评分数					
总结提炼					

组号：_____ 姓名：_____ 学号：_____ 检索号：<u>2316-2</u>

验收组长		组名		日期	年 月 日
组内验收成员					
任务要求	零件表面技术要求合理性判定依据；零件结构工艺性好坏的判定依据；分析图2-14所示零件结构工艺性，并说明零件结构工艺性改进方法；文献检索目录清单				
验收文档清单	被评价人完成的23152-1任务工作单				
	文献检索目录清单				
验收评分	评分标准			分数/分	得分
	零件表面技术要求合理性判定依据，错一处扣5分			20	
	零件结构工艺性好坏的判定依据，错一处扣5分			20	
	分析图2-14所示零件结构工艺性，错一处扣2分			20	
	说明图2-14所示零件结构工艺性改进方法，错一处扣2分			20	
	提供文献检索目录清单，至少5份，缺一份扣4分			20	
	评价分数				
不足之处					

任务工作单

被评组号：_____ 检索号：<u>2316-3</u>

班级		评价小组		日期	年 月 日
评价指标	评价内容			分数/分	分数评定
汇报表述	表述准确			15	
	语言流畅			10	
	准确反映改组完成情况			15	
内容正确度	内容正确			30	
	句型表达到位			30	
	互评分数				

二维码2-25

任务工作单

组号：_____ 姓名：_____ 学号：_____ 检索号：___2316-4___

任务完成情况评价表

任务名称		零件结构工艺性分析		总得分		
评价依据		被评价人完成的 23152-1 任务工作单				
序号	任务内容及要求		配分/分	评分标准	教师评价	
					结论	得分
1	零件表面技术要求合理性判定依据	(1) 描述正确	10	缺一个要点扣 1 分		
		(2) 语言表达流畅	10	酌情赋分		
2	分析图 2-14 所示零件结构工艺性	(1) 描述正确	10	缺一个要点扣 1 分		
		(2) 语言流畅	10	酌情赋分		
3	零件结构工艺性判定依据	(1) 描述正确	10	缺一个要点扣 2 分		
		(2) 语言流畅	10	酌情赋分		
4	图 2-14 所示零件结构工艺性改进方法	(1) 描述正确	10	缺一个要点扣 2 分		
		(2) 语言流畅	10	酌情赋分		
5	至少包含 5 份文献检索目录清单	(1) 数量	5	每少一个扣 1 分		
		(2) 参考的主要内容要点	5	酌情赋分		
6	素质素养评价	(1) 沟通交流能力	10	酌情赋分，但违反课堂纪律，不听从组长、教师安排，不得分		
		(2) 团队合作				
		(3) 课堂纪律				
		(4) 合作探学				
		(5) 自主研学				

二维码 2-26

项目四 毛坯的选择

零件是由毛坯按照其技术要求经过各种加工而形成的。毛坯选择的正确与否，不仅影响产品质量，而且对制造成本也有很大的影响。因此，正确地选择毛坯有着重大的技术和经济意义。

任务一 常用毛坯的种类认知及毛坯选择时应考虑的因素分析

2.4.1.1 任务描述

根据图 2-1 零件的功用、结构特点和技术要求，正确选择毛坯种类。

2.4.1.2 学习目标

1. 知识目标

（1）掌握常见毛坯的种类及其工艺特点；
（2）掌握毛坯选择时要考虑的因素。

2. 能力目标

能根据零件特点正确选择毛坯种类。

3. 素养素质目标

（1）培养实事求是、辩证分析的能力；
（2）培养严谨的工作态度。

2.4.1.3 重难点

1. 重点

常见毛坯种类及其工艺特点。

2. 难点

正确选择毛坯种类。

2.4.1.4 相关知识链接

1. 常用毛坯种类

1）铸件

当零件的结构比较复杂，所用材料又具备可铸性时，零件的毛坯应选择铸件，其铸造方法有砂型铸造、特种铸造（金属型铸造、压力铸造、离心铸造等）。生产中所用的铸件，大多采用砂型铸造，薄壁零件不可用砂型铸造，尺寸大的铸件宜用砂型铸造，少数尺寸较小的优质铸件可采用特种铸造方法铸造。

二维码 2-27

2）锻件

锻件主要有自由锻和模锻等。

自由锻造是利用冲击力或压力使金属在上下砧面间各个方向自由变形，不受任何限制而获得所需形状及尺寸和一定机械性能的锻件的一种加工方法，简称自由锻。自由锻造件由于采用手工操作锻造成形，精度低、加工余量大，加之自由锻生产率不高，所以适用于单件小批生产中生产结构简单的锻件。

模锻是在外力的作用下使金属坯料在模具内产生塑性变形并充满模膛（模具型腔）以获得所需形状和尺寸的锻件的锻造方法。与自由锻相比，模锻能够锻出形状更为复杂、尺寸比较准确的锻件，生产效率比较高。在大批大量生产中，中小型零件的毛坯常采用模锻制造。

3）焊接件

焊接件是根据需要将型材或钢板等焊接而成的毛坯件。对于大件来说，焊接件简单、方便，特别是单件小批生产可大大缩短生产周期。但焊接后容易产生较大的内应力，从而产生焊接变形，需经过一定的去除内应力处理（如回火、退火、时效等）。焊接的方式主要有气焊、电弧焊以及电渣焊等。

4）型材

型材是铁或钢以及具有一定强度和韧性的材料（如塑料、铝、玻璃纤维等）通过轧制、挤出、铸造等工艺制成的具有一定几何形状的物体，主要有圆钢（棒料）、方钢、角钢等。型材有热轧和冷拉两种。热轧型材的尺寸较大、精度低，多用作一般零件的毛坯；冷拉型材尺寸较小、精度较高，多用于毛坯精度要求较高的中、小型零件，适用于自动机床加工。

2. 毛坯选择时考虑的因素

1）零件材料及其力学性能

例如，材料是铸铁，就选铸造毛坯。材料是钢材，当力学性能要求高时，可选锻件；当力学性能要求不高时，可选型材或铸钢。

2）零件的形状和尺寸

形状复杂毛坯，常采用铸造方法。薄壁件不可用砂型铸造，大铸件应用砂型铸造。常见钢质阶梯轴零件，如各台阶直径相差不大，则可用棒料；如各台阶直径相差较大，则可选锻件。尺寸大宜选自由锻，尺寸小宜选模锻。

3）生产类型

大量生产，应选精度和生产率都比较高的毛坯制造方法，如铸件选金属模机器造型或精密铸造，锻件应采用模锻、冷轧和冷拉型材等；单件小批生产则应采用木模手工造型或自由锻。

4）具体生产条件

考虑现场毛坯制造的水平和能力以及外协的可能性等。

5）利用新工艺、新技术和新材料的可能性

如精铸、精锻、冷挤压、粉末冶金和工程塑料等，应用这些方法后，可大大减少机械加工量，有时甚至可不再进行机械加工。

二维码2-28

2.4.1.5 任务实施

2.4.1.5.1 学生分组

学生分组表 2-10

班级		组号		授课教师	
组长		学号			
组员	姓名	学号		姓名	学号

2.4.1.5.2 完成任务工单

任务工作单

组号：_____　姓名：_____　学号：_____　检索号：<u>24152-1</u>

引导问题：

（1）什么样的零件力学性能要求较高？

_____

_____

（2）生产类型对毛坯选择有什么影响？请举例说明。

_____

_____

（3）请确定图 2-15 中各个零件的毛坯种类。

（a）　　　　　　　（b）　　　　　　　（c）

图 2-15　毛坯种类选择

（a）大型齿轮毛坯；（b）工业汽轮机叶片毛坯；（c）连杆毛坯

_____

_____

2.4.1.5.3 合作探究

任务工作单

组号：_____ 姓名：_____ 学号：_____ 检索号：__24153-1__

引导问题：

（1）小组讨论，教师参与，确定任务工作单 24152-1 的最优答案，并检讨自己存在的不足。

_____

_____

（2）每组推荐一个小组长，进行汇报。根据汇报情况，再次检讨自己的不足。

_____

_____

2.4.1.6 评价反馈

任务工作单

组号：_____ 姓名：_____ 学号：_____ 检索号：__2416-1__

自我检测表

班级		组名		日期	年　月　日
评价指标	评价内容			分数/分	分数评定
信息收集能力	能有效利用网络、图书资源查找有用的相关信息等；能将查到的信息有效地传递到学习中			10	
感知课堂生活	是否能在学习中获得满足感，课堂生活的认同感			10	
参与态度沟通能力	积极主动与教师、同学交流，相互尊重、理解、平等；与教师、同学之间是否能够保持多向、丰富、适宜的信息交流			10 分	
	能处理好合作学习和独立思考的关系，做到有效学习；能提出有意义的问题或能发表个人见解			10	
知识、能力获得情况	举例说明对力学性能要求较高的零件：			10	
	根据生产类型选择毛坯种类：			10	
	完成图 2-15 所示各零件的毛坯选择：			10	
	毛坯选择要考虑的因素			10	
辩证思维能力	是否能发现问题、提出问题、分析问题、解决问题、创新问题			10	
自我反思	按时保质地完成任务；较好地掌握知识点；具有较为全面、严谨的思维能力，并能条理清楚、明晰地表达成文			10	
自评分数					
总结提炼					

任务工作单

组号：_____ 姓名：_____ 学号：_____ 检索号：<u>2416-2</u>

小组内互评验收表

验收组长		组名			日期	年 月 日
组内验收成员						
任务要求	举例说明对力学性能要求较高的零件；根据生产类型选择毛坯种类；完成图 2-15 所示各零件的毛坯选择；毛坯选择要考虑的因素；文献检索目录清单					
验收文档清单	被评价人完成的 24152-1 任务工作单					
	文献检索目录清单					
验收评分	评分标准				分数/分	得分
	举例说明对力学性能要求较高的零件，错一处扣 5 分				20	
	根据生产类型选择毛坯种类，错一处扣 5 分				20	
	完成图 2-15 所示各零件的毛坯选择，错一处扣 2 分				20	
	毛坯选择要考虑的因素，错一处扣 2 分				20	
	提供文献检索目录清单，至少 5 份，缺一份扣 4 分				20	
	评价分数					
不足之处						

任务工作单

被评组号：_____ 检索号：<u>2416-3</u>

小组间互评表

班级		评价小组		日期	年 月 日
评价指标	评价内容			分数/分	分数评定
汇报表述	表述准确			15	
	语言流畅			10	
	准确反映改组完成情况			15	
内容正确度	内容正确			30	
	句型表达到位			30	
	互评分数				

二维码 2-29

任务工作单

组号：_____ 姓名：_____ 学号：_____ 检索号：__2416-4__

任务完成情况评价表

任务名称	常用毛坯的种类认知及毛坯选择时应考虑的因素分析			总得分		
评价依据	被评价人完成的 24152-1 任务工作单					

序号	任务内容及要求		配分/分	评分标准	教师评价	
					结论	得分
1	举例说明对力学性能要求较高的零件	（1）描述正确	10	缺一个要点扣1分		
		（2）语言表达流畅	10	酌情赋分		
2	完成图2-15所示各零件的毛坯选择	（1）描述正确	10	缺一个要点扣1分		
		（2）语言流畅	10	酌情赋分		
3	根据生产类型选择毛坯种类	（1）描述正确	10	缺一个要点扣2分		
		（2）语言流畅	10	酌情赋分		
4	毛坯选择要考虑的因素	（1）描述正确	10	缺一个要点扣2分		
		（2）语言流畅	10	酌情赋分		
5	至少包含5份文献检索目录清单	（1）数量	5	每少一个扣1分		
		（2）参考的主要内容要点	5	酌情赋分		
6	素质素养评价	（1）沟通交流能力	10	酌情赋分，但违反课堂纪律，不听从组长、教师安排，不得分		
		（2）团队合作				
		（3）课堂纪律				
		（4）合作探学				
		（5）自主研学				

二维码2-30

任务二　毛坯的材料、形状及尺寸的确定

2.4.2.1　任务描述

确定图 2-1 所示传动轴零件毛坯的材料、形状及尺寸，绘制毛坯图。

2.4.2.2　学习目标

1. 知识目标

（1）掌握毛坯尺寸确定的方法；
（2）掌握绘制毛坯图的方法。

2. 能力目标

（1）能根据零件特点及毛坯种类，查阅资料确定毛坯尺寸；
（2）能正确绘制毛坯图。

3. 素养素质目标

（1）培养勤于思考、分析问题的意识；
（2）培养规范意识；
（3）培养查阅文献的能力。

2.4.2.3　重难点

1. 重点

毛坯尺寸的确定。

2. 难点

毛坯图的绘制方法。

2.4.2.4　相关知识链接

1. 毛坯的材料、形状及尺寸

毛坯的材料应与零件的材料一致。毛坯的形状和尺寸，基本上取决于零件的形状和尺寸。零件和毛坯的主要差别在于零件需要加工的表面上，加上一定的机械加工余量，即毛坯加工余量。毛坯的形状和尺寸应尽量与零件接近，以便减少机械加工量，力求实现少切削或无切削加工。锻件和铸件的机械加工余量可以根据相关机械加工手册查得。零件图上切削加工表面的基本尺寸加上机械加工余量，即为毛坯的基本尺寸。由于毛坯制造水平的限制，毛坯的尺寸不可能完全精确，毛坯基本尺寸也带有公差。

2. 绘制毛坯—零件综合图

为了便于编制机械加工工艺规程，一般需要绘制毛坯—零件综合图。毛坯—零件综合图是编制机械加工工艺规程的原始依据，绘图时应按规定绘制。

绘制锻件毛坯—零件综合图时,锻件的外形用粗实线表示,零件的轮廓线用双点画线表示。锻件的基本尺寸和公差标注在尺寸线上面,零件的尺寸标注在尺寸线下面的括号内,如图 2-16 所示。

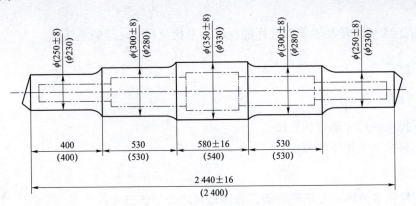

图 2-16 锻件毛坯—零件综合图示例

铸件毛坯—零件综合图的画法如图 2-17 所示,在图形表达方面与锻件毛坯基本一致,不同之处在于,被加工面上加工余量需用网格线表示,铸件毛坯上的不铸出小孔与沟槽部分也要用网格线表示。尺寸标注时,一般只标注毛坯的基本尺寸及公差,加工余量尺寸单独标出。铸件毛坯图上只标注特殊的圆角尺寸和拔模斜度,相同的部分统一在技术要求中用文字说明。

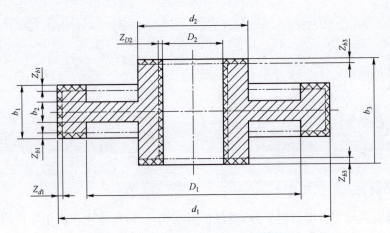

图 2-17 铸件毛坯—零件综合图的画法

2.4.2.5 任务实施

2.4.2.5.1 学生分组

学生分组表 2-11

班级		组号		授课教师	
组长		学号			

	姓名	学号	姓名	学号
组员				

2.4.2.5.2 完成任务工单

任务工作单

组号：_____　姓名：_____　学号：_____　检索号：__24252-1__

引导问题：

（1）确定图 2-1 所示传动轴零件的毛坯形状和尺寸，并说明理由。

_____

_____

（2）绘制图 2-1 所示传动轴零件的毛坯图。

_____

_____

2.4.2.5.3 合作探究

任务工作单

组号：_____　姓名：_____　学号：_____　检索号：__24253-1__

引导问题：

（1）小组讨论，教师参与，确定任务工作单 24252-1 的最优答案，并检讨自己存在的不足。

_____

_____

（2）每组推荐一个小组长，进行汇报。根据汇报情况，再次检讨自己的不足。

_____

_____

2.4.2.6 评价反馈

任务工作单

组号：_____　姓名：_____　学号：_____　检索号：__2426-1__

班级		组名		日期	年 月 日
评价指标		评价内容		分数/分	分数评定
信息收集能力		能有效利用网络、图书资源查找有用的相关信息等；能将查到的信息有效地传递到学习中		10	
感知课堂生活		是否能在学习中获得满足感，课堂生活的认同感		10	
参与态度沟通能力		积极主动与教师、同学交流，相互尊重、理解、平等；与教师、同学之间是否能够保持多向、丰富、适宜的信息交流		10	
		能处理好合作学习和独立思考的关系，做到有效学习；能提出有意义的问题或能发表个人见解		10	
知识、能力获得情况		确定图 2-1 所示传动轴零件的毛坯形状和尺寸：		10	
		说明确定图 2-1 所示传动轴零件毛坯形状和尺寸的理由：		10	
		图 2-1 所示传动轴零件的毛坯图：		10	
		绘制毛坯图包含的要素		10	
辩证思维能力		是否能发现问题、提出问题、分析问题、解决问题、创新问题		10	
自我反思		按时保质地完成任务；较好地掌握知识点；具有较为全面，严谨的思维能力，并能条理清楚、明晰地表达成文		10	
		自评分数			
总结提炼					

任务工作单

组号：_____　　姓名：_____　　学号：_____　　检索号：__2426-2__

小组内互评验收表

验收组长		组名		日期	年 月 日
组内验收成员					
任务要求		确定图 2-1 所示传动轴零件的毛坯形状和尺寸；说明确定图 2-1 所示传动轴零件毛坯形状和尺寸的理由；绘制图 2-1 所示传动轴零件的毛坯图；绘制毛坯图要考虑的因素；文献检索目录清单			
验收文档清单		被评价人完成的 24252-1 任务工作单			
		文献检索目录清单			

	评分标准	分数/分	得分
验收评分	确定图2-1所示传动轴零件的毛坯形状和尺寸，错一处扣5分	20	
	说明确定图2-1所示传动轴零件毛坯形状和尺寸的理由，错一处扣5分	20	
	绘制毛坯图要考虑的因素，错一处扣2分	20	
	绘制图2-1所示传动轴零件的毛坯图，错一处扣2分	20	
	提供文献检索目录清单，至少5份，缺一份扣4分	20	
评价分数			
不足之处			

任务工作单

被评组号：_____　　检索号： 2426-3

小组间互评表

班级		评价小组		日期	年　月　日
评价指标	评价内容			分数/分	分数评定
汇报表述	表述准确			15	
	语言流畅			10	
	准确反映改组完成情况			15	
内容正确度	内容正确			30	
	句型表达到位			30	
互评分数					

二维码2-31

任务工作单

组号：_____　　姓名：_____　　学号：_____　　检索号： 2426-4

任务名称		毛坯的材料、形状及尺寸的确定			总得分	
评价依据		被评价人完成的 24252-1 任务工作单				
序号	任务内容及要求		配分/分	评分标准	教师评价	
					结论	得分
1	确定图 2-1 所示传动轴零件的毛坯形状和尺寸	（1）描述正确	10	缺一个要点扣 1 分		
		（2）语言表达	10	酌情赋分		
2	绘制毛坯图要考虑的因素	（1）描述正确	10	缺一个要点扣 1 分		
		（2）语言流畅	10	酌情赋分		
3	说明确定图 2-1 所示传动轴零件毛坯形状和尺寸的理由	（1）描述正确	10	缺一个要点扣 2 分		
		（2）语言流畅	10	酌情赋分		
4	绘制图 2-1 所示传动轴零件的毛坯图	（1）描述正确	10	缺一个要点扣 2 分		
		（2）语言流畅	10	酌情赋分		
5	至少包含 5 份文献检索目录清单	（1）数量	5	每少一个扣 1 分		
		（2）参考的主要内容要点	5	酌情赋分		
6	素质素养评价	（1）沟通交流能力	10	酌情赋分，但违反课堂纪律，不听从组长、教师安排，不得分		
		（2）团队合作				
		（3）课堂纪律				
		（4）合作探学				
		（5）自主研学				

二维码 2-32

 项目五 **加工方案和加工顺序的确定**

任务一　加工方案的确定

2.5.1.1　任务描述

根据图 2-1 所示传动轴零件的加工要求，合理确定各表面的加工方案。

2.5.1.2 学习目标

1. 知识目标

（1）掌握常见表面的加工方法及加工方案；
（2）掌握确定加工方案的方法。

2. 能力目标

能根据零件加工要求合理确定表面加工方案。

3. 素养素质目标

（1）培养辩证分析能力；
（2）培养灵活应变能力。

2.5.1.3 重难点

1. 重点

常见表面的加工方案。

2. 难点

确定表面加工方案的方法。

2.5.1.4 相关知识链接

确定加工方法时，一般先根据表面的加工精度和表面粗糙度要求，选定最终加工方法，然后再确定从毛坯表面到最终成形表面的加工路线，即确定加工方案。由于获得同一精度和同一粗糙度的方案有好几种，故在具体选择时还应考虑工件的结构形状和尺寸、工件材料的性质、生产类型、生产率和经济性和生产条件等。

1. 根据加工经济精度和表面粗糙度确定加工方案

任何一个表面加工中，影响选择加工方法的因素很多，每种加工方法在不同的工作条件下所能达到的精度和经济效果均不同，也就是说所有的加工方法能够获得的加工精度和表面粗糙度均有一个较大的范围。例如，选择较低的切削用量，精细地操作，就能达到较高的精度，但是，这样会降低生产率，增加成本。反之，如增大切削用量、提高生产率，成本能够降低，但精度也降低了。所以在确定加工方法时，应根据工件每个加工表面的技术要求来选择与经济精度相适应的加工方案，而这一经济精度指的是在正常加工条件下（采用符合质量标准的设备、工艺装备和标准技术等级的工人，合理的加工时间）所能达到的加工精度，相应的表面粗糙度称为经济表面粗糙度。由统计资料表明，各种加工方法的加工误差和加工成本之间的关系呈负指数函数曲线形状，如图 2−18 所示。

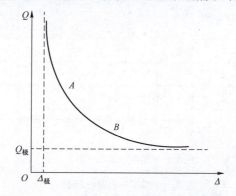

图 2−18 加工误差（或加工精度）和成本的关系

图 2–18 中横坐标是加工误差 Δ，纵坐标是成本 Q。在 A 点左侧，精度不易提高，且有一极限值（$\Delta_{极}$）；在 B 点右侧，成本不易降低，也有一极限值（$Q_{极}$）。曲线 AB 的精度区间属经济精度范围。

表 2–3～表 2–5 分别摘录了平面、外圆、孔的加工方法、加工方案及其经济精度和经济表面粗糙度，供选用时参考。

表 2–3　平面加工方案

序号	加工方案	经济精度 （以公差等级表示）	经济表面粗糙度 $Ra/\mu m$	适用范围
1	粗车	IT11～IT13	12.5～50	回转体的端面
2	粗车—半精车	IT8～IT10	3.2～6.3	
3	粗车—半精车—精车	IT7～IT8	0.8～1.6	
4	粗车—半精车—磨削	IT7～IT8	0.2～0.8	
5	粗铣（或粗刨）	IT11～IT13	6.3～25	精度不太高的不淬硬平面（端铣表面粗糙度值 Ra 较小）
6	粗铣（或粗刨）—精铣（或精刨）	IT8～IT10	1.6～6.3	
7	粗铣（或粗刨）—精铣（或精刨）—刮研	IT6～IT7	0.1～0.8	精度要求较高的不淬硬平面，批量较大时宜采用宽刃精刨方案
8	以宽刃精刨代替上述刮研	IT7	0.2～0.8	
9	粗铣（或粗刨）—精铣（或精刨）—磨削	IT7	0.2～0.8	精度要求高的淬硬平面或不淬硬平面
10	粗铣（或粗刨）—精铣（或精刨）—粗磨—精磨	IT6～IT7	0.025～0.4	
11	粗铣—拉削	IT7～IT9	0.2～0.8	大批量生产较小的平面（精度由拉刀的精度而定）
12	粗铣—精铣—磨削—研磨	IT5 以上	0.006～0.1（或 $Rz0.05$）	高精度平面

表 2–4　外圆柱面加工方案

序号	加工方案	经济精度 （以公差等级表示）	经济表面粗糙度 $Ra/\mu m$	适用范围
1	粗车	IT11～IT13	12.5～50	适用于淬火钢以外的各种金属
2	粗车—半精车	IT8～IT10	3.2～6.3	
3	粗车—半精车—精车	IT7～IT8	0.8～1.6	
4	粗车—半精车—精车—滚压（或抛光）	IT7～IT8	0.025～0.2	
5	粗车—半精车—磨削	IT7～IT8	0.4～0.8	主要用于淬火钢，也可用于未淬火钢，但不宜加工有色金属
6	粗车—半精车—粗磨—精磨	IT6～IT7	0.1～0.4	

序号	加工方案	经济精度 （以公差等级表示）	经济表面粗糙度 $Ra/\mu m$	适用范围
7	粗车—半精车—粗磨—精磨—超精加工（或轮式超精磨）	IT5	0.012～0.1 （或 Rz 0.1）	
8	粗车—半精车—精车—精细车（金刚车）	IT6～IT7	0.025～0.4	主要用于要求较高的有色金属加工
9	粗车—半精车—粗磨—精磨—超精磨（或镜面磨）	IT5 以上	0.006～0.025 （或 Rz 0.05）	极高精度的外圆加工
10	粗车—半精车—粗磨—精磨—研磨	IT5 以上	0.006～0.1 （或 Rz0.05）	极高精度的外圆加工

表 2-5 孔加工方案

序号	加工方案	经济精度 （以公差等级表示）	经济表面粗糙度 $Ra/\mu m$	适用范围
1	钻	IT11～IT13	12.5	加工未淬火钢及铸铁的实心毛坯，也可用于加工有色金属。孔径小于 15～20 mm
2	钻—铰	IT8～IT10	1.6～6.3	
3	钻—粗铰—精铰	IT7～IT8	0.8～1.6	
4	钻—扩	IT10～IT11	6.3～12.5	加工未淬火钢及铸铁的实心毛坯，也可用于加工有色金属。孔径大于 15～20 mm
5	钻—扩—铰	IT8～IT9	1.6～3.2	
6	钻—扩—粗铰—精铰	IT7	0.8～1.6	
7	钻—扩—机铰—手铰	IT6～IT7	0.2～0.4	
8	钻—扩—拉	IT7～IT9	0.1～0.4	大批量生产（精度由拉刀的精度而定）
9	粗镗（或扩孔）	IT11～IT13	6.3～12.5	除淬火钢外的各种材料，毛坯有铸出孔或锻出孔
10	粗镗（或扩孔）—半精镗（精扩）	IT8～IT10	1.6～3.2	
11	粗镗（或扩孔）—半精镗（精扩）—精镗（铰）	IT7～IT8	0.8～1.6	
12	粗镗（或扩孔）—半精镗（精扩）—精镗—浮动镗刀精镗	IT6～IT7	0.4～0.8	
13	粗镗（扩）—半精镗—磨孔	IT7～IT8	0.2～0.8	主要用于淬火钢，也可用于未淬火钢，但不宜用于有色金属
14	粗镗（扩）—半精镗—粗磨—精磨	IT6～IT7	0.1～0.2	
15	粗镗—半精镗—精镗—精细镗（金刚镗）	IT6～IT7	0.05～0.4	主要用于精度要求高的有色金属加工
16	钻—（扩）—粗铰—精铰—珩磨；钻—（扩）—拉—珩磨；粗镗—半精镗—精镗—珩磨	IT6～IT7	0.025～0.2	精度要求很高的孔
17	以研磨代替上述方案中的珩磨	IT5～IT6	0.006～0.1	

根据经济精度和经济表面粗糙度的要求，采用相应的加工方法和加工方案，以提高生产率，取得较好的经济性。例如，加工除淬火钢以外的各种金属材料的外圆柱表面，当精度为IT11～IT13、表面粗糙度值为 Ra12.5～50 μm 时，采用粗车的方法即可；当精度为IT7～IT8、表面粗糙度值为 Ra0.8～1.6 μm 时，可采用粗车—半精车—精车的加工方案，此时，如采用磨削加工方法，由于其加工成本太高，一般来说是不经济的。反之，在加工精度为IT6级的外圆柱表面时，需在车削的基础上进行磨削，如不用磨削，只采用车削，由于需仔细刃磨刀具、精细调整机床、采用较小的进给量等，加工时间较长，也是不经济的。

2. 根据工件的结构形状和尺寸确定加工方案

工件的形状和尺寸影响加工方法的选择。如小孔一般采用钻、扩、铰的方法；大孔常采用镗削的加工方法；箱体上的孔一般难以拉削或磨削而采用镗削或铰削；对于非圆的通孔，应优先考虑用拉削或批量较小时用插削加工；对于难磨削的小孔，则可采用研磨加工。

3. 根据工件材料的性质确定加工方案

经淬火后的表面，一般应采用磨削加工；材料未淬硬的精密零件的配合表面，可采用刮研加工；对硬度低而韧性较大的金属，如铜、铝、镁铝合金等非铁合金，为避免磨削时砂轮的嵌塞，一般不采用磨削加工，而采用高速精车、精镗和精铣等加工方法。

4. 根据生产类型确定加工方案

所选用的加工方法要与生产类型相适应。大批大量生产应选用生产率高和质量稳定的加工方法，例如，平面和孔可采用拉削加工，单件小批生产则应选择设备和工艺装备易于调整、准备工作量小、工人便于操作的加工方法。例如，平面采用刨削、铣削，孔采用钻、扩、铰或镗的加工方法。又如，为保证质量可靠、稳定及有高的成品率，在大批大量生产中采用珩磨和超精磨加工精密零件，也常常降级使用一些高精度的加工方法加工一些精度要求并不太高的表面。

5. 根据生产率和经济性确定加工方案

对于较大的平面，铣削加工生产率较高，窄长的工件宜用刨削加工；对于大量生产的低精度孔系，宜采用多轴钻；对批量较大的曲面加工，可采用机械靠模加工、数控加工和特种加工等加工方法。

6. 根据生产条件确定加工方案

选择加工方法，不能脱离实际，应充分利用现有设备和工艺手段，发挥技术人员的创造性，挖掘企业潜力，重视新技术、新工艺的推广应用，不断提高工艺水平。

2.5.1.5　任务实施

2.5.1.5.1　学生分组

学生分组表 2-12

班级		组号		授课教师	
组长		学号			

	姓名	学号	姓名	学号
组员				

2.5.1.5.2　完成任务工单

任务工作单

组号：_____　姓名：_____　学号：_____　检索号：__25152－1__

引导问题：

（1）选择表面加工方案时要考虑哪些因素？举例说明。

_____

_____

（2）根据加工要求，确定图2－1所示传动轴零件各个表面的加工方案。

_____

_____

（3）各种表面的常用加工方案。

_____

_____

2.5.1.5.3　合作探究

任务工作单

组号：_____　姓名：_____　学号：_____　检索号：__25153－1__

引导问题：

（1）小组讨论，教师参与，确定任务工作单25152－1的最优答案，并检讨自己存在的不足。

_____

_____

（2）每组推荐一个小组长，进行汇报。根据汇报情况，再次检讨自己的不足。

_____

_____

_____

2.5.1.6 评价反馈

任务工作单

组号：_____ 姓名：_____ 学号：_____ 检索号：__2516-1__

自我检测表

班级		组名		日期	年　月　日
评价指标	评价内容			分数/分	分数评定
信息收集能力	能有效利用网络、图书资源查找有用的相关信息等；能将查到的信息有效地传递到学习中			10	
感知课堂生活	是否能在学习中获得满足感，课堂生活的认同感			10	
参与态度沟通能力	积极主动与教师、同学交流，相互尊重、理解、平等；与教师、同学之间是否能够保持多向、丰富、适宜的信息交流			10	
	能处理好合作学习和独立思考的关系，做到有效学习；能提出有意义的问题或能发表个人见解			10	
知识、能力获得情况	确定表面加工方案要考虑的因素：			10	
	确定图 2-1 所示传动轴零件各个表面的加工方案：			10	
	确定图 2-1 所示传动轴零件各个表面加工方案的理由：			10	
	各种表面常用加工方案			10	
辩证思维能力	是否能发现问题、提出问题、分析问题、解决问题、创新问题			10	
自我反思	按时保质地完成任务；较好地掌握知识点；具有较为全面、严谨的思维能力，并能条理清楚、明晰地表达成文			10	
自评分数					
总结提炼					

任务工作单

组号：_____ 姓名：_____ 学号：_____ 检索号：__2516-2__

小组内互评验收表

验收组长		组名		日期	年 月 日
组内验收成员					
任务要求	确定表面加工方案要考虑的因素；确定图 2-1 所示传动轴零件各个表面的加工方案；确定图 2-1 所示传动轴零件各个表面加工方案的理由；各种表面常用加工方案；文献检索目录清单				
验收文档清单	被评价人完成的 25152-1 任务工作单				
	文献检索目录清单				
验收评分	评分标准		分数/分		得分
	确定表面加工方案要考虑的因素，错一处扣 5 分		20		
	确定图 2-1 所示传动轴零件各个表面的加工方案，错一处扣 5 分		20		
	确定图 2-1 所示传动轴零件各个表面加工方案的理由，错一处扣 2 分		20		
	各种表面常用加工方案，错一处扣 2 分		20		
	提供文献检索目录清单，至少 5 份，缺一份扣 4 分		20		
	评价分数				
不足之处					

任务工作单

被评组号：_____   检索号：____2516-3____

小组间互评表

班级			评价小组		日期		年 月 日
评价指标		评价内容			分数/分		分数评定
汇报表述		表述准确			15		
		语言流畅			10		
		准确反映改组完成情况			15		
内容正确度		内容正确			30		
		句型表达到位			30		
		互评分数					

二维码 2-33

任务工作单

组号：_____ 姓名：_____ 学号：_____ 检索号：__2516－4__

任务完成情况评价表

任务名称		加工方案的确定			总得分	
评价依据		被评价人完成的 25152－1 任务工作单				
序号	任务内容及要求		配分/分	评分标准	教师评价	
					结论	得分
1	确定表面加工方案要考虑的因素	（1）描述正确	10	缺一个要点扣 1 分		
		（2）语言表达	10	酌情赋分		
2	确定图 2－1 所示传动轴零件各个表面加工方案的理由	（1）描述正确	10	缺一个要点扣 1 分		
		（2）语言流畅	10	酌情赋分		
3	确定图 2－1 所示传动轴零件各个表面的加工方案	（1）描述正确	10	缺一个要点扣 2 分		
		（2）语言流畅	10	酌情赋分		
4	各种表面常用加工方案	（1）描述正确	10	缺一个要点扣 2 分		
		（2）语言流畅	10	酌情赋分		
5	至少包含 5 份文献检索目录清单	（1）数量	5	每少一个扣 1 分		
		（2）参考的主要内容要点	5	酌情赋分		
6	素质素养评价	（1）沟通交流能力	10	酌情赋分，但违反课堂纪律，不听从组长、教师安排，不得分		
		（2）团队合作				
		（3）课堂纪律				
		（4）合作探学				
		（5）自主研学				

二维码 2－34

任务二　加工顺序的确定

2.5.2.1　任务描述

合理安排图 2-1 所示传动轴零件的加工顺序。

2.5.2.2　学习目标

1. 知识目标

（1）掌握划分加工阶段的方法；
（2）掌握工序划分的原则；
（3）掌握工序顺序安排的原则。

2. 能力目标

（1）能合理划分加工阶段；
（2）能合理划分工序并做好工序间的衔接；
（3）能合理安排各类工序的加工顺序。

3. 素养素质目标

（1）培养勤于思考、分析问题的能力；
（2）培养严谨的工作作风、严密的逻辑思维。

2.5.2.3　重难点

1. 重点

工序顺序的安排。

2. 难点

合理安排各工序加工顺序。

2.5.2.4　相关知识链接

1. 加工阶段的划分

1）划分加工阶段的目的

（1）保证加工质量。在粗加工时，由于夹紧力大、切削力大、切削热大，容易引起变形，划分加工阶段可以消除粗加工引起的变形。

（2）合理使用设备。粗加工设备要求功率大、刚性好，适合大切削用量，但精度低，不适合加工精度高的零件；精加工设备功率小、刚性较好，但精度高，适合加工精度高的零件。

（3）及时发现毛坯缺陷。在粗加工时发现毛坯的缺陷，可以及时修补或报废，以免后续加工浪费工时和加工费。

（4）便于安排热处理工序及其他辅助工序。

2）划分方法

加工阶段一般分为三个：粗加工阶段、半精加工阶段、精加工阶段；但是零件精度很高（IT5 以上）以及表面粗糙度很小（$Ra0.2 \mu m$ 以下）时还需光整加工。光整加工的典型方法有研磨、抛光、超精加工及无屑加工等。这些加工方法不但能提高表面层的物理机械性能、降低表面粗糙度值，而且能提高尺寸精度和形状精度，但一般都不能提高位置精度。

（1）粗加工阶段。主要目的是尽快去除大部分加工余量，同时为后面的加工提供较精确的基准和保证后续加工余量的均匀，所以这个阶段的特点是吃刀深、进给量大、转速慢。

（2）半精加工阶段。为精加工阶段做准备，保证精加工时的加工余量，完成次要表面的加工，如钻孔、攻丝、铣键槽、铣扁方等。这一阶段要达到一定的精度及表面粗糙度，所以切削用量较小、转速较高。

（3）精加工阶段。主要目的是保证加工精度及表面粗糙度，所以切削用量更小、转速更高。

加工阶段的划分也不应绝对化，应根据零件的质量要求、结构特点和生产纲领灵活掌握。对加工质量要求不高、工作刚性好、毛坯精度高、加工余量小、生产纲领不大时，可不必划分加工阶段。对刚性好的重型工件，由于装夹及运输很费时，故也常在一次装夹下完成全部粗、精加工。对于不划分加工阶段的工件，为减少粗加工中产生的各种变形对加工质量的影响，在粗加工后松开夹紧机构，停留一段时间，让工件充分变形，然后再用较小的夹紧力重新夹紧，进行精加工。

2. 工序的划分与衔接

1）工序划分的原则

根据工序数目（或工序内容）的多少，工序的划分有下列两种不同的原则。

（1）工序集中的原则。工序集中就是将工件的加工集中在少数几道工序内完成，每道工序的加工内容较多。工序集中有利于采用数控机床、高效专用设备及工装进行加工。用数控机床加工，一次装夹可加工较多表面，易于保证各表面间的相互位置精度；工件装夹次数少，还可以减少工序间的运输量、机床数量、操作工人数和生产面积。但数控机床、专用设备及工装投资大，调整和维修复杂，因此对于精度要求不高的工件，还是应在普通机床上进行工序集中。

（2）工序分散的原则。工序分散就是将工件的加工分散在较多的工序内进行，每道工序的加工内容很少。工序分散使用的设备及工艺装备比较简单，调整和维修方便，操作简单，转产容易；可采用合理的切削用量，减少基本时间。工序分散的缺点是设备及操作工人多，占地面积大。

工序集中与工序分散各有特点，必须根据生产规模、零件的结构特征、技术要求和生产设备等生产条件来进行综合分析，以确定采用哪一种工序原则。一般来说，在单件、小批量生产时，常采用工序集中；在大批量生产时，可以采用工序集中，也可以将工序分散后组织流水线生产。对于重型机械的大型零件，为减少工件的装卸和运输困难，工序可适当集中；对于刚性差且精度高的精密零件如连杆、曲轴等，工序应适当分散。目前现代生产的发展已逐步趋向工序集中原则，如采用数控机床和加工中心等。

2）工序间的衔接

当加工工序中穿插有数控机床加工时，首先要弄清数控加工工序与普通加工工序各自的技术要求、加工目的和加工特点，注意解决好数控加工工序与其他工序衔接的问题。较好的解决办法是建立工序间的相互状态要求。例如，留不留加工余量？留多少？定位面与孔的精度及形位公差是否满足要求？对校形工序的技术要求、对毛坯的热处理状态等，都需要前后兼顾、统筹衔接，这样才能使各工序的质量目标、技术要求明确，交接验收有依据。

3. 工序顺序的安排

1）机加工顺序的安排应遵循的原则

（1）基准先行。选为精基准的表面，应安排在起始工序先进行加工，以便尽快为后续工序的加工提供精基准。

（2）先粗后精。先粗加工、后精加工。各表面都应按照粗加工—半精加工—精加工—光整加工的顺序依次进行，以便循序渐进地提高加工精度和降低表面粗糙度。

（3）先主后次。先加工主要表面、后加工次要表面。次要表面常穿插进行加工，一般安排在主要表面达到一定精度之后、最终精加工之前。

（4）先面后孔。对于箱体、支架、连杆和机体类零件，一般应先加工平面、后加工孔。这是因为先加工好平面后，就能以平面定位加工孔，定位稳定、可靠，以保证平面和孔的位置精度。此外，在加工的平面上加工孔，既方便又容易，能提高孔的加工精度，钻孔时孔的轴线也不易偏斜。

2）热处理工序的安排

钢的热处理是指将钢在固态下采用适当的方式进行加热、保温和冷却，以获得所需要的组织结构与性能的工艺方法。通过热处理，可以显著提高钢的力学性能，充分挖掘钢材的强度潜力，改善零件的使用性能，提高产品质量，延长使用寿命。此外，热处理还可改善毛坯件的工艺性能，为后续工序做好组织准备，以利于各种冷、热加工。

机械零件常采用的热处理工艺有退火、正火、调质、时效、淬火回火、渗碳及氮化等。按照热处理的目的，热处理工艺可分为预备热处理和最终热处理两大类。

（1）预备热处理。预备热处理包括退火、正火、时效和调质等。这类热处理的目的是改善加工性能、消除内应力及为最终热处理做好组织准备。其工序位置多在粗加工前后。

① 退火和正火。为改善毛坯切削加工性能和消除毛坯的内应力，常进行退火和正火处理。例如，含碳量高于 0.7% 的碳钢和合金钢，为降低硬度便于切削常采用退火；含碳量低于 0.3% 的低碳钢和合金钢，为避免切削时粘刀而采用正火。退火和正火还能细化晶粒，均匀组织，为以后的热处理做好组织准备。退火和正火常安排在粗加工之前。

② 调质。调质即淬火加高温回火，能获得均匀细致的索氏体组织，为后续的表面淬火和氮化处理做好组织准备，因此调质可作为预备热处理工序。由于调质后零件的综合力学性能较好，故对某些硬度和耐磨性要求不太高的零件，也可作为最终的热处理工序。调质处理常置于粗加工之后、半精加工之前。

③ 时效处理。时效处理主要用于消除毛坯制造和机械加工中产生的内应力。一般情况下，对于铸造箱体来说，在粗加工之前安排一次时效处理，精度要求高的在粗加工之后还要安排一次；精密丝杠在粗加工、半精加工、精加工之后需要各安排一次。

（2）最终热处理。最终热处理包括各种淬火、渗碳和氮化处理等，这类热处理的目的主要是提高零件材料的硬度和耐磨性，常安排在精加工之前进行。

① 淬火。淬火分为整体淬火和表面淬火两种，其中表面淬火因变形、氧化及脱碳较小而应用较多。为提高表面淬火零件的心部材料性能和获得细晶马氏体的表层淬火组织，常需预先进行调质或正火处理。

整体淬火件的加工路线：

下料—锻造—退火（正火）—机械粗（半精）加工—淬火、回火（低温、中温）—磨削。

感应加热表面淬火件加工路线：

下料—锻造—正火（退火）—机械粗加工—调质—机械半精加工（留磨量）—感应加热表面淬火、回火—磨削。

② 渗碳淬火。渗碳淬火适用于低碳钢和低碳合金钢，其目的是使零件表层含碳量增加，经淬火后使表层获得高的硬度和耐磨性，而心部仍保持一定的强度和较高的韧性及塑性。渗碳处理按渗碳部位分为整体渗碳和局部渗碳两种，局部渗碳时对不渗碳部位要采取防渗措施或采取多留余量的方法，待零件渗碳后淬火前再去掉该处渗碳层。由于渗碳淬火变形较大，加之渗碳时一般渗碳层深度为 0.5～2 mm，所以渗碳淬火工序常置于半精加工和精加工之间。

渗碳加工路线：

下料—锻造—正火—机械粗、半精加工（留磨量，局部不渗碳者还须留防渗余量）—渗碳—（去渗碳层切削加工）—淬火、低温回火—机械精加工（磨）。

③ 氮化的工序位置。氮化的温度低、变形小、氮化层硬而薄，因而其工序位置应尽量靠后，一般氮化后只需研磨或精磨。为防止因切削加工产生的残余应力引起氮化件变形，在氮化前常进行去应力退火。又因氮化层薄而脆，心部必须有较高的强度才能承受载荷，故一般应先进行调质。

氮化零件（38CrMoAl 钢）的加工路线：

下料—锻造—退火—机械粗加工—调质—机械精加工—去应力退火（通常称为高温回火）—粗磨—氮化—精磨或研磨。

3）辅助工序的安排

辅助工序包括检验、去毛刺、倒棱、清洗、防锈、去磁和平衡等。

（1）检验。在粗加工之后、精加工之前，重要工序和工时长的工序前后，加工结束后，车间转移时等，要安排检验工序。

（2）去毛刺。在淬火工序之前、全部加工工序结束之后，安排去毛刺工序。

（3）表面强化。表面强化的主要方式是滚压、喷丸，一般安排在最后。

（4）表面处理。表面处理一般有发蓝、电镀等，安排在最后。

（5）探伤。射线、超声波在切削加工开始之前，磁力探伤、荧光检验在精加工阶段。

2.5.2.5 任务实施

2.5.2.5.1 学生分组

学生分组表 2-13

班级		组号		授课教师	
组长		学号			
组员	姓名	学号	姓名	学号

2.5.2.5.2 完成任务工单

任务工作单

组号：_____   姓名：_____   学号：_____   检索号： <u>25252-1</u>

引导问题：

（1）合理划分图 2-1 所示传动轴零件的加工阶段。

_____

_____

（2）合理划分图 2-1 所示传动轴零件的工序。

_____

_____

（3）合理安排图 2-1 所示传动轴零件的加工顺序，并写出工艺路线。

_____

_____

2.5.2.5.3 合作探究

任务工作单

组号：_____   姓名：_____   学号：_____   检索号： <u>25253-1</u>

引导问题：

（1）小组讨论，教师参与，确定任务工作单 25252-1 的最优答案，并检讨自己存在的不足。

（2）每组推荐一个小组长，进行汇报。根据汇报情况，再次检讨自己的不足。

2.5.2.6 评价反馈

任务工作单

组号：＿＿＿＿＿　姓名：＿＿＿＿＿　学号：＿＿＿＿＿　检索号：＿2526-1＿

自我检测表

班级		组名		日期	年　月　日
评价指标	评价内容			分数/分	分数评定
信息收集能力	能有效利用网络、图书资源查找有用的相关信息等；能将查到的信息有效地传递到学习中			10	
感知课堂生活	是否能在学习中获得满足感，课堂生活的认同感			10	
参与态度沟通能力	积极主动与教师、同学交流，相互尊重、理解、平等；与教师、同学之间是否能够保持多向、丰富、适宜的信息交流			10	
	能处理好合作学习和独立思考的关系，做到有效学习；能提出有意义的问题或能发表个人见解			10	
知识、能力获得情况	合理划分图 2-1 所示传动轴零件的加工阶段：			10	
	合理划分图 2-1 所示传动轴零件的工序：			10	
	合理安排图 2-1 所示传动轴零件的加工顺序：			10	
	写出加工图 2-1 所示传动轴零件的工艺路线			10	
辩证思维能力	是否能发现问题、提出问题、分析问题、解决问题、创新问题			10	
自我反思	按时保质地完成任务；较好地掌握知识点；具有较为全面、严谨的思维能力，并能条理清楚、明晰地表达成文			10	
自评分数					
总结提炼					

任务工作单

组号：_____ 姓名：_____ 学号：_____ 检索号：<u>2526－2</u>

小组内互评验收表

验收组长		组名			日期	年 月 日
组内验收成员						
任务要求	合理划分图 2－1 所示传动轴零件的加工阶段；合理划分图 2－1 所示传动轴零件的工序；合理安排图 2－1 所示传动轴零件的加工顺序；写出加工图 2－1 所示传动轴零件的工艺路线；文献检索目录清单					
验收文档清单	被评价人完成的 25252－1 任务工作单					
	文献检索目录清单					
验收评分	评分标准				分数/分	得分
	合理划分图 2－1 所示传动轴零件的加工阶段，错一处扣 5 分				20	
	合理划分图 2－1 所示传动轴零件的工序，错一处扣 5 分				20	
	合理安排图 2－1 所示传动轴零件的加工顺序，错一处扣 2 分				20	
	写出加工图 2－1 所示传动轴零件的工艺路线，错一处扣 2 分				20	
	提供文献检索目录清单，至少 5 份，缺一份扣 4 分				20	
	评价分数					
不足之处						

任务工作单

被评组号：_____ 检索号：<u>2526－3</u>

小组间互评表

班级		评价小组		日期	年 月 日
评价指标	评价内容			分数/分	分数评定
汇报表述	表述准确			15	
	语言流畅			10	
	准确反映改组完成情况			15	
内容正确度	内容正确			30	
	句型表达到位			30	
	互评分数				

二维码 2－35

任务工作单

组号：＿＿＿＿＿ 姓名：＿＿＿＿＿ 学号：＿＿＿＿＿ 检索号：<u>2526-4</u>

任务完成情况评价表

任务名称		加工顺序的确定		总得分	
评价依据		学生完成的 25252-1 任务工作单			

序号	任务内容及要求		配分/分	评分标准	教师评价	
					结论	得分
1	合理划分图2-1所示传动轴零件的加工阶段	（1）描述正确	10	缺一个要点扣1分		
		（2）语言表达	10	酌情赋分		
2	合理安排图2-1所示传动轴零件的加工顺序	（1）描述正确	10	缺一个要点扣1分		
		（2）语言流畅	10	酌情赋分		
3	合理划分图2-1所示传动轴零件的工序	（1）描述正确	10	缺一个要点扣2分		
		（2）语言流畅	10	酌情赋分		
4	写出加工图2-1所示传动轴零件的工艺路线	（1）描述正确	10	缺一个要点扣2分		
		（2）语言流畅	10	酌情赋分		
5	至少包含5份文献检索目录清单	（1）数量	5	每少一个扣1分		
		（2）参考的主要内容要点	5	酌情赋分		
6	素质素养评价	（1）沟通交流能力	10	酌情赋分，但违反课堂纪律，不听从组长、教师安排，不得分		
		（2）团队合作				
		（3）课堂纪律				
		（4）合作探学				
		（5）自主研学				

二维码2-36

项目六 定位基准的选择

任务一 基准的概念及其分类认知

2.6.1.1 任务描述

理解基准的概念和分类。

2.6.1.2 学习目标

1. 知识目标

（1）掌握基准的概念；
（2）掌握基准的分类。

2. 能力目标

能理解基准的概念并进行分类。

3. 素养素质目标

（1）培养做人做事要有准则及准确把握自身定位的意识；
（2）培养扎根一线，为中国装备制造业贡献力量的意识。

2.6.1.3 重难点

1. 重点

基准的概念和分类。

2. 难点

设计基准与工艺基准的关系和区别。

2.6.1.4 相关知识链接

零件是由若干表面组成的，各表面之间都有一定的尺寸和相互位置要求。用以确定零件上点、线、面间的相互位置关系所依据的点、线、面称为基准。

基准的分类如下：

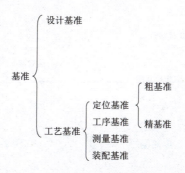

1. 设计基准

设计基准是零件图样上的基准，是设计人员根据零件功能的需要而选定的用来确定其他点、线、面位置的基准。零件图样上的设计基准不止一个，有时有多个。如图2-19所示台阶轴三尺寸设计基准，又如图2-20所示主轴箱箱体设计基准。

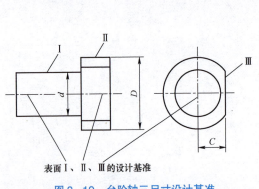

表面 I、II、III 的设计基准

图2-19　台阶轴三尺寸设计基准

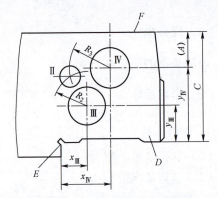

图2-20　主轴箱箱体设计基准

2. 工艺基准

工艺基准是指零件在加工、检验和装配时使用的基准，它包括定位基准、工序基准、测量基准和装配基准。

（1）定位基准：零件在加工中用作定位的基准，比如最简单的轴类零件，在车削外圆时，我们可以先在卡盘上夹持工件一端，车削另一端端面或外圆，这时工件的定位基准是工件的轴线。定位基准分为粗基准和精基准。

（2）工序基准：工序基准是工序图上的基准，它是在工序图上用来确定本工序所加工表面加工后的尺寸、形状和位置的基准。图2-21所示为平面III的加工工序简图。

（3）测量基准：测量零件时所使用的基准。图2-22所示为平面III的检验图。

（4）装配基准：装配时用来确定零件或部件在产品中的相对位置的基准。

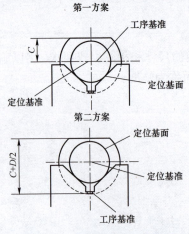

图2-21　平面III的加工工序简图

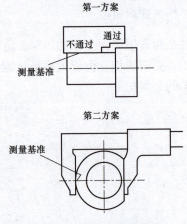

图2-22　平面III的检验图

2.6.1.5 任务实施

2.6.1.5.1 学生分组

学生分组表 2-14

班级		组号		授课教师	
组长		学号			
组员	姓名	学号	姓名	学号

2.6.1.5.2 完成任务工单

任务工作单

组号：＿＿＿＿＿＿＿ 姓名：＿＿＿＿＿＿＿ 学号：＿＿＿＿＿＿＿ 检索号：__26152-1__

引导问题：

（1）如何理解设计基准与工艺基准的关系？

_____

_____

（2）图 2-1 所示传动轴零件的设计基准有哪些？

_____

_____

2.6.1.5.3 合作探究

任务工作单

组号：＿＿＿＿＿＿＿ 姓名：＿＿＿＿＿＿＿ 学号：＿＿＿＿＿＿＿ 检索号：__26153-1__

引导问题：

（1）小组讨论，教师参与，确定任务工作单 26152-1 的最优答案，并检讨自己存在的不足。

_____

_____

（2）每组推荐一个小组长，进行汇报。根据汇报情况，再次检讨自己的不足。

2.6.1.6　评价反馈

任务工作单

组号：_____　姓名：_____　学号：_____　检索号：__2616-1__

自我检测表

班级			组名		日期	年　月　日
评价指标	评价内容				分数/分	分数评定
信息收集能力	能有效利用网络、图书资源查找有用的相关信息等；能将查到的信息有效地传递到学习中				10	
感知课堂生活	是否能在学习中获得满足感，课堂生活的认同感				10	
参与态度沟通能力	积极主动与教师、同学交流，相互尊重、理解、平等；与教师、同学之间是否能够保持多向、丰富、适宜的信息交流				10	
	能处理好合作学习和独立思考的关系，做到有效学习；能提出有意义的问题或能发表个人见解				10	
知识、能力获得情况	设计基准定义：				10	
	工艺基准定义：				10	
	说出图2-1所示传动轴零件的设计基准：				10	
	设计基准与工艺基准的关系				10	
辩证思维能力	是否能发现问题、提出问题、分析问题、解决问题、创新问题				10	
自我反思	按时保质地完成任务；较好地掌握知识点；具有较为全面、严谨的思维能力，并能条理清楚、明晰地表达成文				10	
自评分数						
总结提炼						

任务工作单

组号：_____ 姓名：_____ 学号：_____ 检索号：__2616－2__

小组内互评验收表

验收组长		组名		日期	年　月　日
组内验收成员					
任务要求	设计基准定义；工艺基准定义；说出图 2－1 所示传动轴零件的设计基准；设计基准与工艺基准的关系；文献检索目录清单				
验收文档清单	被评价人完成的 26152－1 任务工作单				
	文献检索目录清单				
验收评分	评分标准		分数/分		得分
	设计基准定义，错一处扣 5 分		20		
	工艺基准定义，错一处扣 5 分		20		
	说出图 2－1 所示传动轴零件的设计基准，错一处扣 2 分		20		
	设计基准与工艺基准的关系，错一处扣 2 分		20		
	提供文献检索目录清单，至少 5 份，缺一份扣 4 分		20		
评价分数					
不足之处					

任务工作单

被评组号：_____ 检索号：__2616－3__

小组间互评表

班级		评价小组		日期	年　月　日
评价指标	评价内容		分数/分		分数评定
汇报表述	表述准确		15		
	语言流畅		10		
	准确反映改组完成情况		15		
内容正确度	内容正确		30		
	句型表达到位		30		
互评分数					

任务工作单

组号：_____ 姓名：_____ 学号：_____ 检索号：__2616-4__

任务完成情况评价表

任务名称	基准的概念及其分类认知				总得分	
评价依据	被评价人完成的 26152-1 任务工作单					
序号	任务内容及要求		配分/分	评分标准	教师评价	
					结论	得分
1	设计基准定义	（1）描述正确	10	缺一个要点扣1分		
		（2）语言表达	10	酌情赋分		
2	说出图 2-1 所示传动轴零件的设计基准	（1）描述正确	10	缺一个要点扣1分		
		（2）语言流畅	10	酌情赋分		
3	工艺基准定义	（1）描述正确	10	缺一个要点扣2分		
		（2）语言流畅	10	酌情赋分		
4	设计基准与工艺基准的关系	（1）描述正确	10	缺一个要点扣2分		
		（2）语言流畅	10	酌情赋分		
5	至少包含 5 份文献检索目录清单	（1）数量	5	每少一个扣1分		
		（2）参考的主要内容要点	5	酌情赋分		
6	素质素养评价	（1）沟通交流能力	10	酌情赋分，但违反课堂纪律，不听从组长、教师安排，不得分		
		（2）团队合作				
		（3）课堂纪律				
		（4）合作探学				
		（5）自主研学				

任务二　定位基准的选择

2.6.2.1　任务描述

完成图 2-1 所示传动轴零件的加工，合理选择各个工序的定位基准。

2.6.2.2　学习目标

1. 知识目标

（1）掌握精基准的概念及选择原则；
（2）掌握粗基准的概念及选择原则。

2. 能力目标

（1）能合理选择粗基准；
（2）能合理选择精基准。

3. 素养素质目标

（1）把握好自身定位，扎根一线；
（2）做人做事有准则；
（3）树立看齐意识。

2.6.2.3　重难点

1. 重点

粗、精基准的选择原则。

2. 难点

合理确定各个工序的定位基准。

2.6.2.4　相关知识链接

工件在夹具中的定位实际上是以工件上某些基准面与夹具上的定位元件保持接触，从而限制工件的自由度。那么，究竟选择工件上哪些面与夹具的定位元件相接触为好呢？这就是定位基准的选择问题。定位基准的选择是工艺上一个十分重要的问题，它不仅影响零件表面间的位置尺寸和位置精度，而且还影响整个工艺过程的安排和夹具的结构，必须十分重视。

定位基准有粗基准和精基准之分。零件开始加工时，所有的面均未加工，只能以毛坯上未经加工的表面作定位基准，这种以毛坯面为定位基准的称为粗基准，以后的加工必须以加工过的表面作定位基准，以加工过表面为定位基准的称为精基准。

在加工中，首先使用的是粗基准，但在选择定位基准时，为了保证零件的加工精度，首先考虑的是选择精基准，精基准选定以后再考虑合理地选择粗基准。

1. 精基准的选择

选择精基准时,重点是考虑如何减少工件的定位误差,保证工件的加工精度,同时也要考虑工件装卸方便、夹具结构简单,一般应遵循下列原则。

1) 基准重合原则

所谓基准重合,是指以设计基准作为定位基准。基准重合可以消除基准不重合而引起的误差。

2) 基准统一原则

所谓基准统一原则,是指用同一基准加工尽量多的表面。基准统一保证了加工表面间的相互位置,简化了夹具结构。多次采用的同一基准也称为辅助基准,比如轴零件的中心孔,活塞零件的止口、中心孔。

3) 互为基准原则

所谓互为基准,是指加工时前、后工序之间相互作为基准。互为基准可以保证加工面之间的位置精度和尺寸精度,比如齿轮内孔和齿面的磨削加工。

4) 自为基准原则

所谓自为基准,是指加工某表面时,以该表面作为基准,通过找正的方式来达到定位要求。采用自为基准能提高加工表面的尺寸精度、表面质量和形状精度,不能提高位置精度,该加工表面与其他表面之间的位置精度则应由先行工序保证,比如磨床导轨面的磨削加工、无心磨削法磨小轴零件。

2. 粗基准的选择

选择粗基准时,重点考虑如何保证各个加工面都能分配到合理的加工余量,保证加工面与不加工面的位置尺寸和位置精度,同时还要为后续工序提供可靠的精基准。具体选择一般应遵循下列原则:

(1) 选择不加工表面作为粗基准。为了保证加工面与不加工面之间的位置要求,应选不加工面为粗基准。若工件上有几个不需要加工的表面,则应选其中与加工表面间的位置精度要求较高者为粗基准。

(2) 选择加工余量小的表面为粗基准。为了保证各加工表面都有足够的加工余量,应选择毛坯余量最小的面为粗基准。

(3) 选择重要的表面作粗基准。为了保证重要加工面的余量均匀,应选择重要加工面为粗基准。

(4) 粗基准一般只使用一次。粗基准一般不重复使用,同一尺寸方向的粗基准一般只能使用一次。因为粗基准毕竟是毛坯,表面比较粗糙、精度低,故重复使用会产生较大的定位误差。

2.6.2.5 任务实施

2.6.2.5.1 学生分组

学生分组表 2-15

班级		组号		授课教师	
组长		学号			
组员	姓名	学号		姓名	学号

2.6.2.5.2 完成任务工单

任务工作单

组号: _____   姓名: _____   学号: _____   检索号: <u>26252-1</u>

引导问题:

（1）分析图 2-23～图 2-26 所示的精基准选择情况，并说明这样做的理由。

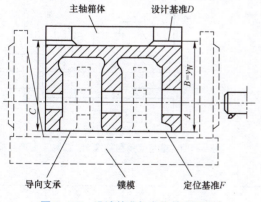

图 2-23　设计基准与定位基准不重合

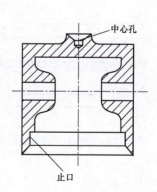

图 2-24　活塞的辅助基准

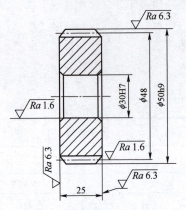

图 2-25　盘形齿轮互为基准的加工

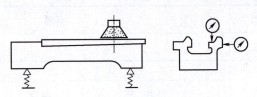

图 2-26　床身导轨面的磨削加工

（2）分析图 2-27～图 2-30 的粗基准选择情况，并说明这样做的理由。

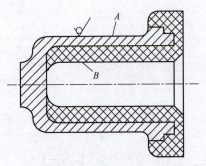

图 2-27　套筒零件选 A 表面

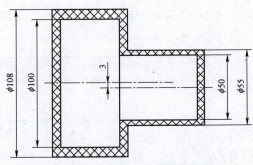

图 2-28　选台阶轴余量小的一端

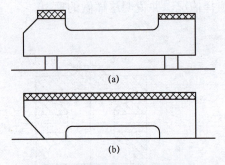

(a)

(b)

图 2-29　机床的床身导轨面作粗基准

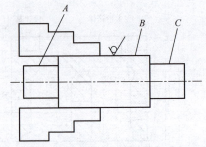

图 2-30　重复使用粗基准 A，C 加工面产生同轴度误差

（3）选择精基准，当基准重合原则与基准统一原则出现矛盾时应如何选择？

2.6.2.5.3　合作探究

任务工作单

组号：_____　姓名：_____　学号：_____　检索号：<u>26253-1</u>

引导问题：

（1）小组讨论，教师参与，确定任务工作单 26252-1 的最优答案，并检讨自己存在的不足。

_____

_____

（2）每组推荐一个小组长，进行汇报。根据汇报情况，再次检讨自己的不足。

_____

_____

2.6.2.6　评价反馈

任务工作单

组号：_____　姓名：_____　学号：_____　检索号：<u>2626-1</u>

自我检测表

班级		组名		日期	年　月　日
评价指标	评价内容			分数/分	分数评定
信息收集能力	能有效利用网络、图书资源查找有用的相关信息等；能将查到的信息有效地传递到学习中			10	
感知课堂生活	是否能在学习中获得满足感，课堂生活的认同感			10	
参与态度沟通能力	积极主动与教师、同学交流，相互尊重、理解、平等；与教师、同学之间是否能够保持多向、丰富、适宜的信息交流			10	
	能处理好合作学习和独立思考的关系，做到有效学习；能提出有意义的问题或能发表个人见解			10	
知识、能力获得情况	选择加工图 2-23～图 2-26 所示的精基准：			10	
	选择加工图 2-27～图 2-30 所示的粗基准：			10	
	基准重合和基准统一的含义：			10	

评价指标	评价内容	分数/分	分数评定
知识、能力获得情况	基准重合与基准统一出现矛盾的解决方法	10	
辩证思维能力	是否能发现问题、提出问题、分析问题、解决问题、创新问题	10	
自我反思	按时保质地完成任务；较好地掌握知识点；具有较为全面、严谨的思维能力，并能条理清楚、明晰地表达成文	10	
自评分数			
总结提炼			

任务工作单

组号：_____ 姓名：_____ 学号：_____ 检索号：__2626-2__

小组内互评验收表

验收组长		组名		日期	年 月 日
组内验收成员					
任务要求	选择加工图2-23～图2-26所示的精基准；选择加工图2-27～图2-30所示的粗基准；基准重合和基准统一的含义；基准重合与基准统一出现矛盾的解决方法；文献检索目录清单				
验收文档清单	被评价人完成的26252-1任务工作单 文献检索目录清单				
验收评分	评分标准		分数/分	得分	
	选择加工图2-23～图2-26所示的精基准，错一处扣5分		20		
	选择加工图2-27～图2-30所示的粗基准，错一处扣5分		20		
	基准重合和基准统一的含义，错一处扣2分		20		
	基准重合与基准统一出现矛盾的解决方法，错一处扣2分		20		
	提供文献检索目录清单，至少5份，缺一份扣4分		20		
评价分数					
不足之处					

任务工作单

被评组号：_____   检索号： 2626－3

小组间互评表

班级		评价小组		日期	年 月 日
评价指标	评价内容			分数/分	分数评定
汇报表述	表述准确			15	
	语言流畅			10	
	准确反映改组完成情况			15	
内容正确度	内容正确			30	
	句型表达到位			30	
互评分数					

二维码 2－39

任务工作单

组号：_____ 姓名：_____ 学号：_____ 检索号： 2626－4

任务完成情况评价表

任务名称	定位基准选择				总得分	
评价依据	被评价人完成的 26252－1 任务工作单					
序号	任务内容及要求		配分/分	评分标准	教师评价	
					结论	得分
1	选择加工图 2－23～图 2－26 所示的精基准	（1）描述正确	10	缺一个要点扣 1 分		
		（2）表达流畅	10	酌情赋分		
2	基准重合和基准统一的含义	（1）描述正确	10	缺一个要点扣 1 分		
		（2）表达流畅	10	酌情赋分		

续表

序号	任务内容及要求		配分/分	评分标准	教师评价	
					结论	得分
3	选择加工图2-27~图2-30所示的粗基准	（1）描述正确	10	缺一个要点扣2分		
		（2）表达流畅	10	酌情赋分		
4	基准重合与基准统一出现矛盾的解决方法	（1）描述正确	10	缺一个要点扣2分		
		（2）表达流畅	10	酌情赋分		
5	至少包含5份文献检索目录清单	（1）数量	5	每少一个扣1分		
		（2）参考的主要内容要点	5	酌情赋分		
6	素质素养评价	（1）沟通交流能力	10	酌情赋分，但违反课堂纪律，不听从组长、教师安排，不得分		
		（2）团队合作				
		（3）课堂纪律				
		（4）合作探学				
		（5）自主研学				

二维码2-40

项目七　加工余量、工序尺寸及公差的确定

任务一　加工余量的确定

2.7.1.1　任务描述

确定图2-1所示传动轴零件各个表面的加工余量。

1. 知识目标

（1）掌握加工余量的概念；
（2）掌握确定加工余量的方法。

2. 能力目标

能合理确定零件表面加工余量。

3. 素养素质目标

（1）培养严谨、专注的工作态度；
（2）培养查阅文献资料的能力。

2.7.1.3　重难点

1. 重点

确定加工余量的方法。

2. 难点

合理确定零件表面的加工余量。

2.7.1.4　相关知识链接

1. 加工余量的概念

用去除材料方法制造机器零件时，一般都要从毛坯上切除一层材料之后才能制得符合图样规定要求的零件。加工余量是指加工过程中所切去的金属层厚度。

加工余量有工序余量和加工总余量（毛坯余量）之分。工序余量是相邻两工序的工序尺寸之差（即本工序所切除的金属层厚度）；加工总余量（毛坯余量）是毛坯尺寸与零件图样的设计尺寸之差。显然，总余量 Z_0 与工序余量 Z_i 的关系为

$$Z_0 = \sum_{i=1}^{n} Z_i$$

式中：n——该表面的工序数目。

某一工序完成后工件的尺寸称为工序尺寸。由于存在加工误差，各工序加工后尺寸也有一定的公差，称为工序公差。工序公差的布置是单向、入体的。

由于加工余量是相邻两工序基本尺寸之差，故本工序的加工余量为

$$Z_b = a - b$$

因而最小加工余量是前工序最小工序尺寸和本工序最大工序尺寸之差，即

$$Z_{bmin} = a_{min} - b_{max}$$

最大加工余量是前工序最大工序尺寸和本工序最小工序尺寸之差，即

$$Z_{bmax} = a_{max} - b_{min}$$

工序余量公差等于前工序与本工序尺寸公差之和，即

$$T_{Zb}=T_b+T_a$$

对于回转表面（外圆和内孔等），加工余量是直径上的余量，在直径上是对称分布的，故称为对称余量。而在加工中，实际切除的金属层厚度是加工余量的一半，所以又有双边余量 $2Z_b$（加工前后直径之差）和单边余量 Z_b（加工前后半径之差）之分。对于平面，加工余量只在一面单向分布，所以只有单边余量 Z_b（即实际切除的金属层厚度）。

2. 确定加工余量的方法

在保证加工质量的前提下，加工余量越小越好。确定加工余量的方法有以下三种。

1）查表法

根据各工厂的生产实践和试验研究积累的数据，先制成各种表格，再汇集成手册。确定加工余量时，查阅这些手册，再结合工厂的实际情况进行适当修改。目前，我国各工厂都广泛采用查表法。

2）经验估计法

本法是根据实际经验确定加工余量的。一般情况下，为防止因余量过小而产生废品，经验估计的数值总是偏大。经验估计法常用于单件小批量生产。

单件小批生产中，加工中、小零件，其单边加工余量参考数据如下。

（1）总加工余量。

（手工造型）铸件：3.5～7 mm；

自由锻件：2.5～7 mm；

模锻件：1.5～3 mm；

圆钢料：1.5～2.5 mm。

（2）工序余量。

粗车：1～1.5 mm；

半精车：0.8～1 mm；

高速精车：0.4～0.5 mm；

低速精车：0.1～0.15 mm；

磨削：0.15～0.25 mm；

研磨：0.002～0.005 mm；

粗铰：0.15～0.35 mm；

精铰：0.05～0.15 mm；

珩磨：0.02～0.15 mm。

3）分析计算法

分析计算法根据上述加工余量计算公式和一定的试验资料，对影响加工余量的各项因素进行分析，并计算确定加工余量。这种方法比较合理，但必须有比较全面和可靠的试验资料，目前只在材料十分贵重以及军工生产或少数大量生产的工厂中采用。

2.7.1.5 任务实施

2.7.1.5.1 学生分组

学生分组表 2-16

班级			组号		授课教师	
组长			学号			
组员	姓名		学号	姓名		学号

2.7.1.5.2 完成任务工单

任务工作单

组号：_____ 姓名：_____ 学号：_____ 检索号：__27152-1__

引导问题：

（1）确定加工余量最常用的方法是哪一种？各方法有什么特点？

_____

_____

（2）热处理工序是否需要加工余量？举例说明。

_____

_____

（3）试确定图2-1所示传动轴零件各个表面的加工余量。

_____

_____

2.7.1.5.3 合作探究

任务工作单

组号：_____ 姓名：_____ 学号：_____ 检索号：__27153-1__

引导问题：

（1）小组讨论，教师参与，确定任务工作单27152-1的最优答案，并检讨自己存在的不足。

（2）每组推荐一个小组长，进行汇报。根据汇报情况，再次检讨自己的不足。

2.7.1.6 评价反馈

任务工作单

组号：＿＿＿＿＿　姓名：＿＿＿＿＿　学号：＿＿＿＿＿　检索号：＿2716-1＿

自我检测表

班级		组名		日期	年　月　日
评价指标	评价内容			分数/分	分数评定
信息收集能力	能有效利用网络、图书资源查找有用的相关信息等；能将查到的信息有效地传递到学习中			10	
感知课堂生活	是否能在学习中获得满足感，课堂生活的认同感			10	
参与态度沟通能力	积极主动与教师、同学交流，相互尊重、理解、平等；与教师、同学之间是否能够保持多向、丰富、适宜的信息交流			10	
	能处理好合作学习和独立思考的关系，做到有效学习；能提出有意义的问题或能发表个人见解			10	
知识、能力获得情况	确定加工余量最常用的方法：			10	
	确定加工余量各种方法的特点：			10	
	热处理工序是否有加工余量：			10	
	确定图2-1所示传动轴零件各个表面的加工余量			10	
辩证思维能力	是否能发现问题、提出问题、分析问题、解决问题、创新问题			10	
自我反思	按时保质地完成任务；较好地掌握知识点；具有较为全面、严谨的思维能力，并能条理清楚、明晰地表达成文			10	
自评分数					
总结提炼					

任务工作单

组号：_____ 姓名：_____ 学号：_____ 检索号：__2716-2__

小组内互评验收表

验收组长		组名		日期	年 月 日	
组内验收成员						
任务要求	确定加工余量最常用的方法；确定加工余量各种方法特点；热处理工序是否有加工余量；确定图2-1所示传动轴零件各个表面的加工余量；文献检索目录清单					
验收文档清单	被评价人完成的27152-1任务工作单					
	文献检索目录清单					
验收评分	评分标准			分数/分	得分	
	确定加工余量最常用的方法，错一处扣5分			20		
	确定加工余量各种方法的特点，错一处扣5分			20		
	热处理工序是否有加工余量，错一处扣2分			20		
	确定图2-1所示传动轴零件各个表面的加工余量，错一处扣2分			20		
	提供文献检索目录清单，少于5份，缺一份扣4分			20		
	评价分数					
不足之处						

任务工作单

被评组号：_____ 检索号：__2716-3__

小组间互评表

班级		评价小组		日期	年 月 日
评价指标	评价内容		分数/分	分数评定	
汇报表述	表述准确		15		
	语言流畅		10		
	准确反映改组完成情况		15		
内容正确度	内容正确		30		
	句型表达到位		30		
	互评分数				

二维码2-41

任务工作单

组号：_____ 姓名：_____ 学号：_____ 检索号：__2716-4__

任务完成情况评价表

任务名称		加工余量的确定			总得分	
评价依据		被评价人完成的 27152-1 任务工作单				
序号	任务内容及要求		配分/分	评分标准	教师评价	
					结论	得分
1	确定加工余量最常用的方法	（1）描述正确	10	缺一个要点扣1分		
		（2）表达流畅	10	酌情赋分		
2	热处理工序是否有加工余量	（1）描述正确	10	缺一个要点扣1分		
		（2）表达流畅	10	酌情赋分		
3	确定加工余量各种方法的特点	（1）描述正确	10	缺一个要点扣2分		
		（2）表达流畅	10	酌情赋分		
4	确定图 2-1 所示传动轴零件各个表面的加工余量	（1）描述正确	10	缺一个要点扣2分		
		（2）表达流畅	10	酌情赋分		
5	至少包含 5 份文献检索目录清单	（1）数量	5	每少一个扣1分		
		（2）参考的主要内容要点	5	酌情赋分		
6	素质素养评价	（1）沟通交流能力	10	酌情赋分，但违反课堂纪律，不听从组长、教师安排，不得分		
		（2）团队合作				
		（3）课堂纪律				
		（4）合作探学				
		（5）自主研学				

二维码2-42

任务二 工序尺寸及公差的确定

2.7.2.1 任务描述

完成如图 2-1 所示传动轴零件的加工，确定各主要加工表面各工序的工序尺寸。

2.7.2.2 学习目标

1. 知识目标

（1）掌握基准重合时工序尺寸及公差确定的方法；
（2）掌握基准不重合时工序尺寸及公差确定的方法；
（3）掌握工艺尺寸链的概念及应用。

2. 能力目标

能根据加工要求，确定零件各个表面的工序尺寸及公差。

3. 素养素质目标

（1）培养勤于思考、分析问题的意识；
（2）培养逻辑思维能力；
（3）培养严谨的工作态度。

2.7.2.3 重难点

1. 重点

工序尺寸及公差确定方法。

2. 难点

工艺尺寸链的应用。

2.7.2.4 相关知识链接

每道工序完成后应保证的尺寸称为该工序的工序尺寸。工件上的设计尺寸及其公差是经过各加工工序后得到的。每道工序的工序尺寸都不相同，它们逐步向设计尺寸接近。为了最终保证工件的设计要求，各中间工序的工序尺寸及其公差需要计算确定。

工序余量确定后，就可以计算工序尺寸。工序尺寸及其公差要根据工序基准或定位基准与设计基准是否重合，采用不同的计算方法进行确定。

1. 基准重合时工序尺寸及其公差的计算

这是指加工的表面在各工序中均采用设计基准作为工艺基准，其工序尺寸及其公差的确定比较简单。例如，对外圆和内孔的多工序加工均属于这种情况。计算顺序是：先确定各工序的基本尺寸，再由后往前逐个工序推算，即由工件的设计尺寸开始，由最后一道工序向前工序推算，直到毛坯尺寸；工序尺寸的公差则都按各工序的经济精度确定，并按"入体原则"确定上、下偏差。

例：某主轴箱箱体的主轴孔，设计要求为 $\phi100Js6$，$Ra = 0.8\,\mu m$，加工工序为粗镗—半精镗—精镗—浮动镗。试确定各工序尺寸及其偏差。

解：先根据有关手册及工厂实际经验确定各工序的基本余量，其中粗镗余量为计算得出，具体数值见表 2-6 中的第二列；再根据各种加工方法的经济精度（表格内）确定各工序尺寸的公差等级及偏差，具体数值见表 2-6 中的第三列；最后由后工序（浮动镗）向前工序逐个计算工序尺寸，具体数值见表 2-6 中的第四列，并得出各工序尺寸及其偏差和 Ra，见表 2-6 中的第五列和第六列。

表 2-6 主轴孔各工序的工序尺寸及其偏差的计算　　　　　　　　　　　　　mm

工序名称	工序基本余量/mm	工序的经济精度/mm	工序尺寸/mm	工序尺寸及其偏差/mm	表面粗糙度 $Ra/\mu m$
浮动镗	0.1	Js6（±0.011）	100	$\phi(100\pm0.011)$	0.8
精镗	0.5	H7（$^{+0.035}_{0}$）	100 - 0.1=99.9	$\phi99^{+0.035}_{0}$	1.6
半精镗	2.4	H10（$^{+0.14}_{0}$）	99.9 - 0.5=99.4	$\phi99.4^{+0.14}_{0}$	3.2
粗镗	5	H13（$^{+0.44}_{0}$）	99.4 - 2.4=97.0	$\phi97^{+0.44}_{0}$	6.4
毛坯孔	8	（±1.3）	97.0 - 5=92.0	$\phi(92\pm1.3)$	

2. 基准不重合时工序尺寸及其公差的计算

当定位基准与设计基准不重合时，工序尺寸及其公差计算比较复杂，需要用工艺尺寸链来分析计算。

1）尺寸链的认识

在机器装配或零件加工过程中，互相联系且按一定顺序排列的封闭尺寸组合，称为尺寸链。其中，由单个零件在加工过程中的各有关工艺尺寸所组成的尺寸链，称为工艺尺寸链。

（1）工艺尺寸链的特征。工艺尺寸链具备关联性和封闭性。组成工艺尺寸链的每一个尺寸称为环。

封闭环：工艺尺寸链中间接得到、最后保证的尺寸，称为封闭环。一个工艺尺寸链中只能有一个封闭环。

组成环：工艺尺寸链中除封闭环以外的其他环，称为组成环。组成环又可分为增环和减环。增环是当其他组成环不变，该环增大（或减小）使封闭环随之增大（或减小）的组成环；减环是当其他组成环不变，该环增大（或减小）使封闭环随之减小（或增大）的组成环。

增环：组成环中，由于该环的变动（其他尺寸不变）引起封闭环同向变动的环称为增环。

减环：组成环中，由于该环的变动（其他尺寸不变）引起封闭环反向变动的环称为减环。

（2）组成环的判别。在工艺尺寸链图上，先给封闭环任定一方向并画出箭头，然后沿此方向环绕尺寸链回路，依次给每一组成环画出箭头，凡箭头方向和封闭环相反的则为增环，相同的则为减环。

图 2-31（b）所示为工艺尺寸链。

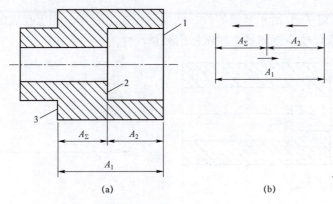

(a)   (b)

图 2-31　工艺尺寸链的形式

2）工艺尺寸链的求解方法

（1）封闭环的基本尺寸。

封闭环的基本尺寸等于所有增环的基本尺寸 A_i 之和减去所有减环的基本尺寸 A_j 之和，其计算公式如下：

$$A_\Sigma = \sum_{i=1}^{m} A_i - \sum_{j=m+1}^{n-1} A_j$$

（2）封闭环的极限尺寸。

封闭环的最大极限尺寸等于所有增环的最大极限尺寸之和减去所有减环的最小极限尺寸之和，其计算公式如下：

$$A_{\Sigma \max} = \sum_{i=1}^{m} A_{i\max} - \sum_{j=m+1}^{n-1} A_{j\min}$$

封闭环的最小极限尺寸等于所有增环的最小极限尺寸之和减去所有减环的最大极限尺寸之和，其计算公式如下：

$$A_{\Sigma \min} = \sum_{i=1}^{m} A_{i\min} - \sum_{j=m+1}^{n-1} A_{j\max}$$

（3）封闭环的上、下偏差。

封闭环的上偏差 ESA_Σ 等于所有增环的上偏差 ESA_i 之和减去所有减环的下偏差 EIA_j 之和，其计算公式如下：

$$ESA_\Sigma = \sum_{i=1}^{m} ESA_i - \sum_{j=m+1}^{n-1} EIA_j$$

封闭环的下偏差 EIA_Σ 等于所有增环的下偏差 EIA_i 之和减去所有减环的上偏差 ESA_j 之和，其计算公式如下：

$$EIA_\Sigma = \sum_{i=1}^{m} EIA_i - \sum_{j=m+1}^{n-1} ESA_j$$

3）工艺尺寸链的应用

（1）测量基准与设计基准不重合时的测量尺寸计算。

例：如图 2-32（a）所示套筒零件，两端面已加工完毕，加工孔底面 C 时，要保证尺寸 $16_{-0.35}^{0}$ mm，因该尺寸不便测量，故试标出测量尺寸。

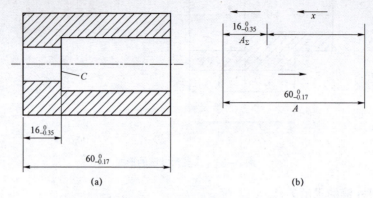

图 2-32　零件图及尺寸链图

解：① 画尺寸链图，如图 3-21（b）所示，图 2-32 中 x 为测量尺寸，$16_{-0.35}^{0}$ mm 为间接获得尺寸。

② 确定封闭环和组成环。

封闭环为 $16_{-0.35}^{0}$ mm；

组成环为 x、$16_{-0.17}^{0}$ mm，其中减环为 x，增环为 $16_{-0.17}^{0}$ mm。

③ 求测量尺寸的基本尺寸。

$$16=60-x$$

即 $x=44$ mm。

④ 求测量尺寸的上、下偏差。

$$0=0-\mathrm{EI}x$$

即 $\mathrm{EI}x=0$ mm；

$$-0.35=（-0.17）-\mathrm{ES}x$$

即 $\mathrm{ES}x=+0.18$ mm。

⑤ 测量尺寸 x 及其公差。

$$x=44_{0}^{+0.18} \text{ mm}$$

（2）定位基准与设计基准不重合时的工序尺寸计算。

例：如图 2-33（a）所示零件，镗削零件上的孔。孔的设计基准是 C 面，设计尺寸为 100 mm±0.15 mm。为装夹方便，以 A 面定位，按工序尺寸 L 调整机床。试求出工序尺寸。

解：① 画尺寸链图，如图 3-22（b）所示，图中 L 为工序尺寸，100 mm±0.15 mm 为间接获得尺寸。

② 确定封闭环和组成环。

封闭环为 100 mm±0.15 mm；

组成环为 L、$80_{-0.06}^{0}$ mm、$280_{0}^{+0.1}$ mm，其中减环为 $280_{0}^{+0.1}$ mm，增环为 L、$80_{-0.06}^{0}$ mm。

③ 求 L 的基本尺寸。

$$100=L+80-280$$

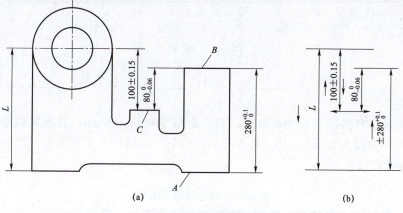

图 2-33 零件图及其尺寸链图

即 $L=300$ mm。

④ 求 L 的上、下偏差。

$$+0.15=\mathrm{ES}L+0-0$$

即 $\mathrm{ES}L=+0.15$ mm；

$$-0.15=\mathrm{EI}L+(-0.06)-(+0.1)$$

即 $\mathrm{EI}L=+0.01$ mm。

⑤ 尺寸 L 及其公差。

$$L=300^{+015}_{+0.01}$$

2.7.2.5 任务实施

2.7.2.5.1 学生分组

学生分组表 2-17

班级		组号		授课教师	
组长		学号			
组员	姓名	学号		姓名	学号

任务工作单

组号：_____　姓名：_____　学号：_____　检索号：__27252-1__

引导问题：

（1）某轴类零件外圆直径为ϕ70 h6，表面粗糙度为 Ra0.4 μm，要求高频淬火，毛坯为自由锻件，毛坯余量为5 mm，其工艺流程为：粗车—半精车—高频淬火—粗磨—精磨。完成表格2-7的填写。

表2-7　工艺流程及精度

工步名称	直径加工余量/mm	工 步		工序基本尺寸/mm	工序尺寸及公差/mm
		经济精度	表面粗糙度 Ra/μm		
粗车					
半精车	1.5		3.2		
粗磨	0.3	IT7	0.8		
精磨	0.2	IT6	0.4	ϕ70	ϕ70h6

（2）加工如图 2-34 所示的轴及其键槽，图纸要求轴径为$\phi 30_{-0.032}^{0}$ mm，键槽深度尺寸为$26_{-0.2}^{0}$ mm，加工顺序如下：

① 半精车外圆至$\phi 30.6_{-0.1}^{0}$ mm；

② 铣键槽至工序尺寸 A；

③ 热处理；

④ 磨外圆至$\phi 30_{-0.032}^{0}$ mm。

求工序尺寸 A。

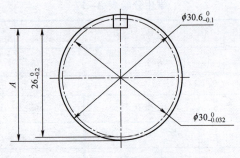

图 2-34　轴及其键槽

_____

_____

（3）尺寸链的定义及其组成。

_____

_____

任务工作单

组号：_____ 姓名：_____ 学号：_____ 检索号：__27253-1__

引导问题：

（1）小组讨论，教师参与，确定任务工作单27252-1的最优答案，并检讨自己存在的不足。

_____

_____

（2）每组推荐一个小组长，进行汇报。根据汇报情况，再次检讨自己的不足。

_____

_____

2.7.2.6 评价反馈

任务工作单

组号：_____ 姓名：_____ 学号：_____ 检索号：__2726-1__

自我检测表

班级		组名		日期	年 月 日
评价指标	评价内容			分数/分	分数评定
信息收集能力	能有效利用网络、图书资源查找有用的相关信息等；能将查到的信息有效地传递到学习中			10	
感知课堂生活	是否能在学习中获得满足感，课堂生活的认同感			10	
参与态度沟通能力	积极主动与教师、同学交流，相互尊重、理解、平等；与教师、同学之间是否能够保持多向、丰富、适宜的信息交流			10	
	能处理好合作学习和独立思考的关系，做到有效学习；能提出有意义的问题或能发表个人见解			10	
知识、能力获得情况	已知某轴的加工流程：粗车→半精车→高频淬火→粗磨→精磨，完成下表			10	

已知某轴的加工流程：粗车→半精车→高频淬火→粗磨→精磨，完成下表

工步名称	直径加工余量/mm	工　步		工序基本尺寸	工序尺寸及公差
		经济精度	表面 Ra/μm		
粗车					
半精车	1.5		3.2		
粗磨	0.3	IT7	0.8		
精磨	0.2	IT6	0.4	$\phi70$	$\phi70h6$

评价指标	评价内容	分数/分	分数评定
知识、能力获得情况	求加工图 2−34 工序尺寸：	10	
	尺寸链的定义及其组成：	10	
	解尺寸链的常用方法	10	
辩证思维能力	是否能发现问题、提出问题、分析问题、解决问题、创新问题	10	
自我反思	按时保质地完成任务；较好地掌握知识点；具有较为全面、严谨的思维能力，并能条理清楚、明晰地表达成文	10	
自评分数			
总结提炼			

任务工作单

组号：_____ 姓名：_____ 学号：_____ 检索号：___2726−2___

小组内互评验收表

验收组长		组名		日期	年 月 日
组内验收成员					
任务要求	已知加工流程，能完成各工序尺寸的计算；求解给定条件下的尺寸链；明确尺寸链的定义及其组成；明白解尺寸链的方法；文献检索目录清单				
验收文档清单	被评价人完成的 27252−1 任务工作单				
	文献检索目录清单				
验收评分	评分标准		分数/分		得分
	已知加工流程，能完成各工序尺寸的计算，错一处扣 5 分		20		
	求解给定条件下的尺寸链，错误不得分		20		
	明确尺寸链的定义及其组成，错一处扣 2 分		20		
	明白解尺寸链的方法，错一处扣 2 分		20		
	提供文献检索清单，至少 5 份，缺一份扣 4 分		20		
评价分数					
不足之处					

任务工作单

被评组号：_____ 检索号：__2726-3__

小组间互评表

班级		评价小组		日期	年 月 日
评价指标		评价内容		分数/分	分数评定
汇报表述	表述准确			15	
	语言流畅			10	
	准确反映改组完成情况			15	
内容正确度	内容正确			30	
	句型表达到位			30	
	互评分数				

二维码2-43

任务工作单

组号：_____ 姓名：_____ 学号：_____ 检索号：__2726-4__

任务完成情况评价表

任务名称		工序尺寸及公差的确定			总得分	
评价依据		被评价人完成的27252-1任务工作单				
序号	任务内容及要求		配分/分	评分标准	教师评价	
					结论	得分
1	已知加工流程，能完成各工序尺寸的计算	求解正确	20	错一处扣2分		
2	明确尺寸链的定义及其组成	（1）描述正确	10	缺一个要点扣1分		
		（2）表达流畅	10	酌情赋分		
3	求解给定条件下的尺寸链	求解正确	20	错误不得分		
4	明白解尺寸链的方法	（1）描述正确	10	缺一个要点扣2分		
		（2）表达流畅	10	酌情赋分		

序号	任务内容及要求		配分/分	评分标准	教师评价	
					结论	得分
5	至少包含 5 份文献检索目录清单	（1）数量	5	每少一个扣 1 分		
		（2）参考的主要内容要点	5	酌情赋分		
6	素质素养评价	（1）沟通交流能力	10	酌情赋分，但违反课堂纪律，不听从组长、教师安排，不得分		
		（2）团队合作				
		（3）课堂纪律				
		（4）合作探学				
		（5）自主研学				

二维码 2-44

项目八　机床及工艺装备的选择

任务一　机床及工艺装备的选择

2.8.1.1　任务描述

加工如图 2-1 所示传动轴零件，合理选择各工序所用的机床、夹具、刀具及量具。

2.8.1.2　学习目标

1. 知识目标

（1）掌握常用机床的种类及其工艺范围；
（2）掌握夹具、刀具及量具的选择方法。

2. 能力目标

合理选择各工序采用的机床及工艺装备。

3. 素养素质目标

（1）培养辩证分析能力；
（2）培养投身实践、知行合一、精益求精的工匠精神。

2.8.1.3　重难点

1. 重点

常用机床的种类及其工艺范围。

2. 难点

合理选择机床及工艺装备。

2.8.1.4　相关知识链接

1. 机床的选择

制定工艺规程，当加工表面的加工方法确定后，机床的种类基本上就确定了。

机械加工中常用的机床主要有车床、铣床、镗床、磨床、刨床和钻床等。但是，每一类机床都有不同的形式，它们的工艺范围、技术规格、加工精度和表面粗糙度、生产率和自动化程度、效率都各不相同。为了正确地选择机床，除应对机床的技术性能进行充分了解外，通常还要考虑以下几点：

（1）所选机床的精度应和工件的精度相适应；

（2）所选机床的技术规格应与工件的尺寸相适应；

（3）所选机床的生产率和自动化程度与零件的生产纲领相适应；

（4）机床的选择应与现场生产条件相适应。

2. 工艺装备选择

工艺装备选择的合理与否，将直接影响工件的加工精度、生产效率和经济性，应根据生产类型、具体加工条件、工件结构特点和技术要求等选择工艺装备。

1）夹具的选择

单件小批生产首先采用各种通用夹具和机床附件，如卡盘、机床用平口虎钳、分度头等；有组合夹具站的，可采用组合夹具；对于中、大批和大量生产，为提高劳动生产率，可采用专用高效夹具；中、小批生产应用成组技术时，可采用可调夹具和成组夹具。

2）刀具的选择

一般优先采用标准刀具。若采用机械集中，则应采用各种高效的专用刀具、复合刀具和多刃刀具等。刀具的类型、规格和精度等级应符合加工要求。

3）量具的选择

单件小批生产应广泛采用通用量具，如游标卡尺、百分表和千分尺等。大批大量生产应采用极限量块与高效的专用检验夹具和量仪等。量具的精度必须与加工精度相适应。

2.8.1.5　任务实施

2.8.1.5.1　学生分组

班级		组号		授课教师	
组长		学号			
组员	姓名	学号	姓名	学号	

2.8.1.5.2　完成任务工单

任务工作单

组号：_____　姓名：_____　学号：_____　检索号：__28152-1__

引导问题：

（1）加工如图 2-1 所示传动轴零件，合理选择各工序所用的机床，并说明选择机床的依据。

_____

_____

（2）加工如图 2-1 所示传动轴零件，合理选择各工序所用的夹具、刀具及量具。

_____

_____

2.8.1.5.3　合作探究

任务工作单

组号：_____　姓名：_____　学号：_____　检索号：__28153-1__

引导问题：

（1）小组讨论，教师参与，确定任务工作单 28152-1 的最优答案，并检讨自己存在的不足。

_____

_____

（2）每组推荐一个小组长，进行汇报。根据汇报情况，再次检讨自己的不足。

2.8.1.6 评价反馈

任务工作单

组号：_____　姓名：_____　学号：_____　检索号：__2816-1__

自我检测表

班级		组名		日期	年 月 日
评价指标	评价内容			分数/分	分数评定
信息收集能力	能有效利用网络、图书资源查找有用的相关信息等；能将查到的信息有效地传递到学习中			10	
感知课堂生活	是否能在学习中获得满足感，课堂生活的认同感			10	
参与态度沟通能力	积极主动与教师、同学交流，相互尊重、理解、平等；与教师、同学之间是否能够保持多向、丰富、适宜的信息交流			10	
	能处理好合作学习和独立思考的关系，做到有效学习；能提出有意义的问题或能发表个人见解			10	
知识、能力获得情况	合理选择加工如图2-1所示传动轴零件时，各工序所用的机床：			10	
	选择机床的依据：			10	
	合理选择加工如图2-1所示传动轴零件时，各工序所用的夹具、刀具及量具：			10	
	加工如图2-1所示传动轴零件时，各工序所用的夹具、刀具及量具规格、型号。 工装名称 / 型号 / 规格 刀具 量具 夹具			10	
辩证思维能力	是否能发现问题、提出问题、分析问题、解决问题、创新问题			10	
自我反思	按时保质地完成任务；较好地掌握知识点；具有较为全面、严谨的思维能力，并能条理清楚、明晰地表达成文			10	
自评分数					
总结提炼					

任务工作单

组号：_____　姓名：_____　学号：_____　检索号：　2816－2

小组内互评验收表

验收组长		组名		日期	年　月　日
组内验收成员					
任务要求	合理选择加工如图 2－1 所示传动轴零件时，各工序所用的机床；选择机床的依据；合理选择加工如图 2－1 所示传动轴零件时，各工序所用的夹具、刀具及量具；确定刀具、量具、夹具的型号和规格；文献检索目录清单				
验收文档清单	被评价人完成的 28152－1 任务工作单				
	文献检索目录清单				
验收评分	评分标准			分数/分	得分
	合理选择加工图 2－1 所示传动轴零件时，各工序所用的机床，错一处扣 5 分			20	
	选择机床的依据，错误不得分			20	
	合理选择加工如图 2－1 所示传动轴零件时，各工序所用的夹具、刀具及量具，错一处扣 2 分			20	
	确定刀具、量具、夹具的型号和规格，错一处扣 2 分			20	
	提供文献检索清单，至少 5 份，缺一份扣 4 分			20	
	评价分数				
不足之处					

任务工作单

被评组号：_____　检索号：　2816－3

小组间互评表

班级		评价小组		日期	年　月　　日
评价指标	评价内容			分数/分	分数评定
汇报表述	表述准确			15	
	语言流畅			10	
	准确反映改组完成情况			15	
内容正确度	内容正确			30	
	句型表达到位			30	
	互评分数				

二维码 2－45

任务工作单

组号：_____ 姓名：_____ 学号：_____ 检索号： <u>2816-4</u>

任务完成情况评价表

任务名称		机床及工艺装备的选择			总得分	
评价依据		被评价人完成的 28152-1 任务工作单				

序号	任务内容及要求		配分/分	评分标准	教师评价	
					结论	得分
1	合理选择加工如图 2-1 所示传动轴零件时，各工序所用的机床	选择正确	20	错一处扣 5 分		
2	合理选择加工如图 2-1 所示传动轴零件时，各工序所用的夹具、刀具及量具	选择正确	20	错一处扣 5 分		
3	选择机床的依据	表达正确	20	错一处扣 5 分		
4	确定刀具、量具、夹具的型号和规格	选择正确	20	错一处扣 4 分		
5	至少包含 5 份文献检索目录清单	（1）数量	5	每少一个扣 1 分		
		（2）参考的主要内容要点	5	酌情赋分		
6	素质素养评价	（1）沟通交流能力	10	酌情赋分，但违反课堂纪律，不听从组长、教师安排，不得分		
		（2）团队合作				
		（3）课堂纪律				
		（4）合作探学				
		（5）自主研学				

二维码 2-46

任务一　时间定额的含义及组成认知

2.9.1.1　任务描述

完成如图2-1所示传动轴零件的加工，确定各工序的时间定额。

2.9.1.2　学习目标

1. 知识目标

（1）掌握时间定额的概念；

（2）掌握时间定额的组成。

2. 能力目标

能合理确定各工序的时间定额。

3. 素养素质目标

（1）培养实事求是的工作态度；

（2）培养严谨的工作作风意识；

（3）培养成本、质量、效益的意识。

2.9.1.3　重难点

1. 重点

时间定额的概念及组成。

2. 难点

确定时间定额的方法。

2.9.1.4　相关知识链接

1. 时间定额的定义

在一定生产条件下，规定完成一件产品或完成一道工序所消耗的时间，称为时间定额。合理的时间定额能促进工人生产技能的提高，从而不断提高生产率。时间定额是生产计划、成本核算的主要依据。对新建厂，它是计算设备数量、工人数量、车间布置和生产组织的依据。

2. 时间定额的组成

1）基本时间 t_j

直接改变工件尺寸、形状、相对位置、表面状态或材料性质等工艺过程所消耗的时间，叫作基本时间。对于机械加工，它还包括刃具切入、切削加工和切出等时间。

2）辅助时间 t_f

在一道工序中，为完成工艺过程所进行的各种辅助动作所消耗的时间，叫作辅助时间。它包括装卸工件、开停机床、改变切削用量、测量工件等所消耗的时间。

基本时间和辅助时间的总和称为操作时间。

3）工作地点服务时间 t_{fw}

为使加工正常进行，工人照管工作地（包括刀具调整、更换、润滑机床、清除切屑、收拾工具等）所消耗的时间，叫作工作地点服务时间，一般可按操作时间的 $\alpha\%$（2%～7%）来计算。

4）休息与自然需要时间 t_x

工人在工作班内为恢复体力和满足生理需要所消耗的时间，叫作休息与自然需要时间，它也按操作时间的 $\beta\%$（2%）来计算。

所有上述时间的总和称为单件时间 t_d：

$$t_d = t_j + t_f + t_{fw} + t_x = (t_j + f_f)\left(1 + \frac{\alpha + \beta}{100}\right)$$

3）准备终结时间 t_{zz}

加工一批零件时，开始和终了时所做的准备终结工作而消耗的时间，叫作准备终结时间。如熟悉工艺文件、领取毛坯、安装刀具和夹具、调整机床以及归还工艺装备和送交成品等所消耗的时间。准备终结时间对一批零件只消耗一次。零件批量 N 越大，分摊到每个工件上的准备终结时间就越小，所以成批生产时的单件时间定额为

$$t_d = (t_j + t_f)\left(1 + \frac{\alpha + \beta}{100}\right) + \frac{t_{zz}}{N}$$

2.9.1.5　任务实施

2.9.1.5.1　学生分组

学生分组表 2−19

班级		组号		授课教师	
组长		学号			
组员	姓名	学号		姓名	学号

任务工作单

组号：_____　　姓名：_____　　学号：_____　　检索号：<u>29152 - 1</u>

引导问题：

（1）时间定额对零件的制造过程有什么意义？

_____

_____

（2）单件生产和大批量生产计算时间定额有什么不同？

_____

_____

（3）加工如图 2－1 所示传动轴零件，试确定各工序的时间定额。

_____

_____

2.9.1.5.3　合作探究

任务工作单

组号：_____　　姓名：_____　　学号：_____　　检索号：<u>29153 - 1</u>

引导问题：

（1）小组讨论，教师参与，确定任务工作单 29152 - 1 的最优答案，并检讨自己存在的不足。

_____

_____

（2）每组推荐一个小组长，进行汇报。根据汇报情况，再次检讨自己的不足。

_____

_____

2.9.1.6　评价反馈

任务工作单

组号：_____　　姓名：_____　　学号：_____　　检索号：<u>2916 - 1</u>

自我检测表

班级		组名		日期	年　月　日
评价指标	评价内容			分数/分	分数评定
信息收集能力	能有效利用网络、图书资源查找有用的相关信息等；能将查到的信息有效地传递到学习中			10	
感知课堂生活	是否能在学习中获得满足感，课堂生活的认同感			10	

评价指标	评价内容	分数/分	分数评定
参与态度 沟通能力	积极主动与教师、同学交流，相互尊重、理解、平等；与教师、同学之间是否能够保持多向、丰富、适宜的信息交流	10	
	能处理好合作学习和独立思考的关系，做到有效学习；能提出有意义的问题或能发表个人见解	10	
知识、能力 获得情况	时间定额的含义：	10	
	工时定额的作用：	10	
	加工如图 2−1 传动轴零件时，确定各工序的时间定额：	10	
	加工如图 2−1 所示传动轴零件时，填写下表 	工序号	工时定额
---	---
1	
2	
3	
4			10	
辩证思维 能力	是否能发现问题、提出问题、分析问题、解决问题、创新问题	10	
自我反思	按时保质地完成任务；较好地掌握知识点；具有较为全面、严谨的思维能力，并能条理清楚、明晰地表达成文	10	
自评分数			
总结提炼			

任务工作单

组号：_____ 姓名：_____ 学号：_____ 检索号：__2916−2__

小组内互评验收表

验收组长		组名		日期	年　月　日
组内验收成员					
任务要求	时间定额的含义；工时定额的作用；加工图 2−1 所示传动轴零件时，确定各工序的时间定额；文献检索目录清单				
验收文档清单	被评价人完成的 29152−1 任务工作单				
	文献检索目录清单				

评分标准	分数/分	得分
	时间定额的含义，错一处扣 5 分	20	
	工时定额的作用，错一处扣 5 分	20	
验收评分	加工如图 2-1 传动轴零件时，确定各工序的时间定额，错一处扣 2 分	20	
	工时定额对加工效益的影响，错一处扣 5 分	20	
	提供文献检索目录清单，至少 5 份，缺一份扣 4 分	20	
评价分数			
不足之处			

任务工作单

被评组号：_____   检索号：__2916-3__

小组间互评表

班级		评价小组		日期	年 月 日
评价指标	评价内容			分数/分	分数评定
汇报表述	表述准确			15	
	语言流畅			10	
	准确反映改组完成情况			15	
内容正确度	内容正确			30	
	句型表达到位			30	
互评分数					

二维码 2-47

组号：＿＿＿＿＿ 姓名：＿＿＿＿＿ 学号：＿＿＿＿＿ 检索号：＿＿2916-4＿＿

任务完成情况评价表

任务名称	时间定额的含义及组成认知			总得分	
评价依据	被评价人完成的 29152-1 任务工作单				
序号	任务内容及要求		配分/分	评分标准	教师评价
					结论	得分
1	时间定额的含义	表述正确	20	错一处扣5分		
2	工时定额的作用	表述正确	20	错一处扣5分		
3	加工如图2-1所示传动轴零件时，确定各工序的时间定额	选择正确	20	错一处扣5分		
4	工时定额对加工效益的影响	分析正确	20	错一处扣4分		
5	至少包含5份文献检索目录清单	（1）数量	5	每少一个扣1分		
		（2）参考的主要内容要点	5	酌情赋分		
6	素质素养评价	（1）沟通交流能力	10	酌情赋分，但违反课堂纪律，不听从组长、教师安排，不得分		
		（2）团队合作				
		（3）课堂纪律				
		（4）合作探学				
		（5）自主研学				

二维码 2-48

任务二　提高劳动生产率的工艺途径分析

2.9.2.1　任务描述

完成如图 2-1 所示传动轴零件的加工，提出提高劳动生产率的措施。

2.9.2.2　学习目标

1. 知识目标

掌握提高劳动生产率的途径。

2. 能力目标

能通过合理的途径提高零件加工的劳动生产率。

3. 素养素质目标

培养勤于思考、精于分析的工作态度，善于发现和解决问题。

2.9.2.3　重难点

1. 重点

提高劳动生产率的途径。

2. 难点

提高零件加工的劳动生产率。

2.9.2.4　相关知识链接

劳动生产率是指一个工人在单位时间内生产出合格产品的数量。劳动生产率是衡量生产效率的综合性指标，表示了一个工人在单位时间内为社会创造财富的多少。提高劳动生产率的主要工艺途径是缩短单件工时定额，采用高效的自动化加工及成组加工。

1. 缩短基本时间

1）提高切削用量

它是提高生产率的最有效办法。目前广泛采用高速车削和高速磨削，采用硬质合金车刀切削速度可达 200 m/min，陶瓷刀具切削速度可达 500 m/min，人造金刚石车刀切削速度可达 900 m/min；高速磨削可达 60 m/s。此外，采用强力磨削的磨削深度一次可达 6～12 mm。

2）减少切削行程长度

如多把车刀同时加工工件的同一表面、宽砂轮做切入磨削等，均可使切削行程长度减小。

3）合并工步

用几把刀具或一把复合刀具对工件的几个不同表面或同一表面同时进行加工，由于工步的基本时间全部或部分重合，故可减少工序的基本时间。图 2-35 和图 2-36 所示即为复合刀具和多刀加工的实例。

4）采用多件加工

机床在一次装夹中同时加工几个工件，使分摊到每个工件上的基本时间和辅助时间大为减少。工件可采用平行、顺序和平行顺序加工三种方式，如图 2-37 所示。

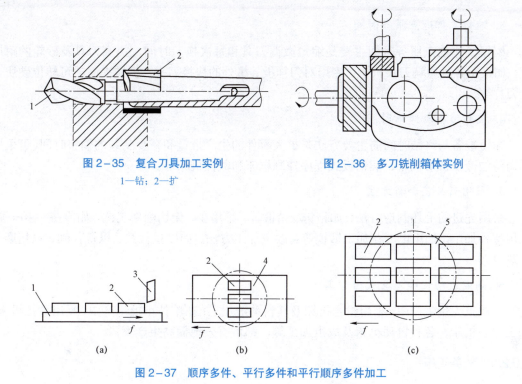

图2-35 复合刀具加工实例
1—钻；2—扩

图2-36 多刀铣削箱体实例

(a)　　　　　(b)　　　　　(c)

图2-37 顺序多件、平行多件和平行顺序多件加工
1—工作台；2—工件；3—刨刀；4—铣刀；5—砂轮

2. 缩短辅助时间

缩短辅助时间有两种方法：其一是使辅助动作机械化和自动化；其二是使辅助时间与基本时间重合。采用先进夹具和多位夹具，机床可不停机地连续加工，使装卸工件时间和基本时间重合，如图2-38所示；采用转位夹具或转位工作台、直线往复式工作台，如图2-39所示；采用主动检测或数显自动测量装置，可节省停机检测的辅助时间。

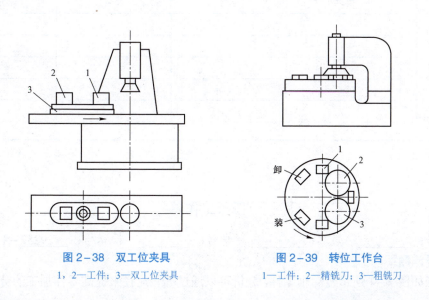

图2-38 双工位夹具
1，2—工件；3—双工位夹具

图2-39 转位工作台
1—工件；2—精铣刀；3—粗铣刀

3. 缩短工作地点服务时间

缩短工作地点服务时间主要是缩短微调刀具和每次换刀时间，提高刀具及砂轮的耐用度，如采用各种微调刀具机构、专用对刀样板、机外的快换刀夹、机械夹固的可转位硬质合金刀片等。

4. 缩短准备与终结时间

缩短准备与终结时间的主要方法是扩大零件的生产批量和减少工装的调整时间，可采用易调整的液压仿形机床、插销板式程序控制机床和数控机床等。

5. 采用新工艺和新方法

采用先进的毛坯制造方法，如精铸、精锻等；采用少、无切削新工艺，如冷挤、滚压等；采用特种加工，如用电火花加工锻模等；改进加工方法，如以拉代铣、以铣代刨、以精磨代刮研等。

6. 高效自动化加工及成组加工

在成批大量生产中，采用组合机床及其自动线加工；在单件小批生产中，采用数控机床、加工中心机床、各种自动机床及成组加工等，都可有效地提高生产率。

2.9.2.5 任务实施

2.9.2.5.1 学生分组

学生分组表 2-20

班级		组号		授课教师	
组长		学号			
组员	姓名	学号	姓名	学号	

2.9.2.5.2 完成任务工单

任务工作单

组号：＿＿＿＿＿＿　姓名：＿＿＿＿＿＿　学号：＿＿＿＿＿＿　检索号：＿＿29252-1＿＿

引导问题：

加工如图 2-1 所示传动轴零件，分析可以通过哪些途径来提高零件加工的劳动生产率。

_____

_____

2.9.2.5.3　合作探究

任务工作单

组号：_____　姓名：_____　学号：_____　检索号：<u>29253 - 1</u>

引导问题：

（1）小组讨论，教师参与，确定任务工作单 29252 - 1 的最优答案，并检讨自己存在的不足。

_____

_____

（2）每组推荐一个小组长，进行汇报。根据汇报情况，再次检讨自己的不足。

_____

_____

2.9.2.6　评价反馈

任务工作单

组号：_____　姓名：_____　学号：_____　检索号：<u>2926 - 1</u>

自我检测表

班级		组名		日期	年　月　日
评价指标	评价内容			分数/分	分数评定
信息收集能力	能有效利用网络、图书资源查找有用的相关信息等；能将查到的信息有效地传递到学习中			10	
感知课堂生活	是否能在学习中获得满足感，课堂生活的认同感			10	
参与态度沟通能力	积极主动与教师、同学交流，相互尊重、理解、平等；与教师、同学之间是否能够保持多向、丰富、适宜的信息交流			10	
	能处理好合作学习和独立思考的关系，做到有效学习；能提出有意义的问题或能发表个人见解			10	
知识、能力获得情况	加工如图 2 - 1 所示传动轴零件，分析提高零件加工劳动生产率的途径：			20	
	影响劳动生产率的因素：			20	
辩证思维能力	是否能发现问题、提出问题、分析问题、解决问题、创新问题			10	
自我反思	按时保质地完成任务；较好地掌握知识点；具有较为全面、严谨的思维能力，并能条理清楚、明晰地表达成文			10	
自评分数					
总结提炼					

任务工作单

组号：_____ 姓名：_____ 学号：_____ 检索号：__2926-2__

小组内互评验收表

验收组长		组名		日期	年 月 日
组内验收成员					
任务要求	加工如图 2-1 传动轴零件，分析提高零件加工劳动生产率的途径；影响劳动生产率的因素；文献检索目录清单				
验收文档清单	被评价人完成的 29252-1 任务工作单				
	文献检索目录清单				

验收评分	评分标准	分数/分	得分
	加工如图 2-1 所示传动轴零件，分析提高零件加工劳动生产率的途径，错一处扣 5 分	40	
	影响劳动生产率的因素，错一处扣 5 分	40	
	提供文献检索目录清单，至少 5 份，缺一份扣 4 分	20	
评价分数			
不足之处			

任务工作单

被评组号：_____ 检索号：__2926-3__

小组间互评表

班级		评价小组		日期	年 月 日
评价指标	评价内容		分数/分	分数评定	
汇报表述	表述准确		15		
	语言流畅		10		
	准确反映改组完成情况		15		
内容确度	内容正确		30		
	句型表达到位		30		
互评分数					

二维码 2-49

任务工作单

组号：_____ 姓名：_____ 学号：_____ 检索号：__2926－4__

任务完成情况评价表

任务名称	提高劳动生产率的工艺途径分析			总得分	
评价依据	学生完成的 29252－1 任务工作单				

序号	任务内容及要求		配分/分	评分标准	教师评价	
					结论	得分
1	加工如图 2-1 所示传动轴零件，分析提高零件加工劳动生产率的途径	表述正确	40	错一处扣 5 分		
2	影响劳动生产率的因素	表述正确	40	错一处扣 5 分		
3	至少包含 5 份文献检索目录清单	（1）数量	10	每少一个扣 1 分		
		（2）参考的主要内容要点	10	酌情赋分		
4	素质素养评价	（1）沟通交流能力	10	酌情赋分，但违反课堂纪律，不听从组长、教师安排，不得分		
		（2）团队合作				
		（3）课堂纪律				
		（4）合作探学				
		（5）自主研学				

二维码 2-50

项目十　工艺文件的填写

任务一　工艺文件的填写

2.10.1.1　任务描述

加工如图 2-1 所示传动轴零件，完成工艺文件的填写。

2.10.1.2　学习目标

1. 知识目标

掌握工艺文件填写的方法和要求。

2. 能力目标

能正确填写零件机械加工工艺文件。

3. 素养素质目标

（1）培养严谨、专注的工作态度；

（2）培养投身实践、知行合一、精益求精的工匠精神。

2.10.1.3　重难点

1. 重点

工艺文件填写的方法和要求。

2. 难点

正确填写零件加工的工艺文件。

2.10.1.4　相关知识链接

机械加工工艺文件主要就是指机械加工工艺过程卡、工艺卡和工序卡，有时还需要画毛坯零件综合图、每道工序的工序简图，对于数控加工还要求填写刀具卡、程序清单及画刀具路径图等。填写工艺文件时，必须知道加工该零件时的加工路线、所采用的工艺装备、每一道工序的切削用量等。分析如图 2-1 所示零件，加工路线如下：

1. 毛坯选择

齿轮轴起传动作用，要承受交变应力。毛坯选用锻件，材质为 42CrMo。

2. 工艺路线

01 工序：划线。因为零件毛坯是锻件，要均匀余量，划出十字中心线及在工件一端划圆线。

02 工序：镗。采用 T68 卧式镗床，工件放在回转工作台上，下垫 V 形铁，按划线找正。在工件两端铣平见光，两端打中心孔（工件轻、小、短时，可在车床上自打中心孔）。

03 工序：粗车。采用 C620 机床，一夹一顶工件，按线找正夹紧，全车附粗加工图。

04 工序：热处理。调质处理。

05 工序：划线。调质处理之后，工件会发生变形，需要重新检查工件变形情况，重划全线（全线：中心十字线、外形轮廓线）。

06 工序：镗。采用 T612 机床，重复 02 工序，重修中心孔。

07 工序：半精车。采用 C620 机床，一夹一顶工件，按线找正夹紧。平削见光，各外圆、端面表面粗糙度 $Ra3.2~\mu m$。目的是探伤，切出的余量尽量少。

08 工序：探伤。按 EZB/N40−2002 标准进行超声波探伤，目的是检查零件内部有无裂纹，探伤深度 5～10 mm 的裂纹均可查出。若出现较大的裂纹，则应进行补焊处理，合格后进行下一工序。

09 工序：精车。采用 C620 机床，一夹一顶工件，按已加工面打表找正、夹紧，按下面工步完成：

① 车架子口，目的是便于安装中心架；

② 安装中心架，车工件一端与图相符，并修该端中心孔；

③ 工件掉头，车另一端，并控制工件总长，修该端中心孔；

④ 上鸡心架、拨盘、顶尖顶工件，车齿顶圆，$\phi 85K6$、$\phi 75h11$、$\phi 70P6$ 外圆（符合图 2−1 零件图的要求）；

⑤ 车其余各外圆、环槽、端面、倒角及 $R5$ mm（符合图 2−1 零件图的要求）。

10 工序：磨。采用 M131W 机床，磨齿顶圆，$\phi 85K6$、$\phi 75h11$、$\phi 70P6$ 外圆（符合图 2−1 零件图的要求）。

11 工序：滚齿。采用 YW3180 滚齿机床，按齿顶圆及端面找正夹紧，粗、精滚齿（符合图 2−1 零件图的要求）。

12 工序：划线。划各键槽加工线，划 C 向 2×M20 螺孔加工线。

13 工序：铣。采用 XK718 机床，找正、夹紧，铣各键槽（符合图 2−1 零件图的要求）。

14 工序：镗。采用 T68 机床，钻攻 C 向 2×M20 螺孔（符合图 2−1 零件图的要求）。

15 工序：钳。去毛刺，尖角倒钝。

16 工序：检验

将上述每道工序的内容填写到工艺文件里，这里只填写机械加工工艺过程卡，工艺卡和工序卡将在模块三的内容学习完后再填写。

二维码 2−51

2.10.1.5 任务实施

2.10.1.5.1 学生分组

学生分组表 2−21

班级		组号		授课教师	
组长		学号			
组员	姓名	学号		姓名	学号

2.10.1.5.2 完成任务工单

任务工作单

组号：＿＿＿＿＿＿ 姓名：＿＿＿＿＿＿ 学号：＿＿＿＿＿＿ 检索号：＿210152－1＿

引导问题：

（1）分析不同生产类型时零件工艺文件的区别。

＿＿＿＿＿＿＿＿＿＿＿＿＿＿＿＿＿＿＿＿＿＿＿＿＿＿＿＿＿＿＿＿＿＿＿＿

＿＿＿＿＿＿＿＿＿＿＿＿＿＿＿＿＿＿＿＿＿＿＿＿＿＿＿＿＿＿＿＿＿＿＿＿

（2）填写工艺文件时要注意什么问题？

＿＿＿＿＿＿＿＿＿＿＿＿＿＿＿＿＿＿＿＿＿＿＿＿＿＿＿＿＿＿＿＿＿＿＿＿

＿＿＿＿＿＿＿＿＿＿＿＿＿＿＿＿＿＿＿＿＿＿＿＿＿＿＿＿＿＿＿＿＿＿＿＿

（3）填写工艺文件。

＿＿＿＿＿＿＿＿＿＿＿＿＿＿＿＿＿＿＿＿＿＿＿＿＿＿＿＿＿＿＿＿＿＿＿＿

＿＿＿＿＿＿＿＿＿＿＿＿＿＿＿＿＿＿＿＿＿＿＿＿＿＿＿＿＿＿＿＿＿＿＿＿

2.10.1.5.3 合作探究

任务工作单

组号：＿＿＿＿＿＿ 姓名：＿＿＿＿＿＿ 学号：＿＿＿＿＿＿ 检索号：＿210153－1＿

引导问题：

（1）小组讨论，教师参与，确定任务工作单210152－1的最优答案，并检讨自己存在的不足。

＿＿＿＿＿＿＿＿＿＿＿＿＿＿＿＿＿＿＿＿＿＿＿＿＿＿＿＿＿＿＿＿＿＿＿＿

＿＿＿＿＿＿＿＿＿＿＿＿＿＿＿＿＿＿＿＿＿＿＿＿＿＿＿＿＿＿＿＿＿＿＿＿

（2）每组推荐一个小组长，进行汇报。根据汇报情况，再次检讨自己的不足。

＿＿＿＿＿＿＿＿＿＿＿＿＿＿＿＿＿＿＿＿＿＿＿＿＿＿＿＿＿＿＿＿＿＿＿＿

＿＿＿＿＿＿＿＿＿＿＿＿＿＿＿＿＿＿＿＿＿＿＿＿＿＿＿＿＿＿＿＿＿＿＿＿

2.10.1.6 评价反馈

任务工作单

组号：＿＿＿＿＿＿ 姓名：＿＿＿＿＿＿ 学号：＿＿＿＿＿＿ 检索号：＿21016－1＿

自我检测表

班级		组名		日期	年　月　日
评价指标	评价内容			分数/分	分数评定
信息收集能力	能有效利用网络、图书资源查找有用的相关信息等；能将查到的信息有效地传递到学习中			10	
感知课堂生活	是否能在学习中获得满足感，课堂生活的认同感			10	

评价指标	评价内容	分数/分	分数评定
参与态度沟通能力	积极主动与教师、同学交流，相互尊重、理解、平等；与教师、同学之间是否能够保持多向、丰富、适宜的信息交流	10	
	能处理好合作学习和独立思考的关系，做到有效学习；能提出有意义的问题或能发表个人见解	10	
知识、能力获得情况	分析不同生产类型时，零件的工艺文件的区别：	10	
	填写工艺文件时要注意的事项：	20	
	填写工艺文件：	10	
辩证思维能力	是否能发现问题、提出问题、分析问题、解决问题、创新问题	10	
自我反思	按时保质地完成任务；较好地掌握知识点；具有较为全面、严谨的思维能力，并能条理清楚、明晰地表达成文	10	
自评分数			
总结提炼			

任务工作单

组号：_____   姓名：_____   学号：_____   检索号：<u>21016-2</u>

小组内互评验收表

验收组长		组名		日期	年 月 日
组内验收成员					
任务要求	分析不同生产类型时，零件的工艺文件的区别；填写工艺文件时要注意的事项；填写工艺文件；文献检索目录清单				
验收文档清单	被评价人完成的210152-1任务工作单				
	文献检索目录清单				
验收评分	评分标准			分数/分	得分
	分析不同生产类型时，零件的工艺文件的区别，错一处扣5分			30	
	填写工艺文件时要注意的事项，错一处扣5分			30	
	填写工艺文件，错一处扣5分			20	
	提供文献检索目录清单，至少5份，缺一份扣4分			20	
	评价分数				
不足之处					

任务工作单

被评组号：_____   检索号：__21016-3__

班级		评价小组		日期	年 月 日
评价指标		评价内容		分数/分	分数评定
汇报表述	表述准确			15	
	语言流畅			10	
	准确反映改组完成情况			15	
内容正确度	内容正确			30	
	句型表达到位			30	
互评分数					

二维码 2-51

任务工作单

组号：_____   姓名：_____   学号：_____   检索号：__21016-4__

任务完成情况评价表

任务名称		工艺文件的填写			总得分	
评价依据		被评价人完成的 210152-1 任务工作单				
序号	任务内容及要求		配分/分	评分标准	教师评价	
					结论	得分
1	分析不同生产类型时，零件的工艺文件的区别	表述正确	25	错一处扣5分		
2	填写工艺文件时要注意的事项	表述正确	25	错一处扣5分		
3	填写工艺文件	填写正确	20	错一处扣5分		
4	至少包含5份文献检索目录清单	（1）数量	10	每少一个扣2分		
		（2）参考的主要内容要点	10	酌情赋分		

序号	任务内容及要求		配分/分	评分标准	教师评价	
					结论	得分
5	素质素养评价	（1）沟通交流能力	10	酌情赋分，但违反课堂纪律，不听从组长、教师安排，不得分		
		（2）团队合作				
		（3）课堂纪律				
		（4）合作探学				
		（5）自主研学				

二维码 2-52

二维码 2-53

模块三 轴类零件加工工艺设计

如图 3-1 所示轴类零件，试设计其工艺规程，用于指导生产实践，完成零件加工。轴类零件的加工工艺因其用途、结构形状、技术要求、生产类型的不同而有差异。轴类零件的工艺规程编制是生产中最常遇到的工艺工作。

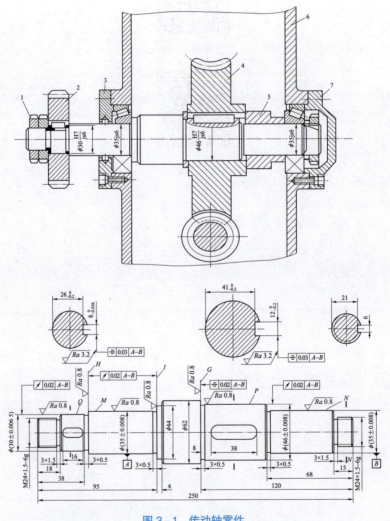

图 3-1 传动轴零件

1—锁紧螺母；2—齿轮；3—透盖；4—蜗轮；5—隔套；6—箱壁；7—螺盖

要完成该项工作，必须按照工艺规程的设计原则、步骤和方法，对零件图样进行分析，选择材料和毛坯，确定热处理方式；分析研究轴类零件的常见加工表面及加工方法，确定零件的加工方案；选择合理的工艺装备和机床；确定合理的切削用量；最后完成工艺文件的填写。

项目一　轴类零件工艺分析

任务一　轴类零件的功用和结构特点分析

3.1.1.1　任务描述

　　如图 3-1 所示轴类零件，分析说明该零件在产品中的功用和结构特点。

3.1.1.2　学习目标

1. 知识目标

（1）掌握轴类零件的功用；
（2）掌握轴类零件的结构特点。

2. 能力目标

能理解轴类零件的功用与结构。

3. 素养素质目标

（1）培养勤于思考、善于观察和分析问题的意识；
（2）培养观察力。

3.1.1.3　重难点

1. 重点

（1）轴类零件的功用；
（2）被加工轴类零件的结构特点。

2. 难点

（1）轴类零件的功用；
（2）被加工轴类零件的结构特点。

3.1.1.4　相关知识链接

　　零件图样的工艺分析。
　　轴类零件的功用与结构特点如下：

1. 功用

支承传动零件（齿轮、皮带轮等）、传递扭矩、承受载荷，以及保证装在轴上的零件或刀具具有一定的回转精度。

2. 分类

轴类零件按其结构形状的特点，可分为光轴、阶梯轴、空心轴和异形轴（包括曲轴、凸轮轴和偏心轴等）四类。

3. 表面特点

具有内外圆柱面、内外圆锥面、螺纹、花键、各种沟槽等。

3.1.1.5 任务实施

3.1.1.5.1 学生分组

学生分组表 3-1

班级		组号		授课教师	
组长		学号			
组员	姓名	学号	姓名	学号

3.1.1.5.2 完成任务工单

任务工作单

组号：_____ 姓名：_____ 学号：_____ 检索号：_31152-1_

引导问题：

（1）谈谈轴类零件的类型。

_____

_____

（2）谈谈轴类零件的组成。

_____

_____

（3）简述轴类零件的结构特点。

_____

_____

3.1.1.5.3 合作探究

任务工作单

组号：_____ 姓名：_____ 学号：_____ 检索号：___31153－1___

引导问题：

（1）小组讨论，教师参与，确定任务工作单 31152－1 的最优答案，并检讨自己存在的不足。

_____

_____

（2）每组推荐一个小组长，进行汇报。根据汇报情况，再次检讨自己的不足。

_____

_____

3.1.1.6 评价反馈

任务工作单

组号：_____ 姓名：_____ 学号：_____ 检索号：___3116－1___

自我检测表

班级		组名		日期	年　月　日
评价指标	评价内容			分数/分	分数评定
信息收集能力	能有效利用网络、图书资源查找有用的相关信息等；能将查到的信息有效地传递到学习中			10	
感知课堂生活	是否能在学习中获得满足感，课堂生活的认同感			10	
参与态度沟通能力	积极主动与教师、同学交流，相互尊重、理解、平等；与教师、同学之间是否能够保持多向、丰富、适宜的信息交流			10	
	能处理好合作学习和独立思考的关系，做到有效学习；能提出有意义的问题或能发表个人见解			10	
知识、能力获得情况	轴类零件类型：			10	
	轴类零件组成：			10	
	轴类零件结构特点：			10	
	加工如图 3－1 所示零件，分析其功能和结构特点：			10	

评价指标	评价内容	分数/分	分数评定
辩证思维能力	是否能发现问题、提出问题、分析问题、解决问题、创新问题	10	
自我反思	按时保质地完成任务；较好地掌握知识点；具有较为全面、严谨的思维能力，并能条理清楚、明晰地表达成文	10	
自评分数			
总结提炼			

任务工作单

组号：_____　　姓名：_____　　学号：_____　　检索号：　3116-2

小组内互评验收表

验收组长		组名		日期	年　月　日
组内验收成员					
任务要求	轴类零件类型；轴类零件组成；轴类零件结构特点；加工图 3-1 所示零件，分析其功能和结构特点；文献检索目录清单				
验收文档清单	被评价人完成的 31152-1 任务工作单				
	文献检索目录清单				
	评分标准			分数/分	得分
验收评分	轴类零件类型，错一处扣 5 分			20	
	轴类零件组成，错一处扣 5 分			20	
	轴类零件结构特点，错一处扣 5 分			20	
	分析图 3-1 所示零件的功能和结构特点，错一处扣 5 分			20	
	提供文献检索目录清单，至少 5 份，缺一份扣 4 分			20	
评价分数					
不足之处					

任务工作单

被评组号：_____ 检索号：__3116−3__

小组间互评表

班级		评价小组		日期	年　月　日	
评价指标		评价内容		分数/分	分数评定	
汇报表述	表述准确			15		
	语言流畅			10		
	准确反映改组完成情况			15		
内容正确度	内容正确			30		
	句型表达到位			30		
互评分数						

二维码 3−2

任务工作单

组号：_____　姓名：_____　学号：_____　检索号：__3116−4__

任务完成情况评价表

任务名称		轴类零件的功用和结构特点分析			总得分		
评价依据		被评价人完成的 31152−1 任务工作单					
序号	任务内容及要求		配分/分	评分标准	教师评价		
					结论	得分	
1	轴类零件类型	表述正确	15	错一处扣 5 分			
2	轴类零件组成	表述正确	15	错一处扣 5 分			
3	轴类零件结构特点	填写正确	20	错一处扣 5 分			
4	分析如图 3−1 所示零件的功能和结构特点	表述正确	20	错一处扣 2 分			

序号	任务内容及要求		配分/分	评分标准	教师评价	
					结论	得分
5	至少包含5份文献检索目录清单	（1）数量	10	每少一个扣2分		
		（2）参考的主要内容要点	10	酌情赋分		
6	素质素养评价	（1）沟通交流能力	10	酌情赋分，但违反课堂纪律，不听从组长、教师安排，不得分		
		（2）团队合作				
		（3）课堂纪律				
		（4）合作探学				
		（5）自主研学				

二维码 3-3

任务二　轴类零件技术要求分析

3.1.2.1　任务描述

加工如图 3-1 所示轴类零件，试分析零件技术要求，完成零件图样分析。

3.1.2.2　学习目标

1. 知识目标

（1）熟悉轴类零件的技术要求；
（2）掌握被加工轴类零件的图样分析。

2. 能力目标

能理解轴类零件的技术要求。

3. 素养素质目标

（1）培养讲规矩、守原则的规范意识；
（2）培养严谨的工作作风。

3.1.2.3 重难点

1. 重点

（1）轴类零件的主要技术要求；
（2）被加工轴类零件的图样分析。

2. 难点

（1）轴类零件主要技术要求的识读；
（2）被加工零件的图样分析。

3.1.2.4 相关知识链接

1. 主要技术要求

1）尺寸精度

轴颈是轴类零件的主要表面，它影响轴的回转精度及工作状态。轴颈的直径精度根据其使用要求通常为 IT6～9，精密轴颈可达 IT5。

2）几何形状精度

轴颈的几何形状精度（圆度、圆柱度）一般应限制在直径公差范围内。对几何形状精度要求较高时，可在零件图上另行规定其允许的公差。

3）位置精度

主要是指装配传动件的配合轴颈相对于装配轴承的支承轴颈的同轴度，通常是用配合轴颈对支承轴颈的径向圆跳动来表示的；根据使用要求，规定高精度轴为 0.001～0.005 mm，而一般精度轴为 0.01～0.03 mm。

此外还有内外圆柱面的同轴度和轴向定位端面与轴心线的垂直度要求等。

4）表面粗糙度

根据零件表面工作部位的不同，可有不同的表面粗糙度值，例如普通机床主轴支承轴颈的表面粗糙度为 $Ra0.16～0.63$ μm，配合轴颈的表面粗糙度为 $Ra0.63～2.5$ μm。随着机器运转速度的增大和精密程度的提高，轴类零件表面粗糙度值要求也将越来越小。

2. 被加工零件的图样分析

图 3-1 所示零件为减速器中的传动轴，它属于台阶轴类零件，由圆柱面、轴肩、螺纹、螺尾退刀槽、砂轮越程槽和键槽等组成。轴肩一般用来确定安装在轴上零件的轴向位置，各环槽的作用是使零件装配时有一个正确的位置，并使加工中磨削外圆或车螺纹时退刀方便；键槽用于安装键，以传递转矩；螺纹用于安装各种锁紧螺母和调整螺母。

根据工作性能与条件，该传动轴图样（图 3-1）规定了主要轴颈 M、N，外圆 P、Q 以及轴肩 G、H、I 有较高的尺寸、位置精度和较小的表面粗糙度值，并有热处理要求。这些技术要求必须在加工中给予保证。因此，该传动轴的关键工序是轴颈 M、N 和外圆 P、Q 的加工。

3.1.2.5　任务实施

3.1.2.5.1　学生分组

学生分组表 3-2

班级		组号		授课教师	
组长		学号			
组员	姓名	学号		姓名	学号

3.1.2.5.2　完成任务工单

任务工作单

组号：_____　姓名：_____　学号：_____　检索号：__31252-1__

引导问题：

（1）谈谈轴的主要技术要求。

_____

_____

（2）被加工零件图样分析的注意事项。

_____

_____

（3）对被加工零件进行图样分析。

_____

_____

3.1.2.5.3　合作探究

任务工作单

组号：_____　姓名：_____　学号：_____　检索号：__31253-1__

引导问题：

（1）小组讨论，教师参与，确定任务工作单 31252-1 的最优答案，并检讨自己存在的不足。

（2）每组推荐一个小组长，进行汇报。根据汇报情况，再次检讨自己的不足。

任务工作单

组号：_____ 姓名：_____ 学号：_____ 检索号：__3126-1__

自我检测表

班级			日期	年　月　日
评价指标	评价内容		分数/分	分数评定
信息收集能力	能有效利用网络、图书资源查找有用的相关信息等；能将查到的信息有效地传递到学习中		10	
感知课堂生活	是否能在学习中获得满足感，课堂生活的认同感		10	
参与态度沟通能力	积极主动与教师、同学交流，相互尊重、理解、平等；与教师、同学之间是否能够保持多向、丰富、适宜的信息交流		10	
	能处理好合作学习和独立思考的关系，做到有效学习；能提出有意义的问题或能发表个人见解		10	
知识、能力获得情况	轴类零件的一般技术要求：		10	
	被加工零件图样分析的注意事项：		10	
	加工如图3-1所示零件，描述图样分析结果：		20	
辩证思维能力	是否能发现问题、提出问题、分析问题、解决问题、创新问题		10	
自我反思	按时保质地完成任务；较好地掌握知识点；具有较为全面、严谨的思维能力，并能条理清楚、明晰地表达成文		10	
自评分数				
总结提炼				

任务工作单

组号：＿＿＿＿＿ 姓名：＿＿＿＿＿ 学号：＿＿＿＿＿ 检索号：＿3126-2＿

小组内互评验收表

验收组长		组名		日期	年 月 日
组内验收成员					
任务要求	轴类零件的一般技术要求；被加工零件图样分析的注意事项；加工如图3-1所示零件，描述图样分析结果；文献检索目录清单				
验收文档清单	被评价人完成的31252-1任务工作单				
	文献检索目录清单				
验收评分	评分标准			分数/分	得分
	轴类零件的一般技术要求，错一处扣5分			30	
	被加工零件图样分析的注意事项，错一处扣5分			20	
	加工图3-1所示零件，描述图样分析结果，错一处扣5分			30	
	提供文献检索目录清单，至少5份，缺一份扣4分			20	
	评价分数				
不足之处					

任务工作单

被评组号：＿＿＿＿＿＿＿＿＿＿＿＿＿＿＿ 检索号：＿3126-3＿

小组间互评表

班级		评价小组		日期	年 月 日
评价指标	评价内容			分数/分	分数评定
汇报表述	表述准确			15	
	语言流畅			10	
	准确反映改组完成情况			15	
内容正确度	内容正确			30	
	句型表达到位			30	
	互评分数				

二维码 3-4

任务工作单

组号：_____ 姓名：_____ 学号：_____ 检索号：<u>3126-4</u>

任务完成情况评价表

任务名称	轴类零件技术要求分析			总得分	
评价依据	被评价人完成的 31252-1 任务工作单				
序号	任务内容及要求		配分/分	评分标准	教师评价
					结论 / 得分
1	轴类零件的一般技术要求	表述正确	20	错一处扣5分	
2	被加工零件图样分析的注意事项	表述正确	20	错一处扣5分	
3	加工如图 3-1 所示零件，描述图样分析结果	描述正确	30	错一处扣5分	
4	至少包含 5 份文献检索目录清单	（1）数量	10	每少一个扣2分	
		（2）参考的主要内容要点	10	酌情赋分	
5	素质素养评价	（1）沟通交流能力	10	酌情赋分，但违反课堂纪律，不听从组长、教师安排，不得分	
		（2）团队合作			
		（3）课堂纪律			
		（4）合作探学			
		（5）自主研学			

二维码 3-5

任务三 轴类零件的材料、毛坯及热处理方式选择

3.1.3.1 任务描述

加工如图 3-1 所示轴类零件，试分析选择该零件材料、毛坯类型和热处理方法。

3.1.3.2 学习目标

1. 知识目标

（1）掌握不同轴类零件材料的选择；

（2）掌握轴类零件毛坯制备方式的选择；

（3）掌握轴类零件热处理方式的选择。

2. 能力目标

能理解轴类零件材料、毛坯、热处理方式的选择。

3. 素养素质目标

（1）培养收集、查阅资料的能力；

（2）培养规范意识；

（3）培养低碳环保意识。

3.1.3.3　重难点

1. 重点

（1）轴类零件材料的选择；

（2）轴类零件毛坯的选择；

（3）轴类零件热处理方式的选择。

2. 难点

（1）轴类零件材料的选择；

（2）轴类零件毛坯的选择。

3.1.3.4　相关知识链接

1. 轴类零件的材料

合理选用材料和规定的热处理方式，对提高轴类零件的强度和使用寿命有重要意义，同时，也对轴的加工过程有极大的影响。轴类零件应根据不同的工作条件和使用要求选用不同的材料并采用不同的热处理规范（如调质、正火、淬火等），以获得一定的强度、韧性和耐磨性。

1）一般轴类零件

常用 45 钢，根据不同的工作条件采用不同的热处理规范（如正火、调质、淬火等），以获得一定的强度、韧性和耐磨性。其价格便宜，经过调质（或正火）后可得到较好的切削性能，而且能获得较高的强度和韧性等综合机械性能，淬火后表面硬度可达 45～52 HRC。

2）对中等精度而转速较高的轴类零件

可选用 40Cr 等合金钢。这类钢经调质和表面淬火处理后，具有较高的综合力学性能。

3）精度较高的轴

可选用轴承钢 GCr15 和弹簧钢 65Mn 等材料，它们通过调质和表面淬火处理后，表面硬度可达 50～58 HRC，并具有较高的耐疲劳性能和较好的耐磨性能，可制造较高精度的轴。

4）对于高转速、重载荷等条件下工作的轴

可选用 20CrMnTi、20MnVB、20Cr 等低碳合金钢或 38CrMoAlA 氮化钢。低碳合金钢经渗碳淬火处理后，具有很高的表面硬度、抗冲击韧性和心部强度，热处理变形却很小。

5）精密机床的主轴（例如磨床砂轮轴、坐标镗床主轴）

可选用 38CrMoAlA 氮化钢，这种钢经调质和表面氮化后不仅能获得很高的表面硬度，而且能保持较软的心部，因此耐冲击韧性好。与渗碳淬火钢比较，它有热处理变形很小、硬度更高的特性。

2. 轴类零件的毛坯

轴类零件可根据使用要求、生产类型、设备条件及结构，选用棒料、锻件等毛坯形式。对于外圆直径相差不大的轴，一般以棒料为主；而对于外圆直径相差较大的阶梯轴或重要的轴，常选用锻件，这样既节约材料，又减少机械加工的工作量，还可改善机械性能。

根据生产规模的不同，毛坯的锻造方式有自由锻和模锻两种，中小批生产多采用自由锻，大批大量生产时采用模锻。

3. 热处理安排

1）正火或退火

安排在粗加工之前，对于锻造毛坯，可以细化晶粒，消除应力，改善切削加工性能。

2）调质

一般安排在粗车之后、半精车之前，以获得良好的物理力学性能。

3）表面淬火

安排在精加工之前，这样可以纠正因淬火引起的局部变形。

4）低温时效处理

精度要求高的轴，在局部淬火或粗磨之后进行。

3.1.3.5　任务实施

3.1.3.5.1　学生分组

学生分组表 3-3

班级		组号		授课教师	
组长		学号			
组员	姓名	学号	姓名	学号	

3.1.3.5.2 完成任务工单

任务工作单

组号：_____ 姓名：_____ 学号：_____ 检索号：__31352-1__

引导问题：

（1）谈谈常见轴类零件的材料。

_____

_____

（2）说说轴类零件的毛坯类型。

_____

_____

（3）简述轴类零件的热处理安排。

_____

_____

3.1.3.5.3 合作探究

任务工作单

组号：_____ 姓名：_____ 学号：_____ 检索号：__31353-1__

引导问题：

（1）小组讨论，教师参与，确定任务工作单 31352-1 的最优答案，并检讨自己存在的不足。

_____

_____

（2）每组推荐一个小组长，进行汇报。根据汇报情况，再次检讨自己的不足。

_____

_____

3.1.3.6 评价反馈

任务工作单

组号：_____ 姓名：_____ 学号：_____ 检索号：__3136-1__

自我检测表

班级		组名		日期	年 月 日
评价指标	评价内容			分数/分	分数评定
信息收集能力	能有效利用网络、图书资源查找有用的相关信息等；能将查到的信息有效地传递到学习中			10	

评价指标	评价内容	分数/分	分数评定
感知课堂生活	是否能在学习中获得满足感，课堂生活的认同感	10	
参与态度沟通能力	积极主动与教师、同学交流，相互尊重、理解、平等；与教师、同学之间是否能够保持多向、丰富、适宜的信息交流	10	
	能处理好合作学习和独立思考的关系，做到有效学习；能提出有意义的问题或能发表个人见解	10	
知识、能力获得情况	常见轴类零件材料：	10	
	轴类零件的热处理安排：	10	
	轴类零件的毛坯类型：	20	
辩证思维能力	是否能发现问题、提出问题、分析问题、解决问题、创新问题	10	
自我反思	按时保质地完成任务；较好地掌握知识点；具有较为全面、严谨的思维能力，并能条理清楚、明晰地表达成文	10	
自评分数			
总结提炼			

任务工作单

组号：_____ 姓名：_____ 学号：_____ 检索号：__3136-2__

小组内互评验收表

验收组长		组名		日期	年　月　日
组内验收成员					
任务要求	常见轴类零件材料；轴类零件的热处理安排；轴类零件的毛坯类型；文献检索目录清单				
验收文档清单	被评价人完成的31352-1任务工作单				
	文献检索目录清单				
验收评分	评分标准			分数/分	得分
	常见轴类零件材料，错一处扣5分			30	
	轴类零件的热处理安排，错一处扣5分			20	
	轴类零件的毛坯类型，错一处扣5分			30	
	提供文献检索目录清单，至少5份，缺一份扣4分			20	
评价分数					
不足之处					

任务工作单

被评组号：_____ 检索号： 3136-3

小组间互评表

班级		评价小组		日期	年 月 日	
评价指标	评价内容			分数/分	分数评定	
汇报表述	表述准确			15		
	语言流畅			10		
	准确反映改组完成情况			15		
内容正确度	内容正确			30		
	句型表达到位			30		
互评分数						

二维码 3-6

任务工作单

组号：_____ 姓名：_____ 学号：_____ 检索号： 3136-4

任务完成情况评价表

任务名称	轴类零件的材料、毛坯及热处理方式选择		总得分		
评价依据	被评价人完成的 31352-1 任务工作单				
序号	任务内容及要求		配分/分	评分标准	教师评价
					结论	得分
1	常见轴类零件材料	表述正确	20	错一处扣 5 分		
2	轴类零件的热处理安排	表述正确	20	错一处扣 5 分		
3	轴类零件的毛坯类型	描述正确	30	错一处扣 5 分		
4	至少包含 5 份文献检索目录清单	（1）数量	10	每少一个扣 2 分		
		（2）参考的主要内容要点	10	酌情赋分		

序号	任务内容及要求		配分/分	评分标准	教师评价	
					结论	得分
5	素质素养评价	（1）沟通交流能力	10	酌情赋分，但违反课堂纪律，不听从组长、教师安排，不得分		
		（2）团队合作				
		（3）课堂纪律				
		（4）合作探学				
		（5）自主研学				

二维码 3-7

项目二　轴类零件常见表面加工方法选择

任务一　外圆表面的加工方法选择及应用

3.2.1.1　任务描述

加工如图 3-1 所示轴类零件，试完成外圆表面的加工方法选择。

3.2.1.2　学习目标

1. 知识目标

（1）熟悉轴类零件的外圆表面加工方法；
（2）掌握轴类零件外圆表面加工方法的选择原则。

2. 能力目标

（1）能理解轴类零件的外圆表面加工方法；
（2）能理解轴类零件外圆表面加工方法的选择原则。

3. 素养素质目标

（1）培养辩证分析能力；
（2）"差之毫厘，谬以千里"，树立质量就是生命的理念和意识。

3.2.1.3 重难点

1. 重点

（1）轴类零件外圆表面的加工方法；

（2）轴类零件外圆加工方案的选择。

2. 难点

轴类零件外圆加工方案的选择。

3.2.1.4 相关知识链接

轴类零件的常见加工表面有内外圆柱面、圆锥面、螺纹、花键和沟槽等。

1. 外圆表面的加工方法

在选择加工方案时，应根据其要求的精度、表面粗糙度、毛坯种类、工件材料性质、热处理要求以及生产类型，并结合具体生产条件来确定。

外圆表面是轴类零件的主要表面，因此要能合理地制定轴类零件的机械加工工艺规程，首先应了解外圆表面的各种加工方法和加工方案。

1）外圆表面的车削加工

根据毛坯的制造精度和工件最终加工要求，外圆车削一般可分为粗车、半精车、精车和精细车。

（1）粗车的目的是切去毛坯硬皮和大部分余量。加工后工件尺寸精度为 IT11～IT13，表面粗糙度为 $Ra50\sim12.5\ \mu m$。

（2）半精车的尺寸精度可达 IT8～IT10，表面粗糙度为 $Ra6.3\sim3.2\ \mu m$。半精车可作为中等精度表面的终加工，也可作为磨削或精加工的预加工。

（3）精车后的尺寸精度可达 IT7～IT8，表面粗糙度为 $Ra1.6\sim0.8\ \mu m$。

（4）精细车后的尺寸精度可达 IT6～IT7，表面粗糙度为 $Ra0.4\sim0.025\ \mu m$。精细车尤其适合于有色金属加工，有色金属一般不宜采用磨削，所以常用精细车代替磨削。

2）外圆表面的磨削加工

磨削是外圆表面精加工的主要方法之一，它既可加工淬硬后的表面，又可加工未经淬火的表面。根据磨削时工件定位方式的不同，外圆磨削可分为中心磨削和无心磨削两大类。

（1）中心磨削。中心磨削即普通的外圆磨削，被磨削的工件由中心孔定位，在外圆磨床或万能外圆磨床上加工。磨削后工件尺寸精度可达 IT6～IT8，表面粗糙度为 $Ra0.8\sim0.1\ \mu m$。按进给方式不同分为纵向进给磨削法和横向进给磨削法。

二维码 3-8

（2）无心磨削。无心磨削是一种高生产率的精加工方法，以被磨削的外圆本身作为定位基准。目前无心磨削的方式主要有贯穿法和切入法。

3）外圆表面的精密加工

随着科学技术的发展，对工件的加工精度和表面质量要求也越来越高。

二维码 3-9

因此在外圆表面精加工后，往往还要进行精密加工。外圆表面的精密加工方法常用的有高精度磨削、超精度加工、研磨和滚压加工等。

二维码 3—10

2. 外圆表面加工方案的选择

上面介绍了外圆表面常用的几种加工方法及其特点。零件上一些精度要求较高的面，仅用一种加工方法往往是达不到其规定的技术要求的，这些表面必须顺序地进行粗加工、半精加工和精加工等，以逐步提高其表面精度。不同加工方法有序的组合即为加工方案。

确定某个表面的加工方案时，先由加工表面的技术要求（加工精度、表面粗糙度等）确定最终加工方法，然后根据此种加工方法的特点确定前道工序的加工方法，依此类推。但由于获得同一精度及表面粗糙度的加工方法可有若干种，故实际选择时还应结合零件的结构、形状、尺寸大小及材料和热处理的要求全面考虑。

一般情况下，粗车—半精车—精车与粗车—半精车—磨削两种加工方案能达到同样的精度等级，但当加工表面需淬硬时，最终加工方法只能采用磨削。如加工表面未经淬硬，则两种加工方案均可采用；若零件材料为有色金属，一般不宜采用磨削。

粗车—半精车—粗磨—精磨—超精加工与粗车—半精车—粗磨—精磨—研磨两种加工方案也能达到同样的加工精度。当表面配合精度要求比较高时，终加工方法采用研磨较合适；若只需要求较小的表面粗糙度值，则采用超精加工较合适。但不管采用研磨还是超精加工，其对加工表面的形状精度和位置精度改善均不显著，所以前道工序应采用精磨，以使加工表面的位置精度和几何形状精度达到技术要求。

3.2.1.5　任务实施

3.2.1.5.1　学生分组

学生分组表 3—4

班级		组号		授课教师	
组长		学号			
组员	姓名	学号	姓名	学号	

3.2.1.5.2　完成任务工单

任务工作单

组号：_____　姓名：_____　学号：_____　检索号：__32152—1__

引导问题：

（1）谈谈轴类零件常见的加工表面。

_____

_____

（2）外圆表面的加工方法。

_____

_____

（3）外圆表面加工方法的选择。

_____

_____

（4）加工方案选择时的注意事项。

_____

_____

3.2.1.5.3　合作探究

任务工作单

组号：_____　姓名：_____　学号：_____　检索号：__32153－1__

引导问题：

（1）小组讨论，教师参与，确定任务工作单 32152－1 的最优答案，并检讨自己存在的不足。

_____

_____

（2）每组推荐一个小组长，进行汇报。根据汇报情况，再次检讨自己的不足。

_____

_____

3.2.1.6　评价反馈

任务工作单

组号：_____　姓名：_____　学号：_____　检索号：__3216－1__

自我检测表

班级		组名		日期	年　月　日
评价指标	评价内容			分数/分	分数评定
信息收集能力	能有效利用网络、图书资源查找有用的相关信息等；能将查到的信息有效地传递到学习中			10	
感知课堂生活	是否能在学习中获得满足感，课堂生活的认同感			10	

班级			组名		日期	年 月 日
参与态度 沟通能力	积极主动与教师、同学交流，相互尊重、理解、平等；与教师、同学之间是否能够保持多向、丰富、适宜的信息交流				10	
	能处理好合作学习和独立思考的关系，做到有效学习；能提出有意义的问题或能发表个人见解				10	
知识、能力 获得情况	轴类零件常见加工表面：				10	
	外圆表面的加工方法：				10	
	外圆表面加工方法的选择：				10	
	选择加工方案的注意事项：				10	
辩证思维 能力	是否能发现问题、提出问题、分析问题、解决问题、创新问题				10	
自我反思	按时保质地完成任务；较好地掌握知识点；具有较为全面、严谨的思维能力，并能条理清楚、明晰地表达成文				10	
自评分数						
总结提炼						

任务工作单

组号：_____　　姓名：_____　　学号：_____　　检索号：___3216-2___

小组内互评验收表

验收组长		组名		日期	年 月 日
组内验收成员					
任务要求	轴类零件常见加工表面；外圆表面加工方法；确定外圆表面加工方法；选择加工方案的注意事项；文献检索目录清单				
验收文档清单	被评价人完成的 32152-1 任务工作单				
	文献检索目录清单				
验收评分	评分标准		分数/分	得分	
	轴类零件常见加工表面，错一处扣 5 分		20		
	外圆表面加工方法，错一处扣 5 分		20		
	确定外圆表面加工方法，错一处扣 5 分		20		
	选择加工方案的注意事项，错一处扣 5 分		20		
	提供文献检索目录清单，至少 5 份，缺一份扣 4 分		20		
评价分数					
不足之处					

<h1 style="text-align:center">任务工作单</h1>

被评组号：_____ 　检索号：　<u>3216－3</u>

小组间互评表

班级		评价小组		日期	年　月　　日
评价指标	评价内容			分数/分	分数评定
汇报表述	表述准确			15	
	语言流畅			10	
	准确反映改组完成情况			15	
内容正确度	内容正确			30	
	句型表达到位			30	
互评分数					

二维码 3－11

<h1 style="text-align:center">任务工作单</h1>

组号：_____　姓名：_____　学号：_____　检索号：<u>3216－4</u>

任务完成情况评价表

任务名称	外圆表面的加工方法选择及应用		总得分	
评价依据	被评价人完成的 32152－1 任务工作单			

序号	任务内容及要求		配分/分	评分标准	教师评价	
					结论	得分
1	轴类零件常见加工表面	表述正确	20	错一处扣 5 分		
2	外圆表面的加工方法，错一处扣 5 分	表述正确	20	错一处扣 5 分		
3	确定外圆表面加工方法	分析正确	20	错一处扣 5 分		
4	选择加工方案的注意事项	表述正确	10	错一处扣 2 分		
5	至少包含 5 份文献检索目录清单	（1）数量	10	每少一个扣 2 分		
		（2）参考的主要内容要点	10	酌情赋分		

序号	任务内容及要求		配分/分	评分标准	教师评价	
					结论	得分
6	素质素养评价	（1）沟通交流能力	10	酌情赋分，但违反课堂纪律，不听从组长、教师安排，不得分		
		（2）团队合作				
		（3）课堂纪律				
		（4）合作探学				
		（5）自主研学				

二维码 3-12

任务二　轴其他表面的加工方法选择及应用（螺纹、槽、锥面等）

3.2.2.1　任务描述

如图 3-1 所示轴类零件，选择螺纹、槽、锥面的加工方法。

3.2.2.2　学习目标

1. 知识目标

（1）熟悉轴类零件内圆表面、螺纹、槽、锥面的加工方法；
（2）掌握轴类零件内圆表面、螺纹、槽、锥面加工方法的选择原则；

2. 能力目标

（1）能理解轴类零件内圆表面、螺纹、槽、锥面的加工方法；
（2）能理解轴类零件内圆表面、螺纹、槽、锥面加工方法的选择原则。

3. 素养素质目标

（1）培养勤于思考、分析问题的意识；
（2）培养严谨的工作作风意识；
（3）培养做人做事有准则的意识。

3.2.2.3　重难点

1. 重点

（1）轴类零件内圆表面、螺纹、槽、锥面的加工方法。

（2）能理解轴类零件内圆表面、螺纹、槽、锥面加工方法的选择原则。

2. 难点

轴类零件内圆表面、螺纹、槽、锥面加工方法的选择原则。

3.2.2.4　相关知识链接

1. 内圆表面加工方法

内孔表面加工方法较多，常用的有钻孔、扩孔、铰孔、镗孔、磨孔、拉孔、研磨孔、珩磨孔和滚压孔等，具体的加工方法将在盘、套类零件的加工中作详细的讲解。

2. 其他表面的加工方法

1）轴外圆表面上平键槽的加工

对于封闭的平键键槽，可以采用专用的键槽铣刀进行加工；如果没有键槽铣刀，也可以选择尺寸相当的钻头先钻孔，然后再使用立式铣刀沿键槽长度方向进给，直到加工出键槽全长。对于不封闭的平键键槽，可以采用立式铣刀、盘形铣刀或键槽铣刀进行加工。

2）外圆花健的加工

主要采用滚切、铣削和磨削等切削加工方法，也可采用冷打、冷轧（见成形轧制）等塑性变形的加工方法。

二维码 3-13

3. 内圆表面加工方案及其选择

选择加工方案时应考虑零件的结构形状、尺寸大小、材料和热处理要求以及生产条件等。

一般情况下，"钻—扩—铰"和"钻—扩—拉"两种加工方案能达到的技术要求基本相同，但后一种加工方案应该在大批大量生产中采用较为合理；"粗镗（扩）—半精镗（精扩）—精镗（铰）"和"粗镗（扩）—半精镗—磨孔"两种加工方案达到的技术要求也基本相同，但如果内孔表面经淬火后，则只能用磨孔方案，而材料为有色金属时则以采用前一种方案为宜，如未经淬硬的工件则两种方案均能采用，这时可根据生产现场设备等情况来决定加工方案；大批大量生产则可选择"钻—（扩）—拉—珩磨"的方案，如孔径较小则可选择"钻—（扩）—粗铰—精铰—珩磨"的方案，如孔径较大则可选择"粗镗—半精镗—精镗—珩磨"的加工方案。

4. 其他表面的加工位置安排

轴类零件除了内外圆表面的加工以外，还包括各种沟槽、倒角等加工要求。通常我们把轴类零件上要加工的内外圆表面称为主要加工面，其余的称为次要加工面，检验等工序称为辅助工序。

在前面项目中已经讲述过，安排切加工工序位置时，必须考虑先主后次原则，即将键槽等加工工序安排在外圆的精加工之前，中间合理穿插热处理工序。

3.2.2.5 任务实施

3.2.2.5.1 学生分组

学生分组表 3-5

班级		组号		授课教师	
组长		学号			
组员	姓名	学号	姓名	学号	

3.2.2.5.2 完成任务工单

任务工作单

组号：_____ 姓名：_____ 学号：_____ 检索号：__32252-1__

引导问题：

（1）内圆表面的加工方法。

_____

_____

（2）内圆表面加工方法的选择。

_____

_____

（3）其他表面加工方法的选择。

_____

_____

（4）其他表面的加工位置安排注意事项。

_____

_____

3.2.2.5.3 合作探究

任务工作单

组号：_____ 姓名：_____ 学号：_____ 检索号：__32253-1__

引导问题：

（1）小组讨论，教师参与，确定任务工作单 32252 - 1 的最优答案，并检讨自己存在的不足。

_____

_____

（2）每组推荐一个小组长，进行汇报。根据汇报情况，再次检讨自己的不足。

_____

_____

3.2.2.6 评价反馈

任务工作单

组号：_____ 姓名：_____ 学号：_____ 检索号：__3226 - 1__

自我检测表

班级		组名		日期	年 月 日
评价指标	评价内容			分数/分	分数评定
信息收集能力	能有效利用网络、图书资源查找有用的相关信息等；能将查到的信息有效地传递到学习中			10	
感知课堂生活	是否能在学习中获得满足感，课堂生活的认同感			10	
参与态度沟通能力	积极主动与教师、同学交流，相互尊重、理解、平等；与教师、同学之间是否能够保持多向、丰富、适宜的信息交流			10	
	能处理好合作学习和独立思考的关系，做到有效学习；能提出有意义的问题或能发表个人见解			10	
知识、能力获得情况	内圆表面加工方法：			10	
	内圆表面加工方法的选择：			10	
	其他表面加工方法的选择：			10	
	其他表面加工位置安排的注意事项：			10	
辩证思维能力	是否能发现问题、提出问题、分析问题、解决问题、创新问题			10	
自我反思	按时保质地完成任务；较好地掌握知识点；具有较为全面、严谨的思维能力，并能条理清楚、明晰地表达成文			10	
自评分数					
总结提炼					

任务工作单

组号：_____ 姓名：_____ 学号：_____ 检索号：__3226-2__

小组内互评验收表

验收组长		组名		日期	年 月 日
组内验收成员					
任务要求	内圆表面加工方法；内圆表面加工方法的选择；其他表面加工方法的选择；其他表面加工位置安排的注意事项；文献检索目录清单				
验收文档清单	被评价人完成的 32252-1 任务工作单				
	文献检索目录清单				
验收评分	评分标准			分数/分	得分
	内圆表面加工方法，错一处扣5分			20	
	内圆表面加工方法的选择，错一处扣5分			20	
	其他表面加工方法的选择，错一处扣5分			20	
	其他表面加工位置安排的注意事项，错一处扣5分			20	
	提供文献检索目录清单，至少5份，缺一份扣4分			20	
	评价分数				
不足之处					

任务工作单

被评组号：_____ 检索号：__3226-3__

小组间互评表

班级		评价小组		日期	年 月 日
评价指标	评价内容			分数/分	分数评定
汇报表述	表述准确			15	
	语言流畅			10	
	准确反映改组完成情况			15	
内容正确度	内容正确			30	
	句型表达到位			30	
	互评分数				

二维码 3-14

任务工作单

组号：_____　姓名：_____　学号：_____　检索号：　3226－4

任务完成情况评价表

任务名称	轴其他表面的加工方法选择及应用（螺纹、槽、锥面等）			总得分	
评价依据	被评价人完成的 32252－1 任务工作单				
序号	任务内容及要求		配分/分	评分标准	教师评价
					结论
					得分
1	内圆表面加工方法	表述正确	20	错一处扣 5 分	
2	内圆表面加工方法的选择	表述正确	20	错一处扣 5 分	
3	其他表面加工方法的选择	分析正确	20	错一处扣 5 分	
4	其他表面加工位置安排的注意事项	表述正确	10	错一处扣 2 分	
5	至少包含 5 份文献检索目录清单	（1）数量	10	每少一个扣 2 分	
		（2）参考的主要内容要点	10	酌情赋分	
6	素质素养评价	（1）沟通交流能力	10	酌情赋分，但违反课堂纪律，不听从组长、教师安排，不得分	
		（2）团队合作			
		（3）课堂纪律			
		（4）合作探学			
		（5）自主研学			

二维码 3－15

项目三　典型轴类零件机械加工工艺规程制定

任务一　典型轴类零件机械加工工艺规程制定

3.3.1.1　任务描述

加工如图 3－1 传动轴零件，完成工艺文件的编制。

3.3.1.2　学习目标

1. 知识目标

（1）掌握编制轴类零件加工工艺文件的方法；

（2）掌握工艺实施方案的制定。

2. 能力目标

（1）能正确编制轴类零件的加工工艺文件；

（2）能正确制定工艺实施方案；

（3）能正确填写加工该零件的工艺卡片。

3. 素质素养目标

（1）培养勤于思考、精于分析的工作态度，善于发现和解决问题；

（2）培养投身实践、知行合一、精益求精的工匠精神；

（3）培养严谨的工作态度

3.3.1.3　任务分析

1. 重点

编制轴类零件的加工工艺文件。

2. 难点

正确填写零件加工的工艺文件。

3.3.1.4　相关知识链接

前面我们已经学习了轴类零件加工工艺规程设计所需要的基础理论知识，这里我们以图 3-1 所示减速器中的传动轴为设计任务，进行工艺规程设计。

1. 零件工艺分析

图 3-1 所示零件是减速器中的传动轴，它属于台阶轴类零件，由圆柱面、轴肩、螺纹、螺尾退刀槽、砂轮越程槽和键槽等组成。轴肩一般用来确定安装在轴上零件的轴向位置，各环槽的作用是使零件装配时有一个正确的位置，并使加工中磨削外圆或车螺纹时退刀方便；键槽用于安装键，以传递转矩；螺纹用于安装各种锁紧螺母和调整螺母。

根据工作性能与条件，该传动轴图样（图 3-1）规定了主要轴颈 M、N，外圆 P、Q 以及轴肩 G、H、I 有较高的尺寸、位置精度和较小的表面粗糙度值，并有热处理要求，这些技术要求必须在加工中给予保证。因此，该传动轴的关键工序是轴颈 M、N 和外圆 P、Q 的加工。

2. 确定毛坯

该传动轴因其属于一般传动轴，故选 45 钢可满足其要求。

本任务中的传动轴属于中、小传动轴，并且各外圆直径尺寸相差不大，故选择 $\phi 60$ mm

的热轧圆钢作毛坯。

3. 确定主要表面的加工方法

传动轴大多是回转表面，主要采用车削与外圆磨削成形。由于该传动轴的主要表面 M、N、P、Q 的公差等级（IT6）较高，表面粗糙度 Ra 值（$Ra=0.8\ \mu m$）较小，故车削后还需磨削。外圆表面的加工方案为：粗车→半精车→磨削。

4. 确定定位基准

合理地选择定位基准，对于保证零件的尺寸和位置精度有着决定性的作用。由于该传动轴的几个主要配合表面（Q、P、N、M）及轴肩面（H、G）对基准轴线 $A-B$ 均有径向圆跳动和端面圆跳动的要求，它又是实心轴，所以应选择两端中心孔为基准，采用双顶尖装夹方法，以保证零件的技术要求。

粗基准采用热轧圆钢的毛坯外圆。中心孔加工采用三爪自定心卡盘装夹热轧圆钢的毛坯外圆，车端面、钻中心孔。但必须注意，一般不能用毛坯外圆装夹两次钻两端中心孔，而应该以毛坯外圆作粗基准，先加工一个端面，钻中心孔，车出一端外圆；然后以已车过的外圆作基准，用三爪自定心卡盘装夹（有时在上工步已车外圆处搭中心架）车另一端面，钻中心孔。如此加工中心孔，才能保证两中心孔同轴。

5. 划分阶段

对精度要求较高的零件，其粗、精加工应分开，以保证零件的质量。

该传动轴加工划分为三个阶段：粗车（粗车外圆、钻中心孔等），半精车（半精车各处外圆、台阶和修研中心孔及次要表面等），粗、精磨（粗、精磨各处外圆）。各阶段划分大致以热处理为界。

6. 热处理工序安排

轴的热处理要根据其材料和使用要求确定。对于传动轴，正火、调质和表面淬火用得较多，该轴要求调质处理，并安排在粗车各外圆之后、半精车各外圆之前。

7. 工艺路线

综合上述分析，传动轴的工艺路线如下：

下料→车两端面，钻中心孔→粗车各外圆→调质→修研中心孔→半精车各外圆，车槽，倒角→车螺纹→划键槽加工线→铣键槽→修研中心孔→磨削→检验。

8. 加工尺寸和切削用量

传动轴磨削余量可取 0.5 mm，半精车余量可选用 1.5 mm，加工尺寸可由此而定，见该轴加工工艺卡的工序内容。

车削用量的选择，单件、小批量生产时，可根据加工情况由工人确定，一般可从《机械加工工艺手册》或《切削用量手册》中选取。

9. 拟定工艺过程

定位精基准面中心孔应在粗加工之前加工，在调质之后和磨削之前各需安排一次修研中心孔的工序。调质之后修研中心孔为消除中心孔的热处理变形和氧化皮，磨削之前修研中心孔是为提高定位精基准面的精度和减小锥面的表面粗糙度值。拟订传动轴的工艺过程时，在考虑主要表面加工的同时，还要考虑次要表面的加工。在半精加工 $\phi 52$ mm、$\phi 44$ mm 及 M24 mm 外圆时，应车到图样规定的尺寸，同时加工出各退刀槽、倒角和螺纹；三个键槽应在半精车后以及磨削之前铣削加工出来，这样可保证铣键槽时有较精确的定位基准，又可避免在精磨后铣键槽时破坏已精加工的外圆表面。

在拟订工艺过程时，应考虑检验工序的安排及检查项目和检验方法的确定。

二维码 3–16

10. 填写工艺文件

按照上述步骤，完成传动轴加工工艺过程卡、工序卡等工艺文件的编制。

3.3.1.5 任务实施

3.3.1.5.1 学生分组

学生分组表 3–6

班级		组号		授课教师	
组长		学号			
组员	姓名	学号	姓名	学号	

3.3.1.5.2 完成任务工单

任务工作单

组号：_____ 姓名：_____ 学号：_____ 检索号：__33152–1__

引导问题：

（1）分析不同生产类型时，零件的工艺文件有什么区别？

_____

_____

（2）填写工艺文件时要注意什么问题？

_____

（3）如图 3-1 所示零件技术要求的主要加工技术难点是什么？

（4）分析工艺文件，能否根据以往的加工经验提出合理化的优化建议？

（5）根据加工如图 3-1 所示零件的工艺文件，针对本人所要完成的加工任务要求，列出所需刀具、夹具和量具清单，根据清单准备刀具、夹具和量具等。

3.3.1.5.3　合作探究

任务工作单

组号：_____　　姓名：_____　　学号：_____　　检索号：___33153-1___

引导问题：

（1）小组讨论，教师参与，确定任务工作单 33152-1 的最优答案，并检讨自己存在的不足。

（2）每组推荐一个小组长，进行汇报。根据汇报情况，再次检讨自己的不足。

3.3.1.6　评价反馈

任务工作单

组号：_____　　姓名：_____　　学号：_____　　检索号：___3316-1___

自我检测表

班级		组名		日期	年　月　日
评价指标	评价内容			分数/分	分数评定
信息收集能力	能有效利用网络、图书资源查找有用的相关信息等；能将查到的信息有效地传递到学习中			10	
感知课堂生活	是否能在学习中获得满足感，课堂生活的认同感			10	
参与态度沟通能力	积极主动与教师、同学交流，相互尊重、理解、平等；与教师、同学之间是否能够保持多向、丰富、适宜的信息交流			10	

评价指标	评价内容	分数/分	分数评定
参与态度 沟通能力	能处理好合作学习和独立思考的关系，做到有效学习；能提出有意义的问题或能发表个人见解	10	
知识、能力 获得情况	分析生产类型不同时，工艺文件的不同：	10	
	填写工艺文件的注意事项：	10	
	如图 3-1 所示零件的主要加工技术难点：	10	
	能否提出改进工艺的建议：	10	
	能根据加工如图 3-1 所示零件的工艺文件，列出所需量具、刀具、夹具清单：	10	
辩证思维 能力	是否能发现问题、提出问题、分析问题、解决问题、创新问题	5	
自我反思	按时保质地完成任务；较好地掌握知识点；具有较为全面、严谨的思维能力，并能条理清楚、明晰地表达成文	5	
自评分数			
总结提炼			

任务工作单

组号：_____　　姓名：_____　　学号：_____　　检索号：__3316-2__

小组内互评验收表

验收组长		组名		日期	年　月　日
组内验收成员					
任务要求	能分析生产类型不同时，工艺文件的不同；填写工艺文件的注意事项；如图 3-1 所示零件的主要加工技术难点；能否提出改进工艺的建议；能根据加工如图 3-1 所示零件的工艺文件，列出所需量具、刀具、夹具清单；文献检索目录清单				
验收文档清单	被评价人完成的 33152-1 任务工作单				
	文献检索目录清单				

	评分标准	分数/分	得分
验收评分	能分析生产类型不同时，工艺文件的不同，错一处扣5分	20	
	填写工艺文件的注意事项，错一处扣5分	20	
	如图3-1所示零件的主要加工技术难点，错一处扣5分	20	
	能否提出改进工艺的建议，错一处扣5分	20	
	能根据加工如图3-1所示零件的工艺文件，列出所需量具、刀具、夹具清单，错一处扣1分	10	
	提供文献检索目录清单，至少5份，缺一份扣4分	10	
评价分数			
不足之处			

任务工作单

被评组号：_____　　检索号：__3316-3__

小组间互评表

班级		评价小组		日期	年　月　日
评价指标	评价内容			分数/分	分数评定
汇报表述	表述准确			15	
	语言流畅			10	
	准确反映改组完成情况			15	
内容正确度	内容正确			30	
	句型表达到位			30	
互评分数					

二维码 3-17

任务工作单

组号：_____　姓名：_____　学号：_____　检索号：__3316-4__

任务完成情况评价表

任务名称	典型轴类零件机械加工工艺规程制定			总得分		
评价依据	被评价人完成的 33152-1 任务工作单					
序号	任务内容及要求		配分/分	评分标准	教师评价	
					结论	得分
1	能分析生产类型不同时，工艺文件的不同	表述正确	15	错一处扣 2 分		
2	填写工艺文件的注意事项	表述正确	15	错一处扣 2 分		
3	如图 3-1 所示零件的主要加工技术难点	分析正确	15	错一处扣 2 分		
4	能否提出改进工艺的建议	表述正确	15	错一处扣 2 分		
5	能根据加工如图 3-1 所示零件的工艺文件，列出所需量具、刀具、夹具清单	表述正确	20	错一处扣 4 分		
6	至少包含 5 份文献检索目录清单	（1）数量	5	每少一个扣 1 分		
		（2）参考的主要内容要点	5	酌情赋分		
7	素质素养评价	（1）沟通交流能力	10	酌情赋分，但违反课堂纪律，不听从组长、教师安排，不得分		
		（2）团队合作				
		（3）课堂纪律				
		（4）合作探学				
		（5）自主研学				

二维码 3-18

模块四　盘、套类零件加工工艺设计

　　图 4-1 所示零件为盘类零件，图 4-2 所示零件为典型的套类零件。从图 4-1 和图 4-2 中可以看出，它们的主要加工面是内、外圆柱表面，主要技术要求是内、外圆柱面的同轴度要求及端面对轴线的垂直度要求等。设计这类零件的工艺规程时，要采取什么措施才能达到零件的技术要求呢？这是本模块的主要任务。

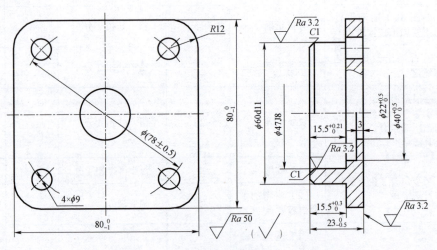

图 4-1　法兰端盖

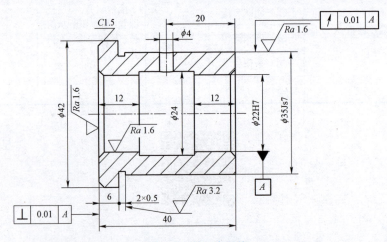

图 4-2　轴承套零件

任务一　盘、套类零件的工艺和结构特点分析

4.1.1.1　任务描述

认真阅读图 4-1 和图 4-2 所示零件图，分析盘、套类零件的工艺及结构特点。

4.1.1.2　学习目标

1. 知识目标

（1）掌握盘、套类零件的功用；
（2）掌握盘、套类零件的结构特点。

2. 知识目标

（1）能正确分析盘、套类零件的功用；
（2）能分析盘、套类零件的结构特点。

3. 素质素养目标

（1）培养善于观察和分析问题的能力；
（2）培养辩证思维能力。

4.1.1.3　重点难点

1. 重点

盘、套类零件的结构特点。

2. 难点

盘、套类零件的工艺分析及功能分析。

4.1.1.4　相关知识链接

1. 盘类零件工艺分析

1）盘类零件的功用及结构特点

盘类零件在机器中主要起支承、连接作用，主要由端面、外圆、内孔等组成，一般零件直径大于零件的轴向尺寸，如齿轮、带轮、法兰盘、端盖、套环、轴承环、螺母、垫圈等。其主要用于传递动力、改变速度、转换方向或起支承、轴向定位或密封等作用。

零件上常有轴孔；常设计有凸缘、凸台或凹坑等结构；还常有较多的螺孔、光孔、沉孔、销孔或键槽等结构；有些还具有轮辐、辐板、肋板以及用于防漏的油槽和毡圈槽等密封结构。

2）技术要求

一般盘类零件除尺寸精度、表面粗糙度要求外，其外圆对内孔有径向圆跳动（同轴度）的要求、端面对内孔有端面圆跳动和垂直度的要求及两端面之间的平行度要求等。

3）法兰端盖零件分析

如图 4-1 所示，该零件的底板为 80_{-1}^{0} mm×80_{-1}^{0} mm 的正方形，它的周边不需要加工，精度直接由铸造保证；底板上有 4 个均匀分布的通孔 $\phi 9$ mm，其作用是将法兰端盖与其他零件相连接；外圆面 $\phi 60d11$ 是与其他零件相配合的基孔制的轴；内圆面 $\phi 47J8$ 是与其他零件相配合的基轴制的孔。它们的表面粗糙度 Ra 值均为 3.2 μm，该零件的精度要求较低，可以采用一般加工工艺完成。

2. 套类零件工艺分析

1）套类零件的功用及结构特点

套类零件是一种应用范围很广的机械零件，在机器中主要起支承和导向作用，例如，支承回转轴的各种形式的滑动轴承、夹具体中的导向套、液压系统中的液压缸以及内燃机上的气缸套等。套类零件由于功用不同，其结构和尺寸有较大差别，但也有共同之处：零件结构不太复杂，主要由有较高同轴要求的内、外圆表面组成；零件的壁厚较小，易产生变形；轴向尺寸一般大于外圆直径；长径比大于 5 的深孔比较多。

2）套类零件的主要技术要求

（1）内孔及外圆的尺寸精度、表面粗糙度以及圆度要求；

（2）内、外圆之间的同轴度要求；

（3）定位端面与孔轴线的垂直度要求。

3）轴承套零件分析

如图 4-2 所示的轴承套，材料为 ZQSn6-6-3，每批数量为 200 件。

该轴承套属于短套筒，材料为锡青铜。其主要技术要求为：$\phi 34js7$ 外圆对 $\phi 22H7$ 孔的径向圆跳动公差为 0.01 mm；左端面对 $\phi 22H7$ 孔轴线的垂直度公差为 0.01 mm。轴承套外圆为 IT7 级精度，采用精车可以满足要求；内孔精度也为 IT7 级，采用精车可以满足要求。内孔的加工方案为：钻孔→半精车→精车。

由于外圆对内孔的径向圆跳动要求在 0.01 mm 内，因此精车外圆时应以内孔为定位基准，使轴承套在小锥度心轴上定位，用两顶尖装夹。这样可使加工基准和测量基准一致，容易达到图纸要求。

端面应与内孔在一次装夹中加工出，以保证端面与内孔轴线的垂直度在 0.01 mm 以内。

4.1.1.5 任务实施

4.1.1.5.1 学生分组

学生分组表 4-1

班级		组号		授课教师	
组长		学号			
组员	姓名	学号		姓名	学号

4.1.1.5.2 完成任务工单

任务工作单

组号：_____ 姓名：_____ 学号：_____ 检索号：__41152-1__

引导问题：

（1）盘、套类零件的功用主要是什么？

_____

_____

（2）谈谈盘、套类零件的结构特点。

_____

_____

（3）盘、套类零件的主要技术要求和加工技术难点是什么？

_____

_____

4.1.1.5.3 合作探究

任务工作单

组号：_____ 姓名：_____ 学号：_____ 检索号：__41153-1__

引导问题：

（1）小组讨论，教师参与，确定任务工作单 41152-1 的最优答案，并检讨自己存在的不足。

_____

_____

（2）每组推荐一个小组长，进行汇报。根据汇报情况，再次检讨自己的不足。

4.1.1.6 评价反馈

任务工作单

组号：_____　姓名：_____　学号：_____　检索号：__4116-1__

自我检测表

班级		组名		日期	年　月　日
评价指标	评价内容			分数/分	分数评定
信息收集能力	能有效利用网络、图书资源查找有用的相关信息等；能将查到的信息有效地传递到学习中			10	
感知课堂生活	是否能在学习中获得满足感，课堂生活的认同感			10	
参与态度沟通能力	积极主动与教师、同学交流，相互尊重、理解、平等；与教师、同学之间是否能够保持多向、丰富、适宜的信息交流			10	
	能处理好合作学习和独立思考的关系，做到有效学习；能提出有意义的问题或能发表个人见解			10	
知识、能力获得情况	盘、套类零件的主要作用：			10	
	盘、套类零件的结构特点：			10	
	盘、套零件的主要技术要求：			10	
	盘、套类零件的主要加工难点：			10	
辩证思维能力	是否能发现问题、提出问题、分析问题、解决问题、创新问题			10	
自我反思	按时保质地完成任务；较好地掌握知识点；具有较为全面、严谨的思维能力，并能条理清楚、明晰地表达成文			10	
自评分数					
总结提炼					

任务工作单

组号：_____ 姓名：_____ 学号：_____ 检索号：<u>4116−2</u>

小组内互评验收表

验收组长		组名		日期	年 月 日
组内验收成员					
任务要求	盘、套类零件的主要作用；盘、套类零件的结构特点；盘、套类零件的主要技术要求；盘、套类零件的主要加工难点；文献检索目录清单				
验收文档清单	被评价人完成的41152−1任务工作单				
	文献检索目录清单				
验收评分	评分标准		分数/分		得分
	能盘、套类零件的主要作用，错一处扣5分		20		
	盘、套类零件的结构特点，错一处扣5分		20		
	盘、套类零件的主要技术要求，错一处扣5分		20		
	盘、套类零件的主要加工难点，错一处扣5分		20		
	提供文献检索目录清单，至少5份，缺一份扣4分		20		
评价分数					
不足之处					

任务工作单

被评组号：_____ 检索号：<u>4116−3</u>

小组间互评表

班级		评价小组		日期	年 月 日
评价指标	评价内容		分数/分		分数评定
汇报表述	表述准确		15		
	语言流畅		10		
	准确反映改组完成情况		15		
内容正确度	内容正确		30		
	句型表达到位		30		
互评分数					

二维码 4−1

任务工作单

组号：_____ 姓名：_____ 学号：_____ 检索号：__4116-4__

任务完成情况评价表

任务名称		盘、套类零件的工艺和结构特点分析		总得分		
评价依据		被评价人完成的 41152-1 任务工作单				
序号	任务内容及要求		配分/分	评分标准	教师评价	
					结论	得分
1	能盘、套类零件的主要作用	表述正确	20	错一处扣 4 分		
2	盘、套类零件的结构特点	表述正确	20	错一处扣 4 分		
3	盘、套类零件的主要技术要求	表述正确	20	错一处扣 4 分		
4	盘、套类零件的主要加工难点	表述正确	20	错一处扣 4 分		
5	至少包含 5 份文献检索目录清单	（1）数量	5	每少一个扣 1 分		
		（2）参考的主要内容要点	5	酌情赋分		
6	素质素养评价	（1）沟通交流能力	10	酌情赋分，但违反课堂纪律，不听从组长、教师安排，不得分		
		（2）团队合作				
		（3）课堂纪律				
		（4）合作探学				
		（5）自主研学				

二维码 4-2

任务二 盘、套类零件材料、毛坯及热处理方式选择

4.1.2.1 任务描述

生产制造如图 4-1 和图 4-2 所示盘、套类零件，选择制造零件的材料、毛坯及热处理方式。

1. 知识目标

（1）掌握盘、套类零件材料的选择方法；
（2）掌握盘、套类零件毛坯的选择方法；
（3）掌握盘、套类零件热处理方式的选择方法。

2. 知识目标

（1）能正确选择盘、套类零件的材料；
（2）能正确选择盘、套类零件的毛坯
（3）能正确选择盘、套类零件的热处理方式。

3. 素质素养目标

（1）培养善于抓住主要矛盾，解决、分析问题的能力；
（2）培养大局意识及把握全局的能力。

4.1.2.3　重点难点

1. 重点

盘、套类零件的材料的选择。

2. 难点

盘、套类零件毛坯形式和热处理方式的选择。

4.1.2.4　相关知识链接

1. 盘类零件的材料与毛坯

盘类零件常采用钢、铸铁、青铜或黄铜制成。孔径小的盘一般选择热轧或冷拔棒料，根据不同材料，亦可选择实心铸件，当孔径较大时可作预孔。若生产批量较大，则选择冷挤压等先进毛坯制造工艺，既可提高生产率，又可节约材料。

2. 套类零件的材料与毛坯

套类零件常用材料是钢、铸铁、青铜或黄铜等。有些要求较高的零件，为节省贵重材料而采用双层金属结构，即在钢或铸铁套筒的内壁或外套上浇注一层巴氏合金、锡青铜或铅青铜等材料，来提高零件寿命。

套类零件的毛坯主要根据零件材料、形状结构、尺寸大小及生产批量等因素来选。孔径较小时（如 $d<20$ mm），可选棒料，也可采用实心铸件；孔径较大时，可选用带预孔的铸件或锻件，壁厚较小且较均匀时，还可选用管料。当生产批量较大时，还可采用冷挤压和粉末冶金等先进毛坯制造工艺，可在提高毛坯精度的基础上提高生产率，节约用材。

3. 热处理方式选择

热处理方式可以参照模块三的相关内容，分析选择。

4.1.2.5 任务实施

4.1.2.5.1 学生分组

学生分组表 4-2

班级		组号		授课教师	
组长		学号			
组员	姓名	学号	姓名	学号

4.1.2.5.2 完成任务工单

任务工作单

组号：_____　姓名：_____　学号：_____　检索号：__41252-1__

引导问题：

（1）如何选择盘、套类零件的材料？

_____

（2）如何选择盘、套类零件的毛坯形式？

_____

（3）如何确定盘、套类零件的热处理方式？

_____

4.1.2.5.3 合作探究

任务工作单

组号：_____　姓名：_____　学号：_____　检索号：__41153-1__

引导问题：

（1）小组讨论，教师参与，确定任务工单 41252-1 的最优答案，并检讨自己存在的不足。

_____

（2）每组推荐一个小组长，进行汇报。根据汇报情况，再次检讨自己的不足。

4.1.2.6　评价反馈

任务工作单

组号：＿＿＿＿＿　　姓名：＿＿＿＿＿　　学号：＿＿＿＿＿　　检索号：4126－1

自我检测表

班级			组名		日期	年　月　日
评价指标	评价内容				分数/分	分数评定
信息收集能力	能有效利用网络、图书资源查找有用的相关信息等；能将查到的信息有效地传递到学习中				5	
感知课堂生活	是否能在学习中获得满足感，课堂生活的认同感				5	
参与态度沟通能力	积极主动与教师、同学交流，相互尊重、理解、平等；与教师、同学之间是否能够保持多向、丰富、适宜的信息交流				10	
	能处理好合作学习和独立思考的关系，做到有效学习；能提出有意义的问题或能发表个人见解				10	
知识、能力获得情况	盘、套类零件材料的选择：				20	
	确定不同工况下，盘、套类零件的毛坯形式：				20	
	确定不同工况下，盘、套类零件的热处理形式：				20	
辩证思维能力	是否能发现问题、提出问题、分析问题、解决问题、创新问题				5	
自我反思	按时保质地完成任务；较好地掌握知识点；具有较为全面、严谨的思维能力，并能条理清楚、明晰地表达成文				5	
自评分数						
总结提炼						

任务工作单

组号：_____ 姓名：_____ 学号：_____ 检索号：__4126-2__

小组内互评验收表

验收组长		组名		日期	年　月　日
组内验收成员					
任务要求	盘、套类零件材料的选择；确定不同工况下，盘、套类零件的毛坯形式；确定不同工况下，盘、套类零件的热处理形式；文献检索目录清单				
验收文档清单	被评价人完成的 41252-1 任务工作单				
	文献检索目录清单				
验收评分	评分标准		分数/分		得分
	盘、套类零件材料的选择，错一处扣 5 分		25		
	确定不同工况下盘、套类零件的毛坯形式，错一处扣 5 分		25		
	确定不同工况下，盘、套类零件的热处理形式，错一处扣 5 分		25		
	提供文献检索目录清单，至少 5 份，缺一份扣 5 分		25		
	评价分数				
不足之处					

任务工作单

被评组号：_____ 检索号：__4126-3__

小组间互评表

班级		评价小组		日期	年　月　日
评价指标	评价内容		分数/分		分数评定
汇报表述	表述准确		15		
	语言流畅		10		
	准确反映该组完成情况		15		
内容正确度	内容正确		30		
	句型表达到位		30		
	互评分数				

二维码 4-3

任务工作单

组号：_____ 姓名：_____ 学号：_____ 检索号：__4126-4__

任务完成情况评价表

任务名称	盘、套类零件材料、毛坯及热处理方式选择				总得分	
评价依据	学生完成的 41152-1 任务工作单					

序号	任务内容及要求		配分/分	评分标准	教师评价	
					结论	得分
1	盘、套类零件材料的选择	表述正确	25	错一处扣 5 分		
2	确定不同工况下，盘、套类零件的毛坯形式	表述正确	25	错一处扣 5 分		
3	确定不同工况下，盘、套类零件的热处理形式	表述正确	25	错一处扣 5 分		
4	至少包含 5 份文献检索目录清单	（1）数量	10	每少一个扣 2 分		
		（2）参考的主要内容要点	5	酌情赋分		
5	素质素养评价	（1）沟通交流能力	10	酌情赋分，但违反课堂纪律，不听从组长、教师安排，不得分		
		（2）团队合作				
		（3）课堂纪律				
		（4）合作探学				
		（5）自主研学				

二维码 4-4

项目二　盘、套类零件常见表面加工方法选择

　　盘、套类零件的主要加工表面是内、外圆柱表面等，外圆柱表面的加工方法在前面已经做了较为详细的分析、讲解，本项目重点分析研究内圆柱表面（内孔）的常见加工方法。

内孔表面加工方法较多，常用的有钻孔、扩孔、铰孔、镗孔、磨孔、拉孔、研磨孔、珩磨孔、滚压孔等。

任务一　内孔加工方法的选择及应用

4.2.1.1　任务描述

生产制造如图 4-1 和图 4-2 所示盘、套类零件，确定盘、套类零件常见表面的加工方法。

4.2.1.2　学习目标

1. 知识目标

（1）掌握盘、套类零件常见表面的加工方法；
（2）掌握盘、套类零件表面加工方法的应用知识。

2. 知识目标

能正确选择加工盘、套类零件常见表面的加工方法。

3. 素质素养目标

（1）培养成本、质量、效益意识；
（2）培养把握全局及分析和解决问题的能力。

4.2.1.3　重点难点

1. 重点

盘、套类零件常见表面的加工方法。

2. 难点

盘、套类零件常见表面加工方法的应用。

4.2.1.4　相关知识链接

1. 钻孔

用钻头在工件实体部位加工孔称为钻孔。钻孔属粗加工，可达到的尺寸公差等级为 IT13～IT11，表面粗糙度值为 $Ra50～12.5\ \mu m$。钻孔最常用的刀具是麻花钻，由于麻花钻长度较长，钻芯直径小而刚性差，又有横刃的影响，故钻孔加工有其独特的工艺特点。

钻削工艺的特点如下。

1）钻头容易偏斜

由于横刃的影响定心不准，切入时钻头容易引偏，且钻头的刚性和导向作用较差，切削时钻头容易弯曲。在钻床上钻孔时，容易引起孔的轴线偏移和不直，但孔径无显著变化；在车床上钻孔时，容易引起孔径的变化，但孔的轴线仍然是直的。因此，在钻孔前应先加工孔口端面，并用中心钻或定心钻预钻一个锥坑，以便钻头定心。钻小孔和深孔时，为了避免孔的轴线偏移和不直，应尽可能采用工件回转方式进行钻孔。

2）孔径容易扩大

钻削时钻头两切削刃径向力不等将引起孔径扩大，卧式车床钻孔时的切入引偏也是孔径扩大的重要原因，此外钻头的径向跳动等也是造成孔径扩大的原因。

3）孔的表面质量较差

钻削切屑较宽，在孔内被迫卷为螺旋状，流出时与孔壁发生摩擦而刮伤已加工表面。

4）钻削时轴向力大

这主要是由钻头的横刃引起的。试验表明，钻孔时 50%的轴向力和 15%的扭矩是由横刃产生的。因此，当钻孔直径 $d>30$ mm 时，一般分两次进行钻削。第一次钻出（0.5～0.7）d，第二次钻到所需的孔径。由于横刃第二次不参加切削，故可采用较大的进给量，使孔的表面质量和生产率均得到提高。

2. 扩孔

扩孔是用扩孔钻对已钻出的孔做进一步加工，以扩大孔径并提高精度和降低表面粗糙度值。扩孔可达到的尺寸公差等级为 IT11～IT10，表面粗糙度值为 Ra12.5～6.3 μm，属于孔的半精加工方法，常作为铰削前的预加工，也可作为精度不高的孔的终加工。

直径 ϕ10～ϕ32 mm 的为锥柄扩孔钻，直径 ϕ25～ϕ80 mm 的为套式扩孔钻。

扩孔钻的结构与麻花钻相比有以下特点：

（1）刚性较好。扩孔的背吃刀量小，切屑少，扩孔钻的容屑槽浅而窄，钻芯直径较大，增加了扩孔钻工作部分的刚性。

（2）导向性好。扩孔钻有 3～4 个刀齿，刀具周边的棱边数增多，导向作用相对增强。

（3）切屑条件较好。扩孔钻无横刃参加切削，切削轻快，可采用较大的进给量，生产率较高；又因切屑少，排屑顺利，故不易刮伤已加工表面。

因此扩孔与钻孔相比，加工精度高，表面粗糙度值较低，且可在一定程度上校正钻孔的轴线误差。此外，适用于扩孔的机床与钻孔相同。

在加工中心上进行扩孔的方式除与普通扩孔加工相同以外，还可使用键槽铣刀或其他立铣刀进行扩孔加工，它比用普通扩孔钻进行扩孔的加工精度高，同时还可纠正钻孔时可能产生的加工误差。

3. 铰孔

铰孔是在半精加工（扩孔或半精镗）的基础上对孔进行的一种精加工方法。铰孔的尺寸公差等级可达 IT9～IT6，表面粗糙度值可达 Ra3.2～0.2 μm。

铰孔的方式有机铰和手铰两种。在机床上进行铰削称为机铰，用手工进行铰削称为手铰。铰刀一般分为机用铰刀和手用铰刀两种形式。

机用铰刀可分为带柄的（直径 ϕ1～ϕ20 mm 为直柄，直径 ϕ10～ϕ32 mm 为锥柄）和套式的（直径 ϕ25～ϕ80 mm）。手用铰刀可分为整体式和可调式两种。铰削不仅可以用来加工圆柱形孔，也可用锥度铰刀加工圆锥形孔。

1）铰削方式

铰削的余量很小，若余量过大，则切削温度高，会使铰刀直径膨胀导致孔径扩大，使切屑增多而擦伤孔的表面；若余量过小，则会留下原孔的刀痕而影响表面粗糙度。一般粗铰余量为 0.15～0.25 mm，精铰余量为 0.05～0.15 mm。铰削应采用低切削速度，以免产生积屑瘤和引起振动，一般粗铰切削速度为 4～10 m/min，精铰为 1.5～5 m/min。机铰的进给量可比钻孔时高 3～4 倍，一般可达 0.5～1.5 mm/r。为了散热以及冲排屑末、减小摩擦、抑制振动和降低表面粗糙度值（铰削的切屑细碎且易粘附在刀刃上，甚至挤在孔壁与铰刀之间，而刮伤表面，扩大孔径），铰削时必须用适当的切削液冲掉切屑，减少摩擦，并降低工件和铰刀温度，防止产生刀瘤。

在车床上铰孔，若装在尾架套筒中的铰刀轴线与工件回转轴线发生偏移，则会引起孔径扩大；在钻床上铰孔，若铰刀轴线与原孔的轴线发生偏移，也会引起孔的形状误差。

2）铰削的工艺特点

（1）铰孔的精度和表面粗糙度主要不取决于机床的精度，而取决于铰刀的精度、铰刀的安装方式、加工余量、切削用量和切削液等条件。例如在相同的条件下，在钻床上铰孔和在车床上铰孔所获得的精度和表面粗糙度基本一致。

（2）铰刀为定径的精加工刀具，铰孔比精镗孔容易保证尺寸精度和形状精度，生产率也较高，对于小孔和细长孔更是如此。但由于铰削余量小，铰刀常为浮动连接，故不能校正原孔的轴线偏斜，孔与其他表面的位置精度则需由前道工序来保证。

（3）铰孔的适应性较差，一定直径的铰刀只能加工一种直径和尺寸公差等级的孔，如需提高孔径的公差等级，则需对铰刀进行研磨。铰削的孔径一般小于 $\phi 80$ mm，常用于 $\phi 40$ mm 以下。对于阶梯孔和盲孔则铰削的工艺性较差。

3）铰孔时的工作要点

（1）装夹要可靠，将工件夹正、夹紧，对薄壁零件，要防止夹紧力过大而将孔夹扁。

（2）手铰时，两手用力要平衡、均匀、稳定，以免在孔的进口处出现喇叭孔或孔径扩大；进给时，不要猛力推压铰刀，而应一边旋转、一边轻轻加压，否则孔表面会很粗糙。

（3）铰刀只能顺转，否则切屑扎在孔壁和刀齿后刀面之间，既会将孔壁拉毛，又易使铰刀磨损，甚至崩刃。

（4）当手铰刀被卡住时，不要猛力扳转绞手，而应及时取出铰刀，清除切屑，检查铰刀后再继续缓慢进给。

（5）机铰退刀时，应先退出刀后再停车。铰通孔时铰刀的标准部分不要全出头，以防孔的下端被刮坏。

（6）机铰时要注意机床主轴、铰刀及待铰孔三者间的同轴度是否符合要求，对高精度孔，必要时应采用浮动铰刀夹头装夹铰刀。

4. 镗孔、车孔

镗孔是用镗刀对已钻出、铸出或锻出的孔做进一步的加工，可在车床、镗床或铣床上进行。镗孔是常用的孔加工方法之一，可分为粗镗、半精镗和精镗。粗镗的尺寸公差等级为 IT13～IT11，表面粗糙度值为 $Ra12.5～6.3$ μm；半精镗的尺寸公差等级为 IT10～IT9，表面粗糙度值为 $Ra3.2～1.6$ μm；精镗的尺寸公差等级为 IT8～IT7，表面粗糙度值为 $Ra1.6～0.8$ μm。

1）车床车孔

车不通孔或具有直角台阶的孔，车刀可先做纵向进给运动，切至孔的末端时车刀改做横向进给运动，再加工内端面，这样可使内端面与孔壁良好衔接。车削内孔凹槽时，将车刀伸入孔内，先做横向进刀，切至所需的深度后再做纵向进给运动。

车床上车孔是工件旋转、车刀移动，孔径大小可由车刀的切深量和走刀次数予以控制，操作较为方便。车床车孔多用于加工盘、套类和小型支架类零件的孔。

2）镗孔

（1）镗床镗孔。镗床镗孔主要有以下三种方式：

① 镗床主轴带动刀杆和镗刀旋转，工作台带动工件做纵向进给运动。这种方式镗削的孔径一般小于 120 mm。

② 镗床主轴带动刀杆和镗刀旋转，并做纵向进给运动。这种方式主轴悬伸的长度不断增大，刚性随之减弱，一般只用来镗削长度较短的孔。

上述两种镗削方式，孔径的尺寸和公差要由调整刀头伸出的长度来保证，需要进行调整、试镗和测量，孔径合格后方能正式镗削，其操作技术要求较高。

③ 镗床平旋盘带动镗刀旋转，工作台带动工件做纵向进给运动。镗床平旋盘可随主轴箱上、下移动，自身又能做旋转运动，其中部的径向刀架可做径向进给运动，也可处于所需的任一位置上。

镗床主要用于镗削大中型支架或箱体的支承孔、内槽和孔的端面，也可用来钻孔、扩孔、铰孔、铣槽和铣平面。

（2）铣床镗孔。在卧式铣床上镗孔，镗刀杆装在卧式铣床的主轴锥孔内做旋转运动，工件安装在工作台上做横向进给运动。

（3）浮动镗削。如上所述，车床、镗床和铣床镗孔多用单刃镗刀。在成批或大量生产时，对于孔径大（>ϕ80 mm）、孔深长、精度高的孔，均可用浮动镗刀进行精加工。

浮动镗削实质上相当于铰削，其加工余量以及可达到的尺寸精度和表面粗糙度值均与铰削类似。浮动镗削的优点是易于稳定地保证加工质量，操作简单，生产率高，但不能校正原孔的位置误差，因此孔的位置精度应在前面的工序中得到保证。

5）镗削的工艺特点。

单刃镗刀镗削具有以下特点：

① 镗削的适应性强。镗削可在钻孔、铸出孔和锻出孔的基础上进行，可达到的尺寸公差等级和表面粗糙度值的范围较广；除直径很小且较深的孔以外，各种直径和各种结构类型的孔几乎均可镗削。

② 镗削可有效地校正原孔的位置误差，但由于镗杆直径受孔径的限制，一般其刚性较差，易弯曲和振动，故镗削质量的控制（特别是细长孔）不如铰削方便。

③ 镗削的生产率低。因为镗削需用较小的切深和进给量进行多次走刀以减小刀杆的弯曲变形，且在镗床和铣床上镗孔需调整镗刀在刀杆上的径向位置，故操作复杂、费时。

④ 镗削广泛应用于单件小批生产中各类零件的孔加工。在大批量生产中，镗削支架和箱体的轴承孔需用镗模。

5. 拉孔

拉孔是一种高效率的精加工方法，除拉削圆孔外，还可拉削各种截面形状的通孔及内键槽。拉削圆孔可达的尺寸公差等级为 IT9～IT7，表面粗糙度值为 Ra1.6～0.4 μm。

1）圆孔拉刀的结构

拉削可看作是按高低顺序排列的多把刨刀进行的刨削，如图4-3所示。圆孔拉刀的结构如图4-4所示，其各部分的作用如下。

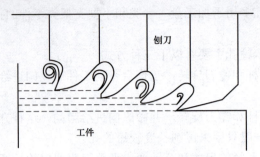

图4-3 多刃刨刀刨削示意图

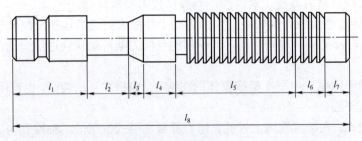

图4-4 圆孔拉刀

（1）柄部 l_1 是拉床刀夹夹住拉刀的部位。

（2）颈部 l_2 直径最小，当拉削力过大时，一般在此断裂，便于焊接修复。

（3）过渡锥 l_3 的作用是引导拉刀进入被加工的孔中。

（4）前导部分 l_4 可保证工件平稳过渡到切削部分，同时可检查拉削前的孔径是否过小，以免第一个刀齿负载过大而被损坏。

（5）切削部分 l_5 包括粗切齿和精切齿，承担主要的切削工作。

（6）校准部分 l_6 为校准齿，其作用是校正孔径，修光孔壁。当切削齿刃磨后直径减小时，前几个校准齿则依次磨成切削齿。

（7）后导部分 l_7 的作用是在拉刀刀齿切离工件时，防止工件下垂刮伤已加工表面和损坏刀齿。

2）拉削加工

（1）拉削圆孔。拉削的孔径一般为 $\phi 8 \sim \phi 125$ mm，孔的长径比一般不超过5。拉削前一般不需要精确的预加工，钻削或粗镗后即可拉削。若工件端面与孔轴线不垂直，则将端面贴靠在拉床的球面垫圈上，在拉削力的作用下，工件连同球面垫圈一起略微转动，使孔的轴线自动调节到与拉刀轴线方向一致，以避免拉刀折断。

（2）拉削内键槽。键槽拉刀呈扁平状，上部为刀齿。工件与拉刀的正确位置由导向元件来保证。

3）拉削的工艺特点

（1）拉削时拉刀多齿同时工作，在一次行程中完成粗、精加工，因此生产率高。

（2）拉刀为定尺寸刀具，且有校准齿进行校准和修光；拉床采用液压系统，传动平稳，拉削速度很低（2～8 m/min），切削厚度薄，不会产生积屑瘤，因此拉削可获得较高的加工质量。

（3）拉刀制造复杂，成本昂贵，一把拉刀只适用于一种规格尺寸的孔或键槽，因此拉削主要用于大批大量生产或定型产品的成批生产。

（4）拉削不能加工台阶孔和盲孔。此外，由于拉床的工作特点，故某些复杂零件的孔也不宜进行拉削，例如箱体上的孔。

6. 磨孔

磨孔是孔的精加工方法之一，可达到的尺寸公差等级为 IT8～IT6，表面粗糙度值为 $Ra0.8～0.4\ \mu m$。

磨孔可在内圆磨床或万能外圆磨床上进行，使用端部具有内凹锥面的砂轮可在一次装夹中磨削孔和孔内台阶面。

磨孔和磨外圆相比有以下不利的方面：

（1）磨孔的表面粗糙度值一般比外圆磨削略大，因为常用的内圆磨头其转速一般不超过20 000 r/min，而砂轮的直径小，其圆周速度很难达到外圆磨削的 35～50 m/s。

（2）磨削精度的控制不如外圆磨削方便。因为砂轮与工件的接触面积大，发热量大，冷却条件差，工件易烧伤；特别是砂轮轴细长、刚性差，容易产生弯曲变形而造成内圆锥形误差。因此，需要减小磨削深度，增加光磨行程次数。

（3）生产率较低。因为砂轮直径小、磨损快，且冷却液不容易冲走屑末，砂轮容易堵塞，故需要经常修整或更换，使辅助时间增加。此外磨削深度减少和光磨次数的增加，也必然影响生产率。因此磨孔主要用于不宜或无法进行镗削、铰削和拉削的高精度孔以及淬硬孔的精加工。

7. 孔的精密加工

1）精细镗孔

精细镗与镗孔方法基本相同，由于最初是使用金刚石作镗刀，所以又称金刚镗。这种方法常用于材料为有色金属合金和铸铁的套筒零件孔的终加工，或作为珩磨和滚压前的预加工。精细镗孔可获得精度高和表面质量好的孔，其加工的经济精度为 IT7～IT6，表面粗糙度值为 $Ra0.4～0.05\ \mu m$。

目前普遍采用硬质合金 YT30、YT15、YG3X 或人工合成金刚石和立方氮化硼作为精细镗刀具的材料。为了达到高精度与较小的表面粗糙度值，减小切削变形对加工质量的影响，采用回转精度高、刚度大的金刚镗床，并且选择的切削速度较高（切钢为 200 m/min；切铸铁为 100 m/min；切铝合金为 300 m/min）、加工余量较小（0.2～0.3 mm）、进给量较小（0.03～0.08 mm/r），以保证其加工质量。

2）珩磨

珩磨是用油石条进行孔加工的一种高效率的光整加工方法，需要在磨削或精镗的基础上进行。珩磨的加工精度高，珩磨后尺寸公差等级为 IT7～IT6，表面粗糙度值为 $Ra0.2～0.05\ \mu m$。

珩磨的应用范围很广，可加工铸铁件、淬硬和不淬硬的钢件以及青铜等，但不宜加工易堵塞油石的塑性金属。珩磨加工的孔径为$\phi 5 \sim \phi 500$ mm，也可加工$L/D>10$的深孔，因此广泛应用于加工发动机的气缸、液压装置的油缸以及各种炮筒的孔。

珩磨是低速大面积接触的磨削加工，与磨削原理基本相同。珩磨所用的磨具是由几根粒度很细的油石条组成的珩磨头。珩磨时，珩磨头的油石有三种运动：旋转运动、往复直线运动和施加压力的径向运动，如图 4-5 所示。旋转和往复直线运动是珩磨的主要运动，这两种运动的组合使油石上的磨粒在孔的内表面上的切削轨迹成交叉而不重复的网纹，如图 4-5（b）所示。径向加压运动是油石的进给运动，施加压力越大，进给量就越大。

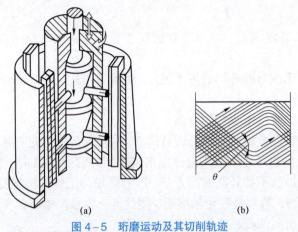

图 4-5　珩磨运动及其切削轨迹
（a）成形运动；（b）一根油石在双行程中的切削轨迹

在珩磨时，油石与孔壁的接触面积较大，参加切削的磨粒很多，因而加在每颗磨粒上的切削力很小（磨粒的垂直载荷仅为磨削的 1/50～1/100），珩磨的切削速度较低（一般在100 m/min 以下，仅为普通磨削的 1/30～1/100），且在珩磨过程中施加了大量的冷却液，所以在珩磨过程中发热少，孔的表面不易烧伤，而且加工变形层极薄，从而被加工孔可获得很高的尺寸精度、形状精度和表面质量。

为使油石能与孔表面均匀地接触，且能切去小而均匀的加工余量，珩磨头相对工件有小量的浮动。珩磨头与机床主轴是浮动连接，因此珩磨不能修正孔的位置精度和孔的直线度，孔的位置精度和孔的直线度应由珩磨前的工序给予保证。

（1）珩磨加工的特点。

① 加工精度高。精度可达 IT6，圆度、圆柱度可达 0.003～0.005 mm，但不能纠正上道工序的位置公差。

② 表面质量好。表面粗糙度可达 Ra0.2～0.04 μm，甚至为 0.02 μm，且不会烧伤表面。

③ 效率高。

④ 应用范围广。可加工$\phi 5 \sim \phi 500$ mm 的工件，长径比 L/D 可达 10，可加工铸铁、钢（淬硬、未淬硬），但不适合加工断续表面及韧性高的金属材料。

（2）珩磨主要参数的选择。

① 油石材料的选择。钢件选刚玉，铸铁选碳化硅。

② 粒度的选择。根据表面粗糙度要求不同选取，表面粗糙度要求为 Ra0.4～0.2 μm 时，选粒度为 W120～W40；表面粗糙度要求为 Ra0.2～0.04 μm 时，选粒度为 W40～W20；表面

粗糙度要求为 $Ra0.02\sim0.01\ \mu m$ 时，选粒度为 W20～W14。

③ 硬度的选择。一般选 R3～ZY1 材料。

④ 油石长度的选择。一般为 $L_x = L_k + 2a - L_s$。

⑤ 油石数量的确定。在不影响珩磨头刚度及切削液流入的情况下尽量多。

（3）切削液的选择。一般选 60%～90%的煤油加 40%～10%的硫化油或动物油。加工青铜时，用水或干珩。

（4）切削用量的选择。

粗珩：$\theta = 40°\sim60°$；精珩：$\theta = 20°\sim40°$。

圆周速度：未淬硬 36～49 m/min，淬硬 23～36 m/min，铸铁 61～70 m/min。

油石压力：粗加工铸铁 0.5～1 N/mm²，粗加工钢 0.8～2 N/mm²，精加工铸铁 0.2～0.5 N/mm²，精加工钢 0.4～0.8 N/mm²，超精加工 0.05～0.1 N/mm²。

（5）加工余量的选择。

一般在 0.1 mm 以下。

3）研磨

研磨也是孔常用的一种光整加工方法，需在精镗、精铰或精磨后进行。研磨后孔的尺寸公差等级可提高到 IT6～IT5，表面粗糙度值为 $Ra0.1\sim0.008\ \mu m$，孔的圆度和圆柱度亦相应提高。研磨孔所用的研具材料、研磨剂、研磨余量等均与研磨外圆类似。

套筒零件孔的研磨方法如图 4−6 所示。图 4−6 中的研具为可调式研磨棒，由锥度心棒和研套组成，拧动两端的螺母，即可在一定范围内调整直径的大小。在研套上有槽和缺口，作用是在调整时使研套能均匀地张开或收缩，并可存储研磨剂。

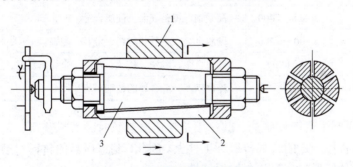

图 4−6　套类零件研磨孔的方法
1—工件（手握）；2—研套；3—心棒

研磨前，套上工件，将研磨棒安装在车床上，涂上研磨剂，调整研磨棒直径使其对工件有适当的压力，即可进行研磨。研磨时，研磨棒旋转，手握工件往复移动。

（1）研磨方法。

① 手工研磨。研磨外圆时，工件夹持在车床卡盘上或用顶尖支承，做低速回转，研具套在工件上，在研具与工件之间加入研磨剂，然后用手推动研具做往复运动。往复运动速度常为 20～70 m/min。

② 机器研磨。机器研磨效率高，可以单面研磨，也可以双面研磨。

（2）嵌砂与无嵌砂研磨。

根据磨料是否嵌入研具，研磨又可分为嵌砂和无嵌砂两种。

① 嵌砂研磨。研具材料比工件软，组织均匀，具有一定的弹性，变形小，表面无斑点。常用材料为铁、铜、铅、软钢等。

在加工中，磨料直接加入工作区域内，磨粒受挤压而自动嵌入研具的方法称为自由嵌砂法。若在加工前，事先将磨料直接挤压到研具表面中去，则称为强迫嵌砂。

嵌砂研磨主要用于精密量具的研磨。

② 无嵌砂研磨。研具材料较硬，而磨料较软（如氧化铬等），在研磨过程中，磨粒处于自由状态，不嵌入研具表面。研具材料常选用淬硬过的钢、镜面玻璃等。

（3）研磨具和研剂。

① 研磨剂。研磨剂包含磨料、研磨液和辅助材料。

磨料：应具有高硬度、高耐磨性；磨粒要有适当的锐利性，在加工中破碎后仍能保持一定的锋刃；磨粒的尺寸要大致相近，使加工中尽可能有均一的工作磨粒。常见的研磨磨料见表 4-1。

研磨液：研磨液使磨粒在研具表面上均匀散布，承受一部分研磨压力，以减少磨粒破碎，并兼有冷却、润滑作用。常用的研磨液有煤油、汽油、机油和动物油脂等。

辅助材料：辅助材料能使工件表面氧化物薄膜破坏，增加研磨效率。

表 4-1 常用的研磨磨料

种类	主要成分	显微硬度/HV	适用材料
刚玉	Al_2O_3	2 000～2 300	各种碳钢、合金钢、不锈钢
碳化硅	SiC	2 800～3 400	铸铁、其他非铁金属及其合金（青铜、铝合金）、玻璃陶瓷、石材
碳化硼	B_4C	4 400～5 400	高硬钢、镀铬表面、硬质合金
碳硅硼		5 700～6 200	硬质合金、半导体材料、宝石、陶瓷
金刚石	C	10 000	硬质合金、陶瓷、玻璃、水晶、半导体材料、宝石
氧化铬	Cr_2O_3		淬硬钢及一般金属的精细研磨和抛光

② 研具。研磨工具简称研具，其作用是使研磨剂暂时固着或获得一定的研磨运动，并将自身的几何形状按一定的方式传递到工件上。因此，制造研具的材料对磨料要有适当的嵌入性，研具自身几何形状应有长久的保持性。

（4）研磨特点。

研磨能获得其他机械加工较难达到的稳定的高精度表面，研磨过的表面其表面粗糙度小；耐磨性、耐蚀性能良好；操作技术、使用设备及工具简单；被加工材料适应范围广，无是论钢、铸铁，还是有色金属均可用研磨方法精加工，尤其是对脆性材料更显特色。其适用于多品种、小批量产品零件的加工，即只要改变研具形状就能方便地加工出各种形状的表面。但必须注意，研磨质量在很大程度上取决于前道工序的加工质量。

4）滚压

孔的滚压加工原理与滚压外圆相同。由于滚压加工效率高，故近年来多采用滚压工艺来代替珩磨工艺，效果较好。孔径滚压后尺寸精度在 0.01 mm 以内，表面粗糙度值为 $Ra0.16\ \mu m$ 或更小，表面硬化耐磨，生产效率比珩磨提高数倍。

滚压对铸件的质量有很大的敏感性，如铸件的硬度不均匀、表面疏松、含气孔和砂眼等缺陷，对滚压有很大影响。因此，对铸件油缸不可采用滚压工艺而是选用珩磨。对于淬硬套筒孔的精加工，也不宜采用滚压。

图 4-7 所示为一加工液压缸的滚压头，滚压头表面的圆锥形滚柱 3 支承在锥套 5 上，滚压时圆锥形滚柱与工件有 0.5°~1° 的斜角，使工件能逐渐弹性恢复，避免工件孔壁的表面变粗糙。

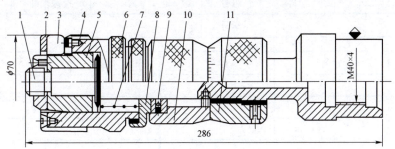

图 4-7　液压缸滚压头

1—心轴；2—盖板；3—圆锥形滚柱；4—销子；5—锥套；6—套圈；7—压缩弹簧；
8—衬套；9—止推轴承；10—过渡套；11—调节螺母

孔滚压前，通过调节螺母 11 调整滚压头的径向尺寸，旋转调节螺母可使其相对心轴 1 沿轴向移动，向左移动时，推动过渡套 10、止推轴承 9、衬套 8 及套圈 6 经销子 4，使圆锥形滚柱 3 沿锥套的表面向左移，结果使滚压头的径向尺寸缩小。当调节螺母向右移动时，由压缩弹簧 7 压移衬套，经推力轴承使过渡套始终紧贴在调节螺母的左端面，当衬套右移时，带动套圈，经盖板 2 使圆锥形滚柱也沿轴向右移，使滚压头的径向尺寸增大。滚压头径向尺寸应根据孔滚压过盈量确定，通常钢材的滚压过盈量为 0.1~0.12 mm，滚压后孔径增大 0.02~0.03 mm。

滚压用量：通常选用滚压速度 $v_c=60~80$ m/min；进给量 $f=0.25~0.35$ mm/r；切削液采用 50% 硫化油加 50% 柴油或煤油。

8. 深孔加工

深孔是指孔的深度与直径比 L/D 大于 5 的孔，一般深孔 $L/D=5~10$，其可用深孔麻花钻加工，但 L/D 大于 20 的深孔则必须用深孔刀具才能加工，如深孔钻、镗、铰、套料、滚压工具等。

深孔加工有许多不利的条件，如不能观测到切削情况，只能通过听声音、看切屑、测油压来判断排屑与刀具磨损的情况；切削热不易传散，需有效地进行冷却；孔易钻偏斜；刀柄细长，刚性差，易振动，影响孔的加工精度，排屑不良，易损坏刀具等。因此深孔刀具的主要特点是需有较好的冷却、排屑措施以及合理的导向装置。

二维码 4-5

4.2.1.5 任务实施

4.2.1.5.1 学生分组

学生分组表 4-3

班级		组号		授课教师	
组长		学号			
组员	姓名	学号		姓名	学号

4.2.1.5.2 完成任务工单

任务工作单

组号：_____   姓名：_____   学号：_____   检索号：___42152-1___

引导问题：

（1）盘、套类零件常见表面的加工方法有哪些？

_____

_____

（2）简述孔每一种加工方法的应用。

_____

_____

（3）盘、套类零件通常采用什么措施来解决同轴度问题？

_____

_____

4.2.1.5.3 合作探究

任务工作单

组号：_____   姓名：_____   学号：_____   检索号：___42153-1___

引导问题：

（1）小组讨论，教师参与，确定任务工作单 42152-1 的最优答案，并检讨自己存在的不足。

_____

（2）每组推荐一个小组长，进行汇报。根据汇报情况，再次检讨自己的不足。

_____

_____

4.2.1.6　评价反馈

任务工作单

组号：_____　姓名：_____　学号：_____　检索号：__4216－1__

自我检测表

班级			组名		日期	年　月　日
评价指标	评价内容				分数/分	分数评定
信息收集能力	能有效利用网络、图书资源查找有用的相关信息等；能将查到的信息有效地传递到学习中				5	
感知课堂生活	是否能在学习中获得满足感，课堂生活的认同感				5	
参与态度沟通能力	积极主动与教师、同学交流，相互尊重、理解、平等；与教师、同学之间是否能够保持多向、丰富、适宜的信息交流				10	
	能处理好合作学习和独立思考的关系，做到有效学习；能提出有意义的问题或能发表个人见解				10	
知识、能力获得情况	盘、套类零件常见表面的加工方法：				20	
	孔每一种加工方法的应用：				20	
	套类零件加工，为保证同轴度要求，在工艺安排上常采用什么措施：				20	
辩证思维能力	是否能发现问题、提出问题、分析问题、解决问题、创新问题				5	
自我反思	按时保质地完成任务；较好地掌握知识点；具有较为全面、严谨的思维能力，并能条理清楚、明晰地表达成文				5	
自评分数						
总结提炼						

任务工作单

组号：＿＿＿＿＿ 姓名：＿＿＿＿＿ 学号：＿＿＿＿＿ 检索号：＿4216－2＿

小组内互评验收表

验收组长		组名		日期	年 月 日
组内验收成员					
任务要求	盘、套类零件常见表面的加工方法；孔每一种加工方法的应用；套类零件加工，为保证同轴度要求，在工艺安排上常采用什么措施；文献检索目录清单				
验收文档清单	被评价人完成的 42152－1 任务工作单				
	文献检索目录清单				
验收评分	评分标准		分数/分		得分
	盘、套类零件常见表面的加工方法，错一处扣 5 分		25		
	孔加每一种加工方法的应用，错一处扣 5 分		25		
	套类零件加工，为保证同轴度要求，在工艺安排上常采用什么措施，错一处扣 5 分		25		
	提供文献检索目录清单，至少 5 份，缺一份扣 5 分		25		
	评价分数				
不足之处					

任务工作单

被评组号：＿＿＿＿＿＿＿＿＿＿＿＿＿ 检索号：＿4216－3＿

小组间互评表

班级		评价小组		日期	年 月 日
评价指标	评价内容		分数/分		分数评定
汇报表述	表述准确		15		
	语言流畅		10		
	准确反映该组完成情况		15		
内容正确度	内容正确		30		
	句型表达到位		30		
	互评分数				

二维码 4－6

任务工作单

组号：_____ 姓名：_____ 学号：_____ 检索号：__4216-4__

任务完成情况评价表

任务名称		内孔的加工方法选择及应用		总得分		
评价依据		被评价人完成的 42152-1 任务工作单				
序号	任务内容及要求		配分/分	评分标准	教师评价	
					结论	得分
1	盘、套类零件常见表面的加工方法	表述正确	25	错一处扣5分		
2	孔每一种加工方法的应用	表述正确	25	错一处扣5分		
3	套类零件加工，为保证同轴度要求，在工艺安排上常采用什么措施	表述正确	25	错一处扣5分		
4	至少包含 5 份文献检索目录清单	（1）数量	10	每少一个扣2分		
		（2）参考的主要内容要点	5	酌情赋分		
5	素质素养评价	（1）沟通交流能力	10	酌情赋分，但违反课堂纪律，不听从组长、教师安排，不得分		
		（2）团队合作				
		（3）课堂纪律				
		（4）合作探学				
		（5）自主研学				

二维码 4-7

任务二 盘、套类零件的加工方案

4.2.2.1 任务描述

生产制造如图 4-1 和图 4-2 所示盘、套类零件，确定盘、套类零件的加工方案。

4.2.2.2　学习目标

1. 知识目标

掌握盘、套类零件加工方案的制定方法。

2. 知识目标

能正确制定盘、套类零件的加工方案。

3. 素质素养目标

（1）培养成本、质量、效益意识；
（2）培养把握全局及分析和解决问题的能力。

4.2.2.3　重点难点

1. 重点

盘、套类零件加工方案的制定方法。

2. 难点

盘、套类零件加工方案的制定。

4.2.2.4　相关知识链接

1. 套类零件加工中的主要工艺问题及解决措施

1）主要工艺问题
（1）如何保证内孔精度及表面粗糙度；
（2）如何保证内、外圆之间的同轴度；
（3）如何防止加工时发生变形。
2）解决工艺问题的措施
（1）保证同轴度的方法。

① 在一次安装中加工出内、外圆柱面。此法适用于零件尺寸较短的情况。如果零件太长，一方面在加工右端时，由于中间要加工，无法采用顶尖装夹，而采用中心架，外圆又无法加工，在这种既无法采用顶尖装夹又没有中心架的情况下加工右端就会产生弯曲变形；另一方面如果零件太长，在加工内孔时刀杆会很长，从而导致刀杆刚性下降，使加工出的孔同轴度下降。

② 内、外圆柱面反复互为基准。所谓互为基准，就是加工外圆时以内孔定位，而加工内孔时以外圆定位。套类零件的主要加工部位就是外圆和内孔，采用此种方法后，可以有效地保证同轴度要求。互为基准适用于零件尺寸较长且内孔尺寸较小的情况。如果零件尺寸较短、孔径尺寸较大，则在心轴上定位不好，因为零件太大的话心轴势必也会很大，顶尖可能会支承不起。

（2）防止变形的措施。

套类零件由于壁薄，在受力和受热情况下容易产生变形，所以在加工套类零件时，要充分考虑到夹紧力的部位、作用点、大小和方向，以防止受力发生变形。同时，还要防止受热变形，因此在加工时，还需粗、精加工分开。

2. 加工顺序安排

1）外圆终加工方案

一般情况下，加工套类零件时，首先应分析内、外圆加工精度的高低，当外圆精度要求较高时，通常采用外圆最终加工方案。一般顺序为：粗加工外圆→粗、精加工内孔→精加工外圆。

这种方案适用于内孔尺寸较小、长度较长的情况。由于最终工序的夹具一般采用心轴定位，夹具简单，所以此加工路线是常用的。

2）内孔终加工方案

一般情况下，加工套类零件时，首先应分析内、外圆加工精度的高低，当内圆精度要求较高时，通常采用内圆最终加工方案。一般顺序为：粗加工内孔→粗、精加工外圆→精加工内孔。

此法适用于内孔尺寸较大、长度较短的零件，但此法存在以下缺点：如果用三爪卡盘装夹，则同轴度较低；如果用专用夹具装夹，则夹具结构较为复杂。

3. 加工方案的选择

1）外圆表面的加工方案

一般精度的外圆表面采用车削，精度高的外圆表面采用磨削。

2）内孔表面的加工方案

加工内孔主要采用钻、扩、铰、拉、车、磨、珩等方法，但各种加工方法适用的具体场合不同。

钻孔：加工 $\phi0.1\sim\phi80$ mm 的孔，主要用于 30 mm 以下的粗加工，表面粗糙度一般为 $Ra50\sim12.5$ μm，精度达 IT13～IT11。

扩孔：主要用于 $\phi30\sim\phi100$ mm 的孔，表面粗糙度一般为 $Ra6.3$ μm，精度达 IT11～IT10，孔的尺寸必须与钻头相符。

铰孔：加工 $\phi3\sim\phi150$ mm 的孔，一般分为机铰和手铰，表面粗糙度一般为 $Ra3.2\sim0.4$ μm，精度一般达 IT7～IT8，精度最高可达 IT6。其主要用于 $\phi30$ mm 以下的孔，且孔径必须与铰刀相符，同时不适合加工短孔、深孔和断续孔，其是 $\phi20$ mm 以下孔精加工的主要方法。

拉削：主要适用于大批生产，精度可达 IT8～IT7，表面粗糙度达 $Ra1.6\sim0.4$ μm，孔径必须与拉刀相符。

车削：主要用于 $\phi30$ mm 以上的孔，精度可达 IT8～IT7，表面粗糙度达 $Ra1.6\sim0.8$ μm。

一般孔的加工路线：

未淬硬的 $\phi50$ mm 以下的孔：钻→扩→铰；

有色金属和未淬硬的孔：钻→粗车→精车；

较大的淬硬及未淬硬的孔：钻→粗车→粗磨→精磨。

对于某些精度要求较高的孔，在精车及精磨后，根据需要还可以进行研磨及珩磨。

4.2.2.5 任务实施

4.2.2.5.1 学生分组

学生分组表 4-4

班级		组号		授课教师	
组长		学号			
组员	姓名	学号	姓名	学号	

4.2.2.5.2 完成任务工单

任务工作单

组号：_____ 姓名：_____ 学号：_____ 检索号：__42252-1__

引导问题：

（1）盘、套类零件加工方案的制定应该考虑哪些因素？

_____

_____

（2）盘、套类零件加工要解决的主要工艺问题是什么？解决的举措有哪些？

_____

_____

（3）确定加工图 4-1 和图 4-2 所示盘、套类零件的加工方案。

_____

_____

4.2.2.5.3 合作探究

任务工作单

组号：_____ 姓名：_____ 学号：_____ 检索号：__42253-1__

引导问题：

（1）小组讨论，教师参与，确定任务工作单 42252-1 的最优答案，并检讨自己存在的不足。

_____

_____

（2）每组推荐一个小组长，进行汇报。根据汇报情况，再次检讨自己的不足。

_____

_____

4.2.2.6　评价反馈

任务工作单

组号：_____　姓名：_____　学号：_____　检索号：__4226-1__

自我检测表

班级			组名		日期	年　月　日
评价指标	评价内容				分数/分	分数评定
信息收集能力	能有效利用网络、图书资源查找有用的相关信息等；能将查到的信息有效地传递到学习中				10	
感知课堂生活	是否能在学习中获得满足感，课堂生活的认同感				10	
参与态度沟通能力	积极主动与教师、同学交流，相互尊重、理解、平等；与教师、同学之间是否能够保持多向、丰富、适宜的信息交流				10	
	能处理好合作学习和独立思考的关系，做到有效学习；能提出有意义的问题或能发表个人见解				10	
知识、能力获得情况	制定盘、套类零件加工方案时应该考虑的因素：				10	
	盘、套类零件加工要解决的主要工艺问题：				10	
	确定加工图4-1、图4-2所示盘、套类零件的加工方案：				10	
	解决盘、套类零件加工主要工艺问题的举措：				10	
辩证思维能力	是否能发现问题、提出问题、分析问题、解决问题、创新问题				10	
自我反思	按时保质地完成任务；较好地掌握知识点；具有较为全面、严谨的思维能力，并能条理清楚、明晰地表达成文				10	
自评分数						
总结提炼						

任务工作单

组号：_____　姓名：_____　学号：_____　检索号：__4226－2__

小组内互评验收表

验收组长		组名		日期	年　月　日
组内验收成员					
任务要求	制定盘、套类零件加工方案时应该考虑的因素；盘、套类零件加工要解决的主要工艺问题；确定加工图 4－1、图 4－2 所示盘、套类零件的加工方案；解决盘、套类零件加工主要工艺问题的举措；文献检索目录清单				
验收文档清单	被评价人完成的 42152－1 任务工作单				
	文献检索目录清单				
验收评分	评分标准			分数/分	得分
	制定盘、套类零件加工方案时应该考虑的因素，错一处扣 5 分			20	
	盘、套类零件加工要解决的主要工艺问题，错一处扣 5 分			20	
	确定加工图 4－1、图 4－2 所示盘、套类零件的加工方案，错一处扣 5 分			20	
	解决盘、套类零件加工主要工艺问题的举措，错一处扣 5 分			20	
	提供文献检索目录清单，至少 5 份，缺一份扣 4 分			20	
	评价分数				
不足之处					

任务工作单

被评组号：_____　检索号：__4226－3__

小组间互评表

班级		评价小组		日期	年　月　日
评价指标	评价内容			分数/分	分数评定
汇报表述	表述准确			15	
	语言流畅			10	
	准确反映该组完成情况			15	
内容正确度	内容正确			30	
	句型表达到位			30	
	互评分数				

二维码 4－8

任务工作单

组号：_____ 姓名：_____ 学号：_____ 检索号：<u>4226－4</u>

任务完成情况评价表

任务名称	盘、套类零件的加工方案			总得分	
评价依据	被评价人完成的 42252－1 任务工作单				

序号	任务内容及要求		配分/分	评分标准	教师评价	
					结论	得分
1	制定盘、套类零件加工方案时应该考虑的因素	表述正确	20	错一处扣 5 分		
2	盘、套类零件加工要解决的主要工艺问题	表述正确	20	错一处扣 5 分		
3	确定加工图 4－1、图 4－2 所示盘、套类零件的加工方案	表述正确	20	错一处扣 5 分		
4	解决盘、套类零件加工主要工艺问题的举措	表述正确	20	错一处扣 5 分		
5	至少包含 5 份文献检索目录清单	（1）数量	5	每少一个扣 1 分		
		（2）参考的主要内容要点	5	酌情赋分		
6	素质素养评价	（1）沟通交流能力	10	酌情赋分，但违反课堂纪律，不听从组长、教师安排，不得分		
		（2）团队合作				
		（3）课堂纪律				
		（4）合作探学				
		（5）自主研学				

二维码 4－9

项目三　典型盘、套类零件机械加工工艺规程制定

任务一　典型盘、套类零件机械加工工艺规程制定

4.3.1.1　任务描述

生产制造如图 4－1 和图 4－2 所示盘、套类零件，制定加工工艺规程。

4.3.1.2 学习目标

1. 知识目标

掌握盘、套类零件加工工艺规程的制定方法。

2. 知识目标

能正确制定盘、套类零件加工工艺规程。

3. 素质素养目标

（1）培养分析和解决问题的创新意识；
（2）培养质量、成本、效益意识；
（3）培养低碳环保意识。

4.3.1.3 重点难点

1. 重点

盘、套类零件加工工艺规程的制定方法。

2. 难点

盘、套类零件加工工艺规程的制定。

4.3.1.4 相关知识链接

1. 轴承套加工工艺编制

如图 4-2 所示的轴承套，材料为 ZQSn6-6-3，每批数量为 200 件。

1）轴承套的技术条件和工艺分析

该轴承套属于短套筒，材料为锡青铜。其主要技术要求为：$\phi 34js7$ 外圆对 $\phi 22H7$ 孔的径向圆跳动公差为 0.01 mm；左端面对 $\phi 22H7$ 孔轴线的垂直度公差为 0.01 mm。轴承套外圆为 IT7 级精度，采用精车可以满足要求；内孔精度也为 IT7 级，采用铰孔可以满足要求。内孔的加工顺序为：钻孔→半精车→精车。

由于外圆对内孔的径向圆跳动要求在 0.01 mm 内，因此精车外圆时应以内孔为定位基准，使轴承套在小锥度心轴上定位，用两顶尖装夹。这样可使加工基准和测量基准一致，容易达到图纸要求。

车内孔时，应与端面在一次装夹中加工出，以保证端面与内孔轴线的垂直度在 0.01 mm 以内。

2）轴承套的加工工艺编制

同学们粗车外圆时，可采取同时加工 5 件的方法来提高生产率，其工艺过程见表 4-2。

表 4-2　轴承套成批生产的加工工艺过程

工序号	工序名称	工序内容	定位与夹紧
1	下料	ϕ45 mm 棒料，按 5 件合一加工下料	
2	车	车端面，钻中心孔；掉头车另一端面，钻中心孔（注：掉头后不能夹持原毛坯表面，应在第一次车端面时粗车一段外圆作为掉头后的定位基准）	三爪卡盘
3	车	车外圆ϕ42 mm，长度为 6.5 mm；车外圆ϕ34Js7 为ϕ35 mm；车空刀槽 2×0.5 mm；取总长 40.5 mm；车分割槽ϕ20 mm×3 mm，两端倒角 C1.5。5 件同加工，尺寸均相同	两顶尖
4	车	钻孔ϕ22H7 至ϕ20 mm 成单件	三爪卡盘夹ϕ42 mm 外圆
5	车	车端面，取总长 40mm 至尺寸；半精车内孔ϕ22H7 至ϕ22.5$_{-0.05}^{0}$ mm；车内槽ϕ24 mm×16 mm 至尺寸；孔两端倒角；精车ϕ22H7 至尺寸	三爪卡盘夹ϕ34Js7 外圆
6	车	车ϕ34Js7（±0.012）mm 至尺寸	ϕ22H7 孔心轴
7	钻	钻径向油孔ϕ4 mm	ϕ22H7 孔及端面钻模
8	检查		

请同学们结合相关工艺手册和切削用量手册，根据表 4-2 内容完成工艺过程卡、工艺卡、工序卡等工艺文件。

2. 法兰端盖的加工工艺编制

如图 4-1 所示零件，为单件小批生产，其机械加工工艺过程详见表 4-3。

表 4-3　单件小批生产法兰端盖的工艺过程

工序号	工序名称	工序内容	定位与夹紧
1	铸造	铸造毛坯，清理铸件	
2	车	车 80 mm×80 mm 右端面，保证总长尺寸 26 mm	三爪卡盘夹ϕ60 mm 外圆
3	车	1. 车ϕ60 mm 左端面，保证尺寸 23$_{-0.5}^{0}$ mm； 2. 车ϕ60d11 及 80 mm×80 mm 底板的上端面，保证尺寸 15.5$_{0}^{+0.3}$ mm； 3. 钻ϕ20 mm 通孔； 4. 车ϕ20 mm 孔至ϕ22$_{0}^{+0.5}$ mm； 5. 车ϕ22$_{0}^{+0.5}$ mm 至ϕ40$_{0}^{+0.5}$ mm，保证尺寸 3 mm； 6. 车ϕ40$_{0}^{+0.5}$ mm 至ϕ47J8，保证尺寸 15.5$_{0}^{+0.21}$ mm； 7. 倒内、外角 C1	四爪卡盘夹 80 mm×80 mm 表面
3	钳工	按图纸要求划 4×ϕ9 mm 孔的加工线	
4	钻孔	根据划线找正，钻 4×ϕ9 mm 孔	
5	检验	按图纸要求检测零件	

请同学们结合相关工艺手册和切削用量手册，根据表 4-3 内容完成工艺过程卡、工艺卡、工序卡等工艺文件。

4.3.1.5　任务实施

4.3.1.5.1　学生分组

学生分组表 4-5

班级		组号		授课教师	
组长		学号			
组员	姓名	学号	姓名	学号	

4.3.1.5.2　完成任务工单

任务工作单

组号：_____　姓名：_____　学号：_____　检索号：　43152-1

引导问题：

（1）完成加工如图 4-1 所示零件的工艺卡填写。

_____

_____

（2）完成加工如图 4-2 所示零件的工艺卡填写。

_____

_____

4.3.1.5.3　合作探究

任务工作单

组号：_____　姓名：_____　学号：_____　检索号：　43153-1

引导问题：

（1）小组讨论，教师参与，确定任务工作单 43152-1 的最优答案，并检讨自己存在的不足。

_____

_____

（2）每组推荐一个小组长，进行汇报。根据汇报情况，再次检讨自己的不足。

4.3.1.6　评价反馈

任务工作单

组号：_____　　姓名：_____　　学号：_____　　检索号：__4316−1__

自我检测表

班级				组名			日期	年　月　日
评价指标	评价内容						分数/分	分数评定
信息收集能力	能有效利用网络、图书资源查找有用的相关信息等；能将查到的信息有效地传递到学习中						10	
感知课堂生活	是否能在学习中获得满足感，课堂生活的认同感						10	
参与态度沟通能力	积极主动与教师、同学交流，相互尊重、理解、平等；与教师、同学之间是否能够保持多向、丰富、适宜的信息交流						10	
	能处理好合作学习和独立思考的关系，做到有效学习；能提出有意义的问题或能发表个人见解						10	
知识、能力获得情况	完成加工如图4−1所示零件的工艺卡填写：						20	
	完成加工如图4−2所示零件的工艺卡填写：						20	
辩证思维能力	是否能发现问题、提出问题、分析问题、解决问题、创新问题						10	
自我反思	按时保质地完成任务；较好地掌握知识点；具有较为全面、严谨的思维能力，并能条理清楚、明晰地表达成文						10	
自评分数								
总结提炼								

任务工作单

组号：_____ 姓名：_____ 学号：_____ 检索号：__4316-2__

小组内互评验收表

验收组长		组名		日期	年 月 日
组内验收成员					
任务要求	完成加工如图4-1所示零件的工艺卡填写；完成加工如图5-2所示零件的工艺卡填写；文献检索目录清单				
验收文档清单	被评价人完成的43152-1任务工作单				
	文献检索目录清单				
验收评分	评分标准			分数/分	得分
	完成加工如图4-1所示零件的工艺卡填写，错一处扣5分			40	
	完成加工如图4-2所示零件的工艺卡填写，错一处扣5分			40	
	提供文献检索目录清单，至少5份，缺一份扣4分			20	
	评价分数				
不足之处					

任务工作单

被评组号：_____ 姓名：_____ 学号：_____ 检索号：__4316-3__

小组间互评表

班级		评价小组		日期	年 月 日
评价指标	评价内容			分数/分	分数评定
汇报表述	表述准确			15	
	语言流畅			10	
	准确反映该组完成情况			15	
内容正确度	内容正确			30	
	句型表达到位			30	
	互评分数				

二维码4-10

任务工作单

组号：_____　　姓名：_____　　学号：_____　　检索号：__4316-4__

任务完成情况评价表

任务名称	典型盘、套类零件机械加工工艺规程制定		总得分		
评价依据	被评价人完成的 43152-1 任务工作单				
序号	任务内容及要求		配分/分	评分标准	教师评价
					结论	得分
1	完成加工如图 4-1 所示零件的工艺卡填写	表述正确	40	错一处扣 5 分		
2	完成加工如图 4-2 所示零件的工艺卡填写	表述正确	40	错一处扣 5 分		
4	至少包含 5 份文献检索目录清单	（1）数量	5	每少一个扣 1 分		
		（2）参考的主要内容要点	5	酌情赋分		
5	素质素养评价	（1）沟通交流能力	10	酌情赋分，但违反课堂纪律，不听从组长、教师安排，不得分		
		（2）团队合作				
		（3）课堂纪律				
		（4）合作探学				
		（5）自主研学				

二维码 4-11

模块五　箱体零件加工工艺设计

图5-1所示为某企业年产200件的箱体零件，其结构复杂，加工的主要表面有平面、孔等。同时尺寸精度、形状和位置精度要求高，表面粗糙度要求高。如何设计好加工箱体零件的工艺规程，完成箱体零件的加工，这是本模块要完成的任务。

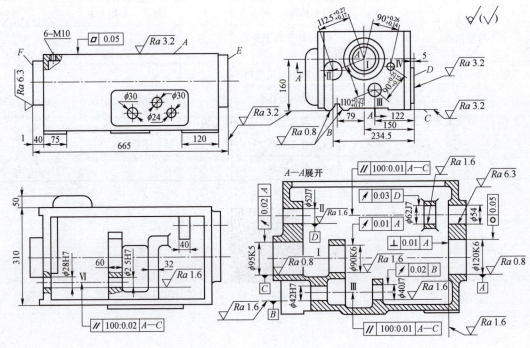

图5-1　车床主轴箱

箱体零件工艺分析

任务一　箱体零件的功用和结构特点分析

5.1.1.1　任务描述

阐述图5-1所示箱体零件的功用和结构特点。

5.1.1.2　学习目标

1. 知识目标

（1）掌握箱体零件的结构特点；

（2）掌握箱体零件的功用。

2. 能力目标

（1）能理解箱体零件的功用；

（2）能理解箱体零件的结构特点。

3. 素养素质目标

（1）培养勤于思考及观察和分析问题的意识；

（2）培养严谨的工作作风。

5.1.1.3　重难点

1. 重点

箱体零件的结构特点。

2. 难点

箱体零件的功用。

5.1.1.4　相关知识链接

1. 箱体零件的功用

箱体零件是用来支承或安置其他零件或部件的基础零件，它将机器和部件中的轴、轴承、套、齿轮等相关零件组装在一起，使之保持正确的相互位置，并按照一定的传动关系协调地运动，以传递转矩或改变转速来完成规定的动作。箱体类零件的加工质量不但直接影响箱体的装配精度和运动精度，而且还会影响机器的工作精度、使用性能和寿命，其种类繁多。

二维码 5-1

2. 箱体零件的结构特点

箱体零件种类繁多，形状各异，大小不一，但是其结构依然有一些共同特点。我们在生活中常常会看见一些箱体类物体。

二维码 5-2

5.1.1.5 任务实施

5.1.1.5.1 学生分组

学生分组表 5-1

班级		组号		授课教师	
组长		学号			
组员	姓名	学号	姓名	学号

5.1.1.5.2 完成任务工单

任务工作单

组号：_____ 姓名：_____ 学号：_____ 检索号：__51152-1__

引导问题：

（1）如图 5-1 所示箱体零件有哪些特点？

_____

_____

（2）箱体零件有哪些功用？

_____

_____

（3）你认为箱体零件应有哪些结构特点？

_____

_____

5.1.1.5.3 合作探究

任务工作单

组号：_____ 姓名：_____ 学号：_____ 检索号：__51153-1__

引导问题：

（1）小组讨论，教师参与，确定任务工作单 51152-1 的最优答案，并检讨自己存在的不足。

_____

_____

（2）每组推荐一个小组长，进行汇报。根据汇报情况，再次检讨自己的不足。

5.1.1.6 评价反馈

任务工作单

组号：_____ 姓名：_____ 学号：_____ 检索号：__5116−1__

自我检测表

班级			组名		日期	年　月　日
评价指标	评价内容				分数/分	分数评定
信息收集能力	能有效利用网络、图书资源查找有用的相关信息等；能将查到的信息有效地传递到学习中				10	
感知课堂生活	是否能在学习中获得满足感，课堂生活的认同感				10	
参与态度沟通能力	积极主动与教师、同学交流，相互尊重、理解、平等；与教师、同学之间是否能够保持多向、丰富、适宜的信息交流				10	
	能处理好合作学习和独立思考的关系，做到有效学习；能提出有意义的问题或能发表个人见解				10	
知识、能力获得情况	如图 5−1 所示箱体零件有哪些特点：				20	
	箱体零件的功用：				20	
辩证思维能力	是否能发现问题、提出问题、分析问题、解决问题、创新问题				10	
自我反思	按时保质地完成任务；较好地掌握知识点；具有较为全面、严谨的思维能力，并能条理清楚、明晰地表达成文				10	
自评分数						
总结提炼						

任务工作单

组号：_____　姓名：_____　学号：_____　检索号：__5116-2__

小组内互评验收表

验收组长		组名		日期	年 月 日
组内验收成员					
任务要求	如图5-1所示箱体零件有哪些特点；箱体零件的功用；文献检索目录清单				
验收文档清单	被评价人完成的51152-1任务工作单				
	文献检索目录清单				
验收评分	评分标准			分数/分	得分
	如图5-1所示箱体零件有哪些特点，错一处扣5分			40	
	箱体零件的功用，错一处扣5分			40	
	提供文献检索目录清单，至少5份，缺一份扣4分			20	
	评价分数				
不足之处					

任务工作单

被评组号：_____　检索号：__5116-3__

小组间互评表

班级		评价小组		日期	年 月 日
评价指标	评价内容		分数/分		分数评定
汇报表述	表述准确		15		
	语言流畅		10		
	准确反映该组完成情况		15		
内容正确度	内容正确		30		
	句型表达到位		30		
	互评分数				

二维码5-3

任务工作单

组号：_____ 姓名：_____ 学号：_____ 检索号：__5116－4__

任务完成情况评价表

任务名称	箱体零件的功用和结构特点分析		总得分		
评价依据	被评价人完成的 51152－1 任务工作单				
序号	任务内容及要求		配分/分	评分标准	教师评价
					结论 | 得分

<table>
<tr><td rowspan="2">序号</td><td colspan="2">任务内容及要求</td><td rowspan="2">配分/分</td><td rowspan="2">评分标准</td><td colspan="2">教师评价</td></tr>
<tr><td>结论</td><td>得分</td></tr>
<tr><td>1</td><td>如图 5－1 所示箱体零件有哪些特点</td><td>表述正确</td><td>40</td><td>错一处扣 5 分</td><td></td><td></td></tr>
<tr><td>2</td><td>箱体零件的功用</td><td>表述正确</td><td>40</td><td>错一处扣 5 分</td><td></td><td></td></tr>
<tr><td rowspan="2">4</td><td rowspan="2">至少包含 5 份文献检索目录清单</td><td>（1）数量</td><td>5</td><td>每少一个扣 1 分</td><td></td><td></td></tr>
<tr><td>（2）参考的主要内容要点</td><td>5</td><td>酌情赋分</td><td></td><td></td></tr>
<tr><td rowspan="5">5</td><td rowspan="5">素质素养评价</td><td>（1）沟通交流能力</td><td rowspan="5">10</td><td rowspan="5">酌情赋分，但违反课堂纪律，不听从组长、教师安排，不得分</td><td></td><td></td></tr>
<tr><td>（2）团队合作</td><td></td><td></td></tr>
<tr><td>（3）课堂纪律</td><td></td><td></td></tr>
<tr><td>（4）合作探学</td><td></td><td></td></tr>
<tr><td>（5）自主研学</td><td></td><td></td></tr>
</table>

二维码 5－4

任务二　箱体零件技术要求分析

5.1.2.1　任务描述

阅读如图 5－1 所示的箱体零件图，分析箱体零件的技术要求。

5.1.2.2　学习目标

1. 知识目标

掌握箱体零件技术要求的分析方法。

2. 能力目标

（1）能识别箱体零件的技术要求；

（2）能归类箱体零件的技术要求。

3. 素养素质目标

（1）培养观察、辩证分析的能力；

（2）培养成本、质量、效益的意识。

5.1.2.3　重难点

1. 重点

箱体零件的技术要求。

2. 难点

箱体类零件的分类。

5.1.2.4　相关知识链接

图 5-1 所示为某车床主轴箱简图，现以它为例，可归纳为以下 5 项精度要求。

1. 孔径精度

孔径的尺寸误差和几何形状误差会造成轴承与孔的配合不良。孔径过大，配合过松，会使主轴回转轴线不稳定，并降低支承刚度，易产生振动和噪声；孔径过小，会使配合过紧，轴承将因外圈变形而不能正常运转，缩短寿命。装轴承的孔不圆，也会使轴承外圈变形而引起主轴径向跳动。因此，对孔的精度要求是较高的。一般主轴孔的尺寸公差等级为IT6，其余孔为 IT6~IT7。孔的几何形状精度未作规定，一般控制在尺寸公差范围内，对于一些重要的孔，有时还应控制在尺寸公差的 1/2~1/3。

2. 孔与孔的位置精度

同一轴线上各孔的同轴度误差和孔端面对轴线的垂直度误差，会使轴和轴承装配到箱体内出现歪斜，从而造成主轴径向跳动和轴向窜动，也加剧了轴承磨损。孔系之间的平行度误差会影响齿轮的啮合质量，一般同轴上各孔的同轴度约为最小孔尺寸公差的一半。

3. 孔和平面的位置精度

一般都要规定主要孔和主轴箱安装基面的平行度要求，它们决定了主轴和床身导轨的相互位置关系。这项精度是在总装时通过刮研来达到的。为了减少刮研工作量，一般都要规定主轴轴线对安装基面的平行度公差。在垂直和水平两个方向上，只允许主轴前端向上和向前偏。

4. 主要平面的精度

装配基面的平面度会影响主轴箱与床身连接时的接触刚度，加工过程中作为定位基面则会影响主要孔的加工精度。因此规定底面和导向面必须平直，通常用涂色法检查接触面积或单位面积上的接触点数来衡量平面度的大小。顶面的平面度要求是为了保证箱盖的密封性，防止工作时润滑油泄出。当大批大量生产将其顶面用作定位基面加工孔时，对其平面度的要求还要提高。

5. 表面粗糙度

重要孔和主要平面的粗糙度会影响连接面的配合性质或接触刚度,其具体要求一般用 Ra 值来评价。一般主轴孔 Ra 值为 0.4 μm,其他各纵向孔 Ra 值为 1.6 μm,孔的内端面 Ra 值为 3.2 μm,装配基准面和定位基准面的 Ra 值为 0.63~2.5 μm,其他平面的 Ra 值为 2.5~10 μm。

5.1.2.5 任务实施

5.1.2.5.1 学生分组

学生分组表 5–2

班级		组号		授课教师	
组长		学号			
组员	姓名	学号	姓名	学号

5.1.2.5.2 完成任务工单

任务工作单

组号:_____   姓名:_____   学号:_____   检索号:___51252–1___

引导问题:

(1)箱体零件上有哪些技术要求?

_____

(2)箱体零件的这些技术要求可以分成几类?

_____

(3)零件图上的技术要求有何作用?

_____

(4)技术要求制定的依据是什么?

_____

_____

任务工作单

组号：_____ 姓名：_____ 学号：_____ 检索号：__51253-1__

引导问题：

（1）小组讨论，教师参与，确定任务工作单 51252-1 的最优答案并检讨自己的不足。

_____

_____

（2）每组推荐一个小组长，进行汇报。根据汇报情况，再次检讨自己的不足。

_____

_____

5.1.2.6 评价反馈

任务工作单

组号：_____ 姓名：_____ 学号：_____ 检索号：__5126-1__

自我检测表

班级		组名		日期	年　月　日
评价指标	评价内容			分数/分	分数评定
信息收集能力	能有效利用网络、图书资源查找有用的相关信息等；能将查到的信息有效地传递到学习中			10	
感知课堂生活	是否能在学习中获得满足感，课堂生活的认同感			10	
参与态度沟通能力	积极主动与教师、同学交流，相互尊重、理解、平等；与教师、同学之间是否能够保持多向、丰富、适宜的信息交流			10	
	能处理好合作学习和独立思考的关系，做到有效学习；能提出有意义的问题或能发表个人见解			10	
知识、能力获得情况	箱体零件上有哪些技术要求：			10	
	箱体零件的这些技术要求可以分成几类：			10	
	零件图上的技术要求有何作用：			10	
	箱体零件技术要求制定的依据：			10	
辩证思维能力	是否能发现问题、提出问题、分析问题、解决问题、创新问题			10	
自我反思	按时保质地完成任务；较好地掌握知识点；具有较为全面、严谨的思维能力，并能条理清楚，明晰地表达成文			10	
自评分数					
总结提炼					

任务工作单

组号：_____ 姓名：_____ 学号：_____ 检索号：___5126-2___

小组内互评验收表

验收组长		组名			日期	年　月　日
组内验收成员						
任务要求	箱体零件上有哪些技术要求；箱体零件的这些技术要求可以分成哪几类；零件图上的技术要求有何作用；箱体零件技术要求制定的依据；文献检索目录清单					
验收文档清单	被评价人完成的 51252-1 任务工作单					
	文献检索目录清单					
验收评分	评分标准				分数/分	得分
	箱体零件上有哪些技术要求，错一处扣 5 分				20	
	箱体零件的这些技术要求可以分成几类，错一处扣 5 分				20	
	零件图上的技术要求有何作用，错一处扣 5 分				20	
	箱体零件技术要求制定的依据，错一处扣 5 分				20	
	提供文献检索目录清单，至少 5 份，缺一份扣 4 分				20	
	评价分数					
不足之处						

任务工作单

被评组号：_____ 检索号：___5126-3___

小组间互评表

班级		评价小组		日期	年　月　日
评价指标	评价内容			分数/分	分数评定
汇报表述	表述准确			15	
	语言流畅			10	
	准确反映该组完成情况			15	
内容正确度	内容正确			30	
	句型表达到位			30	
	互评分数				

二维码 5-5

任务工作单

组号：_____ 姓名：_____ 学号：_____ 检索号：__5126-4__

任务完成情况评价表

任务名称		箱体零件技术要求分析			总得分	
评价依据		被评价人完成的 51252-1 任务工作单				
序号	任务内容及要求		配分/分	评分标准	教师评价	
					结论	得分
1	箱体零件上有哪些技术要求	表述正确	20	错一处扣 5 分		
2	箱体零件的这些技术要求可以分成哪几类	表述正确	20	错一处扣 5 分		
3	零件图上的技术要求有何作用	表述正确	20	错一处扣 5 分		
4	箱体零件技术要求制定的依据	表述正确	20	错一处扣 5 分		
5	至少包含 5 份文献检索目录清单	（1）数量	5	每少一个扣 1 分		
		（2）参考的主要内容要点	5	酌情赋分		
6	素质素养评价	（1）沟通交流能力	10 分	酌情赋分，但违反课堂纪律，不听从组长、教师安排，不得分		
		（2）团队合作				
		（3）课堂纪律				
		（4）合作探学				
		（5）自主研学				

二维码 5-6

任务三 箱体零件材料、毛坯及热处理方式选择

5.1.3.1 任务描述

生产制造如图 5-1 所示的箱体零件，请选择箱体零件材料、毛坯及热处理方式。

5.1.3.2　学习目标

1. 知识目标

掌握箱体零件材料、毛坯及热处理方式的选择。

2. 能力目标

（1）能正确选用箱体零件的材料和毛坯。
（2）能根据箱体选择热处理方式。

3. 素养素质目标

（1）培养勤于思考及分析问题的意识；
（2）培养讲原则、守规矩的意识；
（3）培养低碳节能环保的意识。

5.1.3.3　重难点

1. 重点

箱体零件材料、毛坯选择。

2. 难点

箱体零件的热处理方式。

5.1.3.4　相关知识链接

1. 箱体零件材料选择

箱体零件有复杂的内腔，应选用易于成形的材料和制造方法。铸铁容易成形、切削性能好、价格低廉，并且具有良好的耐磨性和减振性。因此，箱体零件的材料大多选用 HT200～HT400 的各种牌号的灰铸铁，最常用的材料是 HT200，而对于较精密的箱体零件（如坐标镗床主轴箱）则选用耐磨铸铁。

某些简易机床的箱体零件或小批量、单件生产的箱体零件，为了缩短毛坯制造周期和降低成本，可采用钢板焊接结构。某些大负荷的箱体零件有时也根据设计需要，采用铸钢件毛坯。在特定条件下，为了减轻质量，可采用铝镁合金或其他铝合金制作箱体毛坯，如航空发动机箱体等。

2. 箱体零件毛坯的确定

铸件毛坯的精度和加工余量是根据生产批量而定的。对于单件小批量生产，一般采用木模手工造型。这种毛坯的精度低，加工余量大，其平面余量一般为 7～12 mm，孔在半径上的余量为 8～14 mm。在大批大量生产时，通常采用金属模机器造型，此时毛坯的精度较高，加工余量可适当减小，则平面余量为 5～10 mm，孔（半径上）的余量为 7～12 mm。为了减小加工余量，对于单件小批生产直径大于 $\phi 50$ mm 的孔和成批生产直径大于 $\phi 30$ mm 的孔，一般都要在毛坯上铸出预孔。另外，在毛坯铸造时，应防止砂眼和气孔的产生；应使箱体零件的壁厚尽量均匀，以减少毛坯制造时产生的残余应力。

3. 箱体零件热处理

热处理是箱体零件加工过程中的一个十分重要的工序，需要合理安排。由于箱体零件的结构复杂，壁厚也不均匀，因此，在铸造时会产生较大的残余应力。为了消除残余应力，减少加工后的变形和保证精度的稳定，所以在铸造之后必须安排人工时效处理。人工时效的工艺规范为：以 100 ℃/h 加热到 500 ℃～550 ℃，保温 4～6 h，冷却速度小于或等于 30 ℃/h，出炉温度小于或等于 200 ℃。

普通精度的箱体零件，一般在铸造之后安排一次人工时效处理。对一些高精度或形状特别复杂的箱体零件，在粗加工之后还要安排一次人工时效处理，以消除粗加工所造成的残余应力。有些精度要求不高的箱体零件毛坯，有时不安排时效处理，而是利用粗、精加工工序间的停放和运输时间，使之得到自然时效。

箱体零件人工时效的方法，除了加热保温法外，也可采用振动时效来达到消除残余应力的目的。

二维码 5-7

5.1.3.5　任务实施

5.1.3.5.1　学生分组

学生分组表 5-3

班级				组号			授课教师	
组长				学号				
组员	姓名		学号		姓名		学号	

5.1.3.5.2 完成任务工单

任务工作单

组号：_____ 姓名：_____ 学号：_____ 检索号：__51352-1__

引导问题：

（1）箱体零件材料可以选择哪些？

_____

_____

（2）箱体零件毛坯有哪些？

_____

_____

（3）箱体零件一般的热处理方式是什么？

_____

_____

（4）确定本箱体零件的材料、毛坯和热处理方式，并说明理由。

_____

_____

5.1.3.5.3 合作探究

任务工作单

组号：_____ 姓名：_____ 学号：_____ 检索号：__51353-1__

引导问题：

（1）小组讨论，教师参与，确定任务工作单 51352-1 的最优答案，并检讨自己存在的不足。

_____

_____

（2）每组推荐一个小组长，进行汇报。根据汇报情况，再次检讨自己的不足。

_____

_____

5.1.3.6　评价反馈

任务工作单

组号：_____　姓名：_____　学号：_____　检索号：　5136－1

自我检测表

班级		组名		日期	年　月　日
评价指标	评价内容			分数/分	分数评定
信息收集能力	能有效利用网络、图书资源查找有用的相关信息等；能将查到的信息有效地传递到学习中			10	
感知课堂生活	是否能在学习中获得满足感，课堂生活的认同感			10	
参与态度沟通能力	积极主动与教师、同学交流，相互尊重、理解、平等；与教师、同学之间是否能够保持多向、丰富、适宜的信息交流			10	
	能处理好合作学习和独立思考的关系，做到有效学习；能提出有意义的问题或能发表个人见解			10	
知识、能力获得情况	箱体零件材料可以选择哪些，并说明选择的理由：			10	
	箱体零件毛坯有哪些，并说明理由：			10	
	箱体零件一般热处理方式是什么，并说明作用：			10	
	确定图 5-1 所示箱体零件的材料、毛坯和热处理方式，并说明理由：			10	
辩证思维能力	是否能发现问题、提出问题、分析问题、解决问题、创新问题			10	
自我反思	按时保质地完成任务；较好地掌握知识点；具有较为全面、严谨的思维能力，并能条理清楚、明晰地表达成文			10	
自评分数					
总结提炼					

任务工作单

组号：_____ 姓名：_____ 学号：_____ 检索号：__5136−2__

小组内互评验收表

验收组长		组名		日期	年　月　日
组内验收成员					
任务要求	箱体零件材料可以选择哪些，并说明选择的理由；箱体零件毛坯有哪些，并说明理由；箱体零件一般热处理方式是什么，并说明作用；确定如图 5−1 所示箱体零件的材料、毛坯和热处理方式，并说明理由；文献检索目录清单				
验收文档清单	被评价人完成的 51352−1 任务工作单				
	文献检索目录清单				
	评分标准			**分数/分**	**得分**
验收评分	箱体零件材料可以选择哪些，并说明选择的理由，错一处扣 5 分			20	
	箱体零件毛坯有哪些，并说明理由，错一处扣 5 分			20	
	箱体零件一般热处理方式是什么，并说明作用，错一处扣 5 分			20	
	确定如图 5−1 所示箱体零件的材料、毛坯和热处理方式，并说明理由，错一处扣 5 分			20	
	提供文献检索目录清单，至少 5 份，缺一份扣 4 分			20	
	评价分数				
不足之处					

任务工作单

被评组号：_____ 检索号：__5136−3__

小组间互评表

班级		评价小组		日期	年　月　日
评价指标	**评价内容**			**分数/分**	**分数评定**
汇报表述	表述准确			15	
	语言流畅			10	
	准确反映改组完成情况			15	
内容正确度	内容正确			30	
	句型表达到位			30	
	互评分数				

二维码 5−8

任务工作单

任务完成情况评价表

任务名称	箱体零件材料、毛坯及热处理方式选择		总得分	
评价依据	被评价人完成的 51352−1 任务工作单			

序号	任务内容及要求		配分/分	评分标准	教师评价	
					结论	得分
1	箱体零件材料可以选择哪些，并说明选择的理由	表述正确	20	错一处扣 5 分		
2	箱体零件毛坯有哪些，并说明理由	表述正确	20	错一处扣 5 分		
3	箱体零件一般热处理方式是什么，并说明作用	表述正确	20	错一处扣 5 分		
4	确定如图 5−1 所示箱体零件的材料、毛坯和热处理方式，并说明理由	表述正确	20	错一处扣 5 分		
5	至少包含 5 份文献检索目录清单	（1）数量	5	每少一个扣 1 分		
		（2）参考的主要内容要点	5	酌情赋分		
6	素质素养评价	（1）沟通交流能力	10 分	酌情赋分，但违反课堂纪律，不听从组长、教师安排，不得分		
		（2）团队合作				
		（3）课堂纪律				
		（4）合作探学				
		（5）自主研学				

二维码 5−9

项目二　箱体零件常见表面加工方法选择

如图 5-1 所示车床主轴箱主要需进行一些平面和孔的加工，而这些面和孔采用何种加工方法，这是本项目要解决的问题。

任务一　平面的加工方法选择及应用

5.2.1.1　任务描述

加工如图 5-1 所示车床主轴箱箱体零件，选择平面加工方法。

5.2.1.2　学习目标

1. 知识目标

掌握箱体零件平面加工方法。

2. 能力目标

能根据箱体零件平面选择相应的平面加工方法。

3. 素养素质目标

"差之毫厘，谬以千里"，树立质量就是生命的理念和意识。

5.2.1.3　重难点

1. 重点

箱体零件的平面加工方法。

2. 难点

根据箱体零件平面需求，选择合理的平面加工方法。

5.2.1.4　相关知识链接

1. 平面加工方法介绍

平面加工方法主要有以下几种：

（1）铣削加工：铣削加工的精度一般可以达到 IT10～IT8，表面粗糙度可达 $Ra6.3$～$1.6\ \mu m$。

（2）刨削加工：刨削加工的精度一般可以达到 IT10～IT7，表面粗糙度可达 $Ra12.5$～$0.4\ \mu m$。

（3）磨削加工：磨削加工的精度一般可以达到 IT7～IT6，表面粗糙度可达 $Ra1.6$～$0.2\ \mu m$。

（4）精密加工：精密加工表面粗糙度非常好，主要有平面刮研、研磨和抛光等。

二维码 5-10

2. 箱体零件平面加工方法选择

平面加工主要有粗刨—精刨、粗刨—半精刨—磨削、粗铣—精铣或粗铣—精铣—磨削（可分粗磨和精磨）等组合方案。其中刨削生产率低，多用于中小批生产；铣削生产率比刨削高，多用于中批以上生产；当生产批量较大时，可采用组合铣削和组合磨削的方法来对箱体零件各平面进行多刃、多面同时铣削或磨削。对于特殊要求的箱体零件平面，则采用超精密加工平面方法，从而达到特殊要求。

5.2.1.5 任务实施

5.2.1.5.1 学生分组

学生分组表 5-4

班级		组号		授课教师	
组长		学号			
组员	姓名	学号		姓名	学号

5.2.1.5.2 完成任务工单

任务工作单

组号：_____　　姓名：_____　　学号：_____　　检索号：__52152-1__

引导问题：

（1）平面有哪些加工方法？

_____

（2）箱体零件平面加工方法有哪些组合？

_____

（3）本箱体零件平面加工方法采用什么组合？

_____
_____

5.2.1.5.3　合作探究

任务工作单

组号：_____　姓名：_____　学号：_____　检索号：__52153-1__

引导问题：

（1）小组讨论，教师参与，确定任务工作单 52152-1 的最优答案，并检讨自己存在的不足。

_____

_____

（2）每组推荐一个小组长，进行汇报。根据汇报情况，再次检讨自己的不足。

_____

_____

5.2.1.6　评价反馈

任务工作单

组号：_____　姓名：_____　学号：_____　检索号：__5216-1__

自我检测表

班级		组名		日期	年　月　日
评价指标	评价内容			分数/分	分数评定
信息收集能力	能有效利用网络、图书资源查找有用的相关信息等；能将查到的信息有效地传递到学习中			10	
感知课堂生活	是否能在学习中获得满足感，课堂生活的认同感			10	
参与态度沟通能力	积极主动与教师、同学交流，相互尊重、理解、平等；与教师、同学之间是否能够保持多向、丰富、适宜的信息交流			10	
	能处理好合作学习和独立思考的关系，做到有效学习；能提出有意义的问题或能发表个人见解			10	
知识、能力获得情况	平面常用加工方法：			10	
	箱体零件平面加工方法有哪些组合：			15	
	如图 5-1 所示箱体零件平面加工方法采用什么组合：			15	
辩证思维能力	是否能发现问题、提出问题、分析问题、解决问题、创新问题			10	
自我反思	按时保质地完成任务；较好地掌握知识点；具有较为全面、严谨的思维能力，并能条理清楚、明晰地表达成文			10	
自评分数					
总结提炼					

任务工作单

组号：_____　姓名：_____　学号：_____　检索号：<u>5216-2</u>

小组内互评验收表

验收组长		组名		日期	年　月　日
组内验收成员					
任务要求	平面常用加工方法；箱体零件平面加工方法有哪些组合；如图5-1所示箱体零件平面加工方法采用什么组合；文献检索目录清单				
验收文档清单	被评价人完成的52152-1任务工作单				
	文献检索目录清单				
验收评分	评分标准			分数/分	得分
	平面常用加工方法，错一处扣5分			20	
	箱体零件平面加工方法有哪些组合，错一处扣5分			30	
	如图5-1所示箱体零件平面加工方法采用什么组合，错一处扣5分			30	
	提供文献检索清单，至少5项，缺一项扣4分			20	
	评价分数				
不足之处					

任务工作单

被评组号：_____　检索号：<u>5216-3</u>

小组间互评表

班级		评价小组		日期	年　月　日
评价指标	评价内容			分数/分	分数评定
汇报表述	表述准确			15	
	语言流畅			10	
	准确反映改组完成情况			15	
内容正确度	内容正确			30	
	句型表达到位			30	
	互评分数				

二维码 5-11

组号：＿＿＿＿＿　姓名：＿＿＿＿＿　学号：＿＿＿＿＿　检索号：＿＿5216－4＿＿

任务完成情况评价表

任务名称	平面的加工方法选择及应用		总得分		
评价依据	学生完成的 52152－1 任务工作单				
序号	任务内容及要求		配分/分	评分标准	教师评价
					结论	得分
1	平面常用加工方法	表述正确	20	错一处扣 5 分		
2	箱体零件平面加工方法有哪些组合	表述正确	30	错一处扣 5 分		
3	如图 5－1 所示箱体零件平面加工方法采用什么组合	表述正确	30	错一处扣 5 分		
4	至少包含 5 份文献检索的目录清单	（1）数量	5	每少一个扣 1 分		
		（2）参考的主要内容要点	5	酌情赋分		
5	素质素养评价	（1）沟通交流能力	10	酌情赋分，但违反课堂纪律，不听从组长、教师安排，不得分		
		（2）团队合作				
		（3）课堂纪律				
		（4）合作探学				
		（5）自主研学				

二维码 5－12

任务二　孔系的加工方法选择及应用

5.2.2.1　任务描述

生产制造如图 5－1 所示箱体零件，确定孔系加工方法。

5.2.2.2　学习目标

1. 知识目标

（1）掌握孔系加工方法；

（2）掌握箱体零件的孔系加工方法。

2. 能力目标

（1）能正确选择孔系加工方法；
（2）能正确选择箱体孔系加工方法。

3. 素养素质目标

（1）培养辩证分析的能力；
（2）培养质量、成本、效益意识。

5.2.2.3　重难点

1. 重点

孔系加工方法。

2. 难点

根据箱体零件孔系选择合适的加工方法。

5.2.2.4　相关知识链接

有相互位置精度要求的一系列孔称为"孔系"。孔系可分为平行孔系、同轴孔系、垂直孔系，如图 5-2 所示。

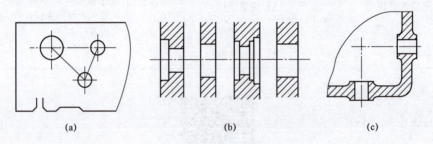

图 5-2　孔系分类
（a）平行孔系；（b）同轴孔系；（c）垂直孔系

箱体上的孔不仅本身的精度要求高，而且孔距精度和相互位置精度也较高，这是箱体加工的关键。根据生产规模和孔系的精度要求可采用不同的加工方法。

二维码 5-13

5.2.2.5 任务实施

5.2.2.5.1 学生分组

学生分组表 5–5

班级		组号		授课教师	
组长		学号			
组员	姓名	学号	姓名	学号

5.2.2.5.2 完成任务工单

任务工作单

组号：_____　姓名：_____　学号：_____　检索号：__52252–1__

引导问题：

（1）孔系加工方法有哪些？

_____

_____

（2）如图 5–1 所示车床主轴箱体零件孔系加工应选择哪些孔系加工方法？

_____

_____

5.2.2.5.3 合作探究

任务工作单

组号：_____　姓名：_____　学号：_____　检索号：__52253–1__

引导问题：

（1）小组讨论，教师参与，确定任务工作单 52252–1 的最优答案，并检讨自己存在的不足。

_____

_____

（2）每组推荐一个小组长，进行汇报。根据汇报情况，再次检讨自己的不足。

_____

_____

任务工作单

组号：_____ 姓名：_____ 学号：_____ 检索号：__5226-1__

自我检测表

班级		组名		日期	年 月 日
评价指标	评价内容			分数/分	分数评定
信息收集能力	能有效利用网络、图书资源查找有用的相关信息等；能将查到的信息有效地传递到学习中			10	
感知课堂生活	是否能在学习中获得满足感，课堂生活的认同感			10	
参与态度沟通能力	积极主动与教师、同学交流，相互尊重、理解、平等；与教师、同学之间是否能够保持多向、丰富、适宜的信息交流			10	
	能处理好合作学习和独立思考的关系，做到有效学习；能提出有意义的问题或能发表个人见解			10	
知识、能力获得情况	孔系加工方法：			20	
	如图 5-1 所示车床主轴箱体零件孔系加工选择的孔系加工方法：			20	
辩证思维能力	是否能发现问题、提出问题、分析问题、解决问题、创新问题			10	
自我反思	按时保质地完成任务；较好地掌握知识点；具有较为全面、严谨的思维能力，并能条理清楚、明晰地表达成文			10	
自评分数					
总结提炼					

任务工作单

组号：_____ 姓名：_____ 学号：_____ 检索号：__5226-2__

小组内互评验收表

验收组长		组名		日期	年 月 日
组内验收成员					
任务要求	孔系加工方法；如图 5-1 所示车床主轴箱体零件孔系加工选择的孔系加工方法；文献检索目录清单				
验收文档清单	被评价人完成的 52252-1 任务工作单				
	文献检索目录清单				
验收评分	评分标准			分数/分	得分
	孔系加工方法，错一处扣 5 分			20	
	箱体零件平面加工方法有哪些组合，错一处扣 5 分			30	
	如图 5-1 所示车床主轴箱体零件孔系加工选择的孔系加工方法，错一处扣 5 分			30	
	提供文献检索目录清单，至少 5 份，缺一份扣 4 分			20	
	评价分数				
不足之处					

任务工作单

被评组号：_____ 检索号：__5226-3__

小组间互评表

班级		评价小组		日期	年 月 日
评价指标	评价内容			分数/分	分数评定
汇报表述	表述准确			15	
	语言流畅			10	
	准确反映改组完成情况			15	
内容正确度	内容正确			30	
	句型表达到位			30	
	互评分数				

二维码 5-14

任务工作单

组号：＿＿＿＿＿＿　姓名：＿＿＿＿＿＿　学号：＿＿＿＿＿＿　检索号：＿5226－4＿

任务完成情况评价表

任务名称		孔系的加工方法选择及应用		总得分	
评价依据		被评价人完成的 52252－1 任务工作单			
序号	任务内容及要求		配分/分	评分标准	教师评价
					结论 / 得分
1	孔系加工方法	表述正确	20	错一处扣 5 分	
2	箱体零件平面加工方法有哪些组合	表述正确	30	错一处扣 5 分	
3	如图 5-1 所示车床主轴箱体零件孔系加工选择的孔系加工方法	表述正确	30	错一处扣 5 分	
4	至少包含 5 份文献检索目录清单	（1）数量	5	每少一个扣 1 分	
		（2）参考的主要内容要点	5	酌情赋分	
5	素质素养评价	（1）沟通交流能力	10	酌情赋分，但违反课堂纪律，不听从组长、教师安排，不得分	
		（2）团队合作			
		（3）课堂纪律			
		（4）合作探学			
		（5）自主研学			

二维码 5-15

项目三　箱体零件定位基准的选择

　　定位基准的选择是工艺上一个十分重要的问题，它不仅影响零件表面间的位置尺寸和位置精度，而且还影响整个工艺过程的安排和夹具的结构。如图 5-1 所示车床主轴箱，其结构复杂、技术要求高、加工难度大，其关键部位是主轴孔和纵向平行孔系，在加工时如何保证尺寸精度、和位置精度，这是本项目要解决的问题。

任务一　箱体零件加工精基准的选择及应用

5.3.1.1　任务描述

分析如图 5-1 所示车床床头箱零件图，明确零件尺寸精度及位置精度要求，选用精加工定位基准，为工艺规程制定提供依据。

5.3.1.2　学习目标

1. 知识目标

掌握精基准选用的原则。

2. 能力目标

能根据图纸标注，针对不同生产批量，正确选用箱体零件精加工定位基准。

3. 素养素质目标

"定位决定地位，思路决定出路"，培养扎根一线的意识。

5.3.1.3　重难点

1. 重点

箱体零件精加工定位基准的选择。

2. 难点

根据箱体零件的生产批量，正确选用精加工定位基准。

5.3.1.4　相关知识链接

1. 箱体加工精基准的选择

箱体精基准的选择有两种方案：一种是以平面为精基准（主要定位基面为装配基面）；另一种是以一面两孔为精基准。这两种定位方式各有优缺点，实际生产中的选用与生产类型有很大的关系。通常在中小批生产时，尽可能使定位基准与设计基准重合，即一般选择设计基准作为统一的定位基准；大批大量生产时，优先考虑的是如何稳定加工质量和提高生产率，不过分地强调基准重合问题，一般多用典型的一面两孔作为统一的定位基准，由此而引起的基准不重合误差可采用适当的工艺措施来解决。

2. 一面两孔的定位

在实际生产中，一面两孔的定位方式在各种箱体加工中应用十分广泛。因为这种定位方式很简便地限制了工件 6 个自由度，定位稳定可靠；在一次安装下，可以加工除定位面以外的所有 5 个面上的孔或平面，也可以作为从粗加工到精加工的大部分工序的定位基准，实现"基准统一"。此外，这种定位方式夹紧方便，工件的夹紧变形小，易于实现自动定位和自动夹紧。因此，在组合机床与自动线上加工箱体时，多采用这种定位方式。

二维码 5-16   二维码 5-17

5.3.1.5 任务实施

5.3.1.5.1 学生分组

学生分组表 5-6

班级		组号		授课教师	
组长		学号			
组员	姓名	学号		姓名	学号

5.3.1.5.2 完成任务工单

任务工作单

组号：_____   姓名：_____   学号：_____   检索号：__53152-1__

引导问题：

（1）单件小批加工车床床头箱孔系时，如何选用精加工定位基准？举例说明其优缺点。

_____

_____

（2）大批量加工车床床头箱孔系时，如何选用精加工定位基准？举例说明其优缺点。

_____

_____

5.3.1.5.3 合作探究

任务工作单

组号：_____   姓名：_____   学号：_____   检索号：__53153-1__

引导问题：

（1）小组讨论，教师参与，确定任务工作单 53152-1 的最优答案，并检讨自己存在的不足。

_____

_____

（2）每组推荐一个小组长，进行汇报。根据汇报情况，再次检讨自己的不足。

5.3.1.6 评价反馈

任务工作单

组号：_____ 姓名：_____ 学号：_____ 检索号：5316-1

自我检测表

班级		组名		日期	年 月 日
评价指标	评价内容			分数/分	分数评定
信息收集能力	能有效利用网络、图书资源查找有用的相关信息等；能将查到的信息有效地传递到学习中			10	
感知课堂生活	是否能在学习中获得满足感，课堂生活的认同感			10	
参与态度沟通能力	积极主动与教师、同学交流，相互尊重、理解、平等；与教师、同学之间是否能够保持多向、丰富、适宜的信息交流			10	
	能处理好合作学习和独立思考的关系，做到有效学习；能提出有意义的问题或能发表个人见解			10	
知识、能力获得情况	单件小批加工车床床头箱孔系时，选择精加工定位基准，举例说明其优缺点：			20	
	大批量加工车床床头箱孔系时，选用精加工定位基准，举例说明其优缺点：			20	
辩证思维能力	是否能发现问题、提出问题、分析问题、解决问题、创新问题			10	
自我反思	按时保质地完成任务；较好地掌握知识点；具有较为全面、严谨的思维能力，并能条理清楚、明晰地表达成文			10	
自评分数					
总结提炼					

任务工作单

组号：_____ 姓名：_____ 学号：_____ 检索号：__5316-2__

小组内互评验收表

验收组长		组名		日期	年 月 日
组内验收成员					
任务要求	单件小批加工车床床头箱孔系时，选择精加工定位基准，举例说明其优缺点；大批量加工车床床头箱孔系时，选用精加工定位基准，举例说明其优缺点；文献检索目录清单				
验收文档清单	被评价人完成的 53152-1 任务工作单				
	文献检索目录清单				
验收评分	评分标准			分数/分	得分
	单件小批加工车床床头箱孔系时，选择精加工定位基准，举例说明其优缺点，错一处扣 5 分			40	
	批量加工车床床头箱孔系时，选用精加工定位基准，举例说明其优缺点，错一处扣 5 分			40	
	提供文献检索目录清单，至少 5 份，缺一份扣 4 分			20	
	评价分数				
不足之处					

任务工作单

被评组号：_____ 检索号：__5316-3__

小组间互评表

班级		评价小组		日期	年 月 日
评价指标	评价内容			分数/分	分数评定
汇报表述	表述准确			15	
	语言流畅			10	
	准确反映改组完成情况			15	
内容正确度	内容正确			30	
	句型表达到位			30	
	互评分数				

二维码 5-18

任务工作单

组号：_____ 姓名：_____ 学号：_____ 检索号：<u>5316-4</u>

任务完成情况评价表

任务名称		箱体零件加工精基准的选择及应用		总得分		
评价依据		学生完成的 52252-1 任务工作单				
序号	任务内容及要求		配分/分	评分标准	教师评价	
					结论	得分
1	单件小批加工车床床头箱孔系时，选择精加工定位基准，举例说明其优缺点	表述正确	40	错一处扣 5 分		
2	批量加工车床床头箱孔系时，选用精加工定位基准，举例说明其优缺点	表述正确	40	错一处扣 5 分		
3	至少包含 5 份文献检索目录清单	（1）数量	5	每少一个扣 1 分		
		（2）参考的主要内容要点	5	酌情赋分		
4	素质素养评价	（1）沟通交流能力	10	酌情赋分，但违反课堂纪律，不听从组长、教师安排，不得分		
		（2）团队合作				
		（3）课堂纪律				
		（4）合作探学				
		（5）自主研学				

二维码 5-19

任务二 箱体零件加工粗基准的选择及应用

5.3.2.1 任务描述

加工如图 5-1 所示箱体零件，当精基准确定后，即可考虑加工第一个面所用的粗基准了。分析零件加工尺寸精度和位置精度要求，正确选用车床床头箱粗加工定位基准，为工艺规程制定提供依据。

5.3.2.2　学习目标

1. 知识目标

掌握粗基准的选用原则。

2. 能力目标

能根据图纸标注，针对不同生产批量，正确选用箱体零件粗加工基准。

3. 素养素质目标

"定位决定地位，思路决定出路"，培养实事求是、因地制宜的意识。

5.3.2.3　重难点

1. 重点

车床床头箱零件粗加工定位基准的选择。

2. 难点

根据箱体零件的生产批量正确选用粗加工定位基准。

5.3.2.4　相关知识链接

1. 选择粗基准的要求

（1）在保证各加工面余量均匀的前提下，应使重要孔的加工余量均匀；
（2）装入箱体外的旋转零件（如齿轮、轴套等）应与箱壁有足够的间隙；
（3）保证箱体必要的外形尺寸；
（4）保证定位、夹紧可靠。

所以，箱体主要孔为主要粗基准，限制四个自由度，辅之以内腔或毛坯的其他孔为辅助基准。

2. 粗精准选用方法

因为生产类型不同，故粗基准的选择也不尽相同。

在单件小批生产时（床头箱）因为毛坯质量差，故常以划线找正的方法装夹，即先以主轴孔轴线为基准，照顾各部（余量均匀）划出顶面及各部加工线。加工时，按线找正即可；大批大量生产时，因为毛坯质量高，故可直接以主轴孔和Ⅰ轴孔在夹具上定位。

二维码 5-20

二维码 5-21

5.3.2.5　任务实施

5.3.2.5.1　学生分组

学生分组表 5-7

班级		组号		授课教师	
组长		学号			
组员	姓名	学号	姓名	学号	

5.3.2.5.2　完成任务工单

任务工作单

组号：_____　姓名：_____　学号：_____　检索号：__53252-1__

引导问题：

（1）单件小批加工车床床头箱孔系时，如何选用粗加工定位基准？举例说明其优缺点。

_____

_____

（2）大批量加工车床床头箱孔系时，如何选用粗加工定位基准？举例说明其优缺点。

_____

_____

5.3.2.5.3　合作探究

任务工作单

组号：_____　姓名：_____　学号：_____　检索号：__53253-1__

引导问题：

（1）小组讨论，教师参与，确定任务工作单 53252-1 的最优答案，并检讨自己存在的不足。

_____

_____

（2）每组推荐一个小组长，进行汇报。根据汇报情况，再次检讨自己的不足。

_____

_____

5.3.2.6 评价反馈

任务工作单

组号：_____ 姓名：_____ 学号：_____ 检索号：__5326-1__

自我检测表

班级		组名		日期	年 月 日
评价指标	评价内容			分数/分	分数评定
信息收集能力	能有效利用网络、图书资源查找有用的相关信息等；能将查到的信息有效地传递到学习中			10	
感知课堂生活	是否能在学习中获得满足感，课堂生活的认同感			10	
参与态度沟通能力	积极主动与教师、同学交流，相互尊重、理解、平等；与教师、同学之间是否能够保持多向、丰富、适宜的信息交流			10	
	能处理好合作学习和独立思考的关系，做到有效学习；能提出有意义的问题或能发表个人见解			10	
知识、能力获得情况	单件小批加工车床床头箱孔系时，如何选用粗加工定位基准？举例说明其优缺点：			20	
	大批量加工车床床头箱孔系时，如何选用粗加工定位基准？举例说明其优缺点：			20	
辩证思维能力	是否能发现问题、提出问题、分析问题、解决问题、创新问题			10	
自我反思	按时保质地完成任务；较好地掌握知识点；具有较为全面、严谨的思维能力，并能条理清楚、明晰地表达成文			10	
自评分数					
总结提炼					

任务工作单

组号：_____ 姓名：_____ 学号：_____ 检索号：<u>5326-2</u>

小组内互评验收表

验收组长		组名		日期	年 月 日
组内验收成员					
任务要求	单件小批加工车床床头箱孔系时，如何选用粗加工定位基准？举例说明其优缺点；大批量加工车床床头箱孔系时，如何选用粗加工定位基准？举例说明其优缺点；文献检索目录清单				
验收文档清单	被评价人完成的 53252-1 任务工作单				
	文献检索目录清单				
验收评分	评分标准			分数/分	得分
	单件小批加工车床床头箱孔系时，如何选用粗加工定位基准？举例说明其优缺点，错一处扣 5 分			40	
	批量加工车床床头箱孔系时，如何选用粗加工定位基准？举例说明其优缺点，错一处扣 5 分			40	
	提供文献检索目录清单，至少 5 份，缺一份扣 4 分			20	
	评价分数				
不足之处					

任务工作单

被评组号：_____ 检索号：<u>5326-3</u>

小组间互评表

班级		评价小组		日期	年 月 日
评价指标	评价内容			分数/分	分数评定
汇报表述	表述准确			15	
	语言流畅			10	
	准确反映改组完成情况			15	
内容正确度	内容正确			30	
	句型表达到位			30	
	互评分数				

二维码 5-22

任务工作单

组号：_____ 姓名：_____ 学号：_____ 检索号：___5326-4___

任务完成情况评价表

任务名称	箱体零件加工粗基准的选择选择及应用			总得分		
评价依据	被评价人完成的 52252-1 任务工作单					
序号	任务内容及要求		配分/分	评分标准	教师评价	
					结论	得分
1	单件小批加工车床床头箱孔系时，如何选用粗加工定位基准？举例说明其优缺点	表述正确	40	错一处扣5分		
2	批量加工车床床头箱孔系时，如何选用粗加工定位基准？举例说明其优缺点	表述正确	40	错一处扣5分		
3	至少包含5份文献检索目录清单	（1）数量	5	每少一个扣1分		
		（2）参考的主要内容要点	5	酌情赋分		
4	素质素养评价	（1）沟通交流能力	10	酌情赋分，但违反课堂纪律，不听从组长、教师安排，不得分		
		（2）团队合作				
		（3）课堂纪律				
		（4）合作探学				
		（5）自主研学				

二维码 5-23

项目四 典型箱体零件机械加工工艺规程制定

箱体零件主要加工面是支承孔和主要平面，所以箱体加工的主要工艺问题如下：

（1）如何保证孔的加工精度和表面粗糙度；

（2）如何保证支承孔与主要平面的距离尺寸精度和相互位置精度；

（3）如何保证孔系加工的相互位置精度。

箱体加工表面多、劳动量大，选择各表面的加工方法、定位基准及工艺装备是箱体加工的主要工艺问题。如何设计好如图 5-1 所示车床主轴箱零件的工艺规程，是本项目要完成的任务。

任务一 制定箱体零件机械加工工艺过程的共性原则认知

5.4.1.1 任务描述

加工如图 5-1 所示箱体零件，说明箱体加工的工艺要点。

5.4.1.2 学习目标

1. 知识目标

掌握安排加工顺序、工序间热处理及划分加工阶段的原则。

2. 能力目标

能够合理安排加工顺序、工序间热处理及划分加工阶段，正确选用定位基准。

3. 素养素质目标

培养规则、规范意识。

5.4.1.3 重难点

1. 重点

安排箱体零件加工顺序、工序间热处理及划分加工阶段。

2. 难点

根据箱体零件的生产批量正确安排加工顺序、工序间热处理及划分加工阶段，合理选用定位基准。

5.4.1.4 相关知识链接

1. 合理安排加工顺序

加工顺序遵循先面后孔原则。箱体零件的加工顺序均为先加工平面，以加工好的平面定位，再来加工孔。因为箱体孔的精度要求高、加工难度大，故先以孔为粗基准加工平面，再以平面为精基准加工孔，这样不仅为孔的加工提供了稳定可靠的精基准，同时还可以使孔的加工余量较为均匀。由于箱体上的孔分布在箱体各平面上，故先加工好平面，钻孔时，钻头不易引偏，扩孔或绞孔时，刀具也不易崩刃。

2. 合理划分加工阶段

加工阶段必须粗、精分开。箱体的结构复杂，壁厚不均，刚性不好，而加工精度要求又高，故箱体重要加工表面都要划分粗、精加工两个阶段，这样可以避免粗加工造成的内应力、切削力、夹紧力和切削热对加工精度的影响，有利于保证箱体的加工精度。粗、精分开也可及时发现毛坯缺陷，避免更大的浪费；同时还能根据粗、精加工的不同要求来合理选择设备，有利于提高生产率。

3. 合理安排工序间热处理

工序间合理安排热处理。箱体零件的结构复杂，壁厚也不均匀，因此，在铸造时会产生较大的残余应力。为了消除残余应力，减少加工后的变形和保证精度的稳定，所以在铸造之后必须安排人工时效处理。

普通精度的箱体零件，一般在铸造之后安排一次人工时效处理。对一些高精度或形状特别复杂的箱体零件，在粗加工之后还要安排一次人工时效处理，以消除粗加工所造成的残余应力。有些精度要求不高的箱体零件毛坯，有时不安排时效处理，而是利用粗、精加工工序间的停放和运输时间，使之得到自然时效。箱体零件人工时效的方法，除了加热保温法外，也可采用振动时效来达到消除残余应力的目的。

4. 合理选择粗基准

要用箱体上的重要孔作粗基准。箱体类零件的粗基准一般都用它上面的重要孔作粗基准，这样不仅可以较好地保证重要孔及其他各轴孔的加工余量均匀，还能较好地保证各轴孔轴心线与箱体不加工表面的相互位置。

二维码 5-24

二维码 5-25

5.4.1.5 任务实施

5.4.1.5.1 学生分组

学生分组表 5-8

班级		组号		授课教师	
组长		学号			
组员	姓名	学号	姓名	学号

5.4.1.5.2 完成任务工单

任务工作单

组号：_____   姓名：_____   学号：_____   检索号：__54152-1__

引导问题：

（1）零件加工时，为什么要划分加工阶段？

_____

_____

（2）不同孔系的加工方法有哪些？

_____

_____

5.4.1.5.3 合作探究

任务工作单

组号：_____   姓名：_____   学号：_____   检索号：__54153-1__

引导问题：

（1）小组讨论，教师参与，确定任务工作单 54152-1 的最优答案，并检讨自己存在的不足。

_____

_____

（2）每组推荐一个小组长，进行汇报。根据汇报情况，再次检讨自己的不足。

_____

_____

5.4.1.6　评价反馈

任务工作单

组号：_____　姓名：_____　学号：_____　检索号：__5416－1__

自我检测表

班级		组名		日期	年　月　日
评价指标	评价内容			分数/分	分数评定
信息收集能力	能有效利用网络、图书资源查找有用的相关信息等；能将查到的信息有效地传递到学习中			10	
感知课堂生活	是否能在学习中获得满足感，课堂生活的认同感			10	
参与态度沟通能力	积极主动与教师、同学交流，相互尊重、理解、平等；与教师、同学之间是否能够保持多向、丰富、适宜的信息交流			10	
	能处理好合作学习和独立思考的关系，做到有效学习；能提出有意义的问题或能发表个人见解			10	
知识、能力获得情况	划分加工阶段的原因：			20	
	箱体零件上孔系加工的常用方法：			20	
辩证思维能力	是否能发现问题、提出问题、分析问题、解决问题、创新问题			10	
自我反思	按时保质地完成任务；较好地掌握知识点；具有较为全面、严谨的思维能力，并能条理清楚、明晰地表达成文			10	
自评分数					
总结提炼					

任务工作单

组号：_____　姓名：_____　学号：_____　检索号：__5416－2__

小组内互评验收表

验收组长		组名		日期	年　月　日
组内验收成员					
任务要求	划分加工阶段的原因；箱体零件上加工孔系的常用方法；文献检索目录清单				
验收文档清单	被评价人完成的 54152－1 任务工作单				
	文献检索目录清单				

验收评分	评分标准	分数/分	得分
	划分加工阶段的原因，错一处扣 5 分	40	
	箱体零件上加工孔系的常用方法，错一处扣 5 分	40	
	提供文献检索目录清单，至少 5 份，缺一份扣 4 分	20	
评价分数			
不足之处			

任务工作单

被评组号：＿＿＿＿＿＿＿＿＿＿＿　　检索号：＿5416-3＿

小组间互评表

班级		评价小组		日期	年 月 日
评价指标	评价内容			分数/分	分数评定
汇报表述	表述准确			15	
	语言流畅			10	
	准确反映改组完成情况			15	
内容正确度	内容正确			30	
	句型表达到位			30	
互评分数					

二维码 5-26

任务工作单

组号：＿＿＿＿　姓名：＿＿＿＿　学号：＿＿＿＿　检索号：＿5416-4＿

任务完成情况评价表

任务名称	制定箱体零件机械加工工艺过程的共性原则认知		总得分		
评价依据	被评价人完成的 54152-1 任务工作单				
序号	任务内容及要求		配分/分	评分标准	教师评价
					结论	得分
1	划分加工阶段的原因	表述正确	40	错一处扣 5 分		

序号	任务内容及要求		配分/分	评分标准	教师评价	
					结论	得分
2	箱体零件上加工孔系的常用方法	表述正确	40	错一处扣5分		
3	至少包含5份文献检索目录清单	（1）数量	5	每少一个扣1分		
		（2）参考的主要内容要点	5	酌情赋分		
4	素质素养评价	（1）沟通交流能力	10	酌情赋分，但违反课堂纪律，不听从组长、教师安排，不得分		
		（2）团队合作				
		（3）课堂纪律				
		（4）合作探学				
		（5）自主研学				

二维码 5-27

任务二　典型箱体零件机械加工工艺规程制定

5.4.2.1　任务描述

设计加工如图 5-1 所示车床主轴箱零件的工艺规程。

5.4.2.2　学习目标

1. 知识目标

掌握箱体零件的工艺规程制定方法。

2. 能力目标

能够合理制定箱体零件的工艺规程。

3. 素养素质目标

（1）培养严谨专注的工作态度；
（2）培养投身实践、知行合一、精益求精的工匠精神；
（3）培养成本、质量、效益的意识。

5.4.2.3 重难点

1. 重点

安排箱体类零件加工顺序、工序间热处理及划分加工阶段。

2. 难点

根据箱体类零件的生产批量正确安排加工顺序、工序间热处理及划分加工阶段，合理选用定位基准。

5.4.2.4 相关知识链接

1. 箱体加工基本工艺过程

工艺过程因生产类型的不同而异，其单件小批生产的工艺过程如下：

制造毛坯（铸造、清砂、时效、刷漆）→（以主要孔为粗基准）划全线→（按线找正）加工平面（先基准面，后一般面）→划（其余孔）线→粗加工各孔（先主后次）→时效处理→精加工各面→精加工各孔→划小孔线→钻（攻）各螺纹孔→检验。

2. 箱体类零件的加工工艺文件

（1）箱体小批量生产，其工艺过程见表 5-1。

表 5-1　主轴箱小批生产工艺过程

序号	工序内容	定位基准
1	铸造	
2	人工时效	
3	漆底漆	
4	划线：考虑主轴孔有加工余量，并尽量均匀，划 C、A 及 E、D 加工线	
5	粗、精加工顶面 A	按线找正
6	粗、精加工 B、C 面及侧面 D	顶面 A 并校正主轴线
7	粗、精加工两端面 E、F	B、C 面
8	粗、半精加工各纵向孔	B、C 面
9	精加工各纵向孔	B、C 面
10	粗、精加工横向孔	B、C 面
11	加工螺孔及各次要孔	
12	清洗，去毛刺，倒角	
13	检验	

（2）如果是大批量生产，其工艺过程见表 5-2。

表 5-2　主轴箱大批生产工艺过程

序号	工序内容	定位基准
1	铸造	
2	人工时效	
3	漆底漆	
4	铣顶面 A	Ⅰ孔与Ⅱ孔
5	钻、扩、绞 $2-\phi8H7$ 工艺孔（将 $6-M10$ 先钻至 $\phi7.8$ mm，绞 $2-\phi8H7$）	顶面 A 及外形
6	铣两端面 E、F 及前面 D	顶面 A 及两工艺孔
7	铣导轨面 B、C	顶面 A 及两工艺孔
8	磨顶面 A	导轨面 B、C
9	粗镗各纵向孔	顶面 A 及两工艺孔
10	精镗各纵向孔	顶面 A 及两工艺孔
11	精镗主轴孔 I	顶面 A 及两工艺孔
12	加工横向孔及各面上的次要孔	
13	磨 B、C 导轨面及前面 D	顶面 A 及两工艺孔
14	将 $2-\phi8H7$ 及 $4-\phi7.8$ mm 均扩钻至 $\phi8.5$ mm，攻 $6-M10$	
15	清洗，去毛刺，倒角	
16	检验	

3. 分离式箱体加工工艺规程案例

二维码 5-28

5.4.2.5 任务实施

5.4.2.5.1 学生分组

学生分组表 5-9

班级		组号		授课教师	
组长		学号			
组员	姓名	学号	姓名	学号	

5.4.2.5.2 完成任务工单

任务工作单

组号：_____   姓名：_____   学号：_____   检索号：__54252-1__

引导问题：

（1）按照上述工艺过程，请扫码填写机械加工过程卡。

二维码 5-29

（2）按照上述工艺过程，请扫码填写机械加工工序卡。

二维码 5-30

5.4.2.5.3　合作探究

任务工作单

组号：_____　姓名：_____　学号：_____　检索号：__54253－1__

引导问题：

（1）小组讨论，教师参与，确定任务工作单 53252－1 的最优答案，并检讨自己存在的不足。

_____

_____

（2）每组推荐一个小组长，进行汇报。根据汇报情况，再次检讨自己的不足。

_____

_____

5.4.2.6　评价反馈

任务工作单

组号：_____　姓名：_____　学号：_____　检索号：__5426－1__

自我检测表

班级		组名		日期	年　月　日
评价指标	评价内容			分数/分	分数评定
信息收集能力	能有效利用网络、图书资源查找有用的相关信息等；能将查到的信息有效地传递到学习中			10	
感知课堂生活	是否能在学习中获得满足感，课堂生活的认同感			10	
参与态度沟通能力	积极主动与教师、同学交流，相互尊重、理解、平等；与教师、同学之间是否能够保持多向、丰富、适宜的信息交流			10	
	能处理好合作学习和独立思考的关系，做到有效学习；能提出有意义的问题或能发表个人见解			10	
知识、能力获得情况	完成加工如图 5－1 所示箱体零件机械加工过程卡的填写			20	
	完成加工如图 5－1 所示箱体零件机械加工工序卡的填写			20	
辩证思维能力	是否能发现问题、提出问题、分析问题、解决问题、创新问题			10	
自我反思	按时保质地完成任务；较好地掌握知识点；具有较为全面、严谨的思维能力，并能条理清楚、明晰地表达成文			10	
	自评分数				
总结提炼					

任务工作单

组号：_____ 姓名：_____ 学号：_____ 检索号：__5426-2__

小组内互评验收表

验收组长		组名		日期	年 月 日
组内验收成员					
任务要求	编制加工如图 5-1 所示箱体零件的机械加工工艺过程卡；编制加工如图 5-1 所示箱体零件的机械加工工序卡；文献检索目录清单				
验收文档清单	被评价人完成的 54252-1 任务工作单				
	文献检索目录清单				
验收评分	评分标准			分数/分	得分
	编制加工如图 5-1 所示箱体零件的机械加工工艺过程卡，错一处扣 5 分			40	
	编制加工如图 5-1 所示箱体零件的机械加工工序卡，错一处扣 5 分			40	
	提供文献检索目录清单，至少 5 份，缺一份扣 4 分			20	
评价分数					
不足之处					

任务工作单

被评组号：_____ 检索号：__5426-3__

小组间互评表

班级		评价小组		日期	年 月 日
评价指标	评价内容			分数/分	分数评定
汇报表述	表述准确			15	
	语言流畅			10	
	准确反映改组完成情况			15	
内容正确度	内容正确			30	
	句型表达到位			30	
互评分数					

二维码 5-31

任务工作单

组号：_____ 姓名：_____ 学号：_____ 检索号：___5426-4___

任务完成情况评价表

任务名称	典型箱体零件机械加工工艺规程制定		总得分		
评价依据	被评价人完成的 54252-1 任务工作单				

序号	任务内容及要求		配分/分	评分标准	教师评价	
					结论	得分
1	编制加工如图 5-1 所示箱体零件的机械加工工艺过程卡	表述正确	40	错一处扣 5 分		
2	编制加工如图 5-1 所示箱体零件的机械加工工序卡	表述正确	40	错一处扣 5 分		
3	至少包含 5 份文献检索目录清单	（1）数量	5	每少一个扣 1 分		
		（2）参考的主要内容要点	5	酌情赋分		
4	素质素养评价	（1）沟通交流能力	10	酌情赋分，但违反课堂纪律，不听从组长、教师安排，不得分		
		（2）团队合作				
		（3）课堂纪律				
		（4）合作探学				
		（5）自主研学				

二维码 5-32

模块六　机械产品装配工艺编制

图 6-1 所示为锥齿轮轴—轴承套组件装配图，要完成该部件的装配，就必须制定装配工艺文件。

再如图 6-2 所示普通车床装配时，要求尾架中心线比主轴中心线高 0～0.06 mm，如果已知：$A_1 = 160$ mm，$A_2 = 30$ mm，$A_3 = 130$ mm，现采用修配法装配时，就需要确定各组成环公差及其分布，这些任务就是本模块的中心任务。

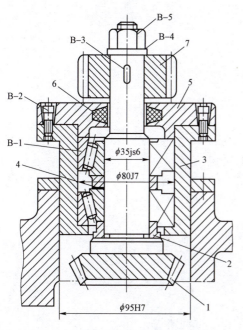

图 6-1　锥齿轮轴—轴承套组件装配图

1—锥齿轮轴；2—衬垫；3—轴承套；4—隔圈；
5—轴承盖；6—毛毡圈；7—圆柱齿轮
B-1—轴承；B-2—螺钉；B-3—键；
B-4—垫圈；B-5—螺母

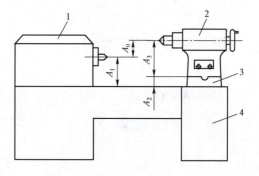

**图 6-2　主轴箱主轴与尾座套筒中心线
等高结构示意图**

1—主轴箱；2—尾座；3—尾座底板；4—床身

任务一　装配及装配精度的概念认知

6.1.1.1　任务描述

认真阅读部件装配图 6–1 和图 6–2，谈谈你对机械装配的认识。

6.1.1.2　学习目标

1. 知识目标

（1）掌握零件装配工作的基本内容；
（2）掌握零件装配精度的概念。

2. 能力目标

（1）掌握零件装配的基本方法；
（2）掌握保证装配精度的装配方法。

3. 素养素质目标

（1）培养踏实学习的态度；
（2）培养团队协作的交流意识。

6.1.1.3　重难点

1. 重点

保证装配精度的装配方法。

2. 难点

装配精度的保证。

6.1.1.4　相关知识链接

1. 装配概念

装配单元：指机器中能进行独立装配的部分。套件、组件、部件等均可称为装配单元。

零件：组成机器的最小单元，一般预先装成套件、组件和部件后才安装到机器上。

套件：在一个基准零件上装一个或若干个零件，就构成一个套件，它是最小装配单元。为套件而进行的装配工作称为套装。

二维码 6-1

2. 机器的装配精度

零件精度与装配精度的关系：

$$\left\{ \begin{array}{l} \text{装配精度与某一个零件有关——单件自保} \\ \text{装配精度与几个零件有关——装配尺寸链} \end{array} \right.$$

二维码 6-2

6.1.1.5　任务实施

6.1.1.5.1　学生分组

学生分组表 6-1

班级		组号		授课教师	
组长		学号			
组员	姓名	学号		姓名	学号

6.1.1.5.2　完成任务工单

任务工作单

组号：_____　姓名：_____　学号：_____　检索号：__61152-1__

引导问题:

(1)机械装配的基本工作内容有哪些?

_____

_____

(2)装配方法有哪几种?分别用于哪些场合?

_____

_____

(3)影响装配精度的主要因素有哪些?

_____

_____

6.1.1.5.3 合作探究

任务工作单

组号:_____ 姓名:_____ 学号:_____ 检索号: 61153-1

引导问题:

(1)小组讨论,教师参与,确定任务工作单51152-1的最优答案,并检讨自己存在的不足。

_____

_____

(2)每组推荐一个小组长,进行汇报。根据汇报情况,再次检讨自己的不足。

_____

_____

6.1.1.6 评价反馈

任务工作单

组号:_____ 姓名:_____ 学号:_____ 检索号: 6116-1

自我检测表

班级		组名		日期	年 月 日
评价指标	评价内容			分数/分	分数评定
信息收集能力	能有效利用网络、图书资源查找有用的相关信息等;能将查到的信息有效地传递到学习中			10	
感知课堂生活	是否能在学习中获得满足感,课堂生活的认同感			10	
参与态度沟通能力	积极主动与教师、同学交流,相互尊重、理解、平等;与教师、同学之间是否能够保持多向、丰富、适宜的信息交流			10	
	能处理好合作学习和独立思考的关系,做到有效学习;能提出有意义的问题或能发表个人见解			10	

评价指标	评价内容	分数/分	分数评定
知识、能力获得情况	机械装配基本工作内容：	15	
	装配的方法及其应用场合：	15	
	影响装配精度的因素：	10	
辩证思维能力	是否能发现问题、提出问题、分析问题、解决问题、创新问题	10	
自我反思	按时保质地完成任务；较好地掌握知识点；具有较为全面、严谨的思维能力，并能条理清楚、明晰地表达成文	10	
自评分数			
总结提炼			

任务工作单

组号：_____ 姓名：_____ 学号：_____ 检索号：__6116-2__

小组内互评验收表

验收组长		组名		日期	年 月 日
组内验收成员					
任务要求	机械装配基本工作内容；装配的方法及其应用场合；影响装配精度的因素；文献检索目录清单				
验收文档清单	被评价人完成的 61152-1 任务工作单				
	文献检索目录清单				
验收评分	评分标准		分数/分	得分	
	机械装配基本工作内容，错一处扣 5 分		30		
	装配的方法及其应用场合，错一处扣 5 分		30		
	影响装配精度的因素，错一处扣 5 分		20		
	提供文献检索目录清单，至少 5 份，缺一份扣 4 分		20		
评价分数					
不足之处					

任务工作单

被评组号：_____ 检索号：__6116-3__

小组间互评表

班级		评价小组		日期	年　月　日
评价指标	评价内容			分数/分	分数评定
汇报表述	表述准确			15	
	语言流畅			10	
	准确反映改组完成情况			15	
内容正确度	内容正确			30	
	句型表达到位			30	
互评分数					

二维码 6-3

任务工作单

组号：_____　姓名：_____　学号：_____　检索号：__6116-4__

任务完成情况评价表

任务名称	装配及装配精度的概念认知		总得分	
评价依据	被评价人完成的 61152-1 任务工作单			

序号	任务内容及要求		配分/分	评分标准	教师评价	
					结论	得分
1	机械装配基本工作内容	表述正确	30	错一处扣5分		
2	装配的方法及其应用场合	表述正确	30	错一处扣5分		
3	影响装配精度的因素	表述正确	20			
4	至少包含5份文献检索目录清单	（1）数量	5	每少一个扣1分		
		（2）参考的主要内容要点	5	酌情赋分		

序号	任务内容及要求		配分/分	评分标准	教师评价	
					结论	得分
5	素质素养评价	（1）沟通交流能力	10	酌情赋分，但违反课堂纪律，不听从组长、教师安排，不得分		
		（2）团队合作				
		（3）课堂纪律				
		（4）合作探学				
		（5）自主研学				

二维码 6-4

任务二　制定装配工艺规程的原则与步骤认知

6.1.2.1　任务描述

认真分析图 6-1 所示装配图，制定出锥齿轮轴—轴承套组件装配步骤。

6.1.2.2　学习目标

1. 知识目标

掌握制定装配工艺规程的基本原则。

2. 能力目标

（1）掌握制定装配工艺规程的方法和步骤；
（2）掌握不同的装配方法。

3. 素养素质目标

（1）培养全局观、大局意识；
（2）培养系统分析、逻辑思维能力。

6.1.2.3　重难点

1. 重点

装配工艺规程制定的原则。

2. 难点

掌握制定装配工艺规程的方法。

6.1.2.4　相关知识链接

1. 制定装配工艺过程的基本原则

（1）保证产品的装配质量，以延长产品的使用寿命；

（2）合理安排装配顺序和工序，尽量减少钳工手工劳动量，缩短装配周期，提高装配效率；

（3）尽量减少装配占地面积；

（4）尽量减少装配工作的成本。

2. 制定装配工艺规程的步骤

1）研究产品的装配图及验收技术条件

（1）审核产品图样的完整性、正确性；

（2）分析产品的结构工艺性；

（3）审核产品装配的技术要求和验收标准；

（4）分析和计算产品装配尺寸链。

2）确定装配方法与组织形式

（1）装配方法的确定：主要取决于产品结构的尺寸大小和重量，以及产品的生产纲领。

（2）装配组织形式：

① 固定式装配：全部装配工作在一固定的地点完成，适用于单件小批生产和体积、重量大的设备的装配。

② 移动式装配：是将零部件按装配顺序从一个装配地点移动到下一个装配地点，分别完成一部分装配工作，各装配点工作的总和就是整个产品的全部装配工作，适用于大批量生产。

3）划分装配单元，确定装配顺序

（1）将产品划分为套件、组件和部件等装配单元，进行分级装配；

（2）确定装配单元的基准零件；

（3）根据基准零件确定装配单元的装配顺序。

4）划分装配工序

（1）划分装配工序，确定工序内容（如清洗、刮削、平衡、过盈连接、螺纹连接、校正、检验、试运转、油漆、包装等）；

（2）确定各工序所需的设备和工具；

（3）制定各工序装配操作规范，如过盈配合的压入力等；

（4）制定各工序装配质量要求与检验方法；

（5）确定各工序的时间定额，平衡各工序的工作节拍。

二维码 6-5

6.1.2.5 任务实施

6.1.2.5.1 学生分组

学生分组表 6-2

班级			组号			授课教师	
组长			学号				
组员	姓名	学号		姓名		学号	

6.1.2.5.2 完成任务工单

任务工作单

组号：_____   姓名：_____   学号：_____   检索号：<u>61252-1</u>

引导问题：

（1）制定装配工艺规程的步骤有哪些？

_____

_____

（2）如何确定装配方法与组织形式？

_____

_____

6.1.2.5.3 合作探究

任务工作单

组号：_____   姓名：_____   学号：_____   检索号：<u>61253-1</u>

引导问题：

（1）小组讨论，教师参与，确定任务工作单 61252-1 的最优答案，并检讨自己的不足。

_____

_____

（2）每组推荐一个小组长，进行汇报。根据汇报情况，再次检讨自己的不足。

6.1.2.6 评价反馈

任务工作单

组号：_____ 姓名：_____ 学号：_____ 检索号：__6126-1__

自我检测表

班级		组名		日期	年 月 日
评价指标	评价内容			分数/分	分数评定
信息收集能力	能有效利用网络、图书资源查找有用的相关信息等；能将查到的信息有效地传递到学习中			10	
感知课堂生活	是否能在学习中获得满足感，课堂生活的认同感			10	
参与态度 沟通能力	积极主动与教师、同学交流，相互尊重、理解、平等；与教师、同学之间是否能够保持多向、丰富、适宜的信息交流			10	
	能处理好合作学习和独立思考的关系，做到有效学习；能提出有意义的问题或能发表个人见解			10	
知识、能力 获得情况	制定机械装配工艺规程的步骤：			15	
	确定装配方法：			15	
	确定装配顺序：			10	
辩证思维能力	是否能发现问题、提出问题、分析问题、解决问题、创新问题			10	
自我反思	按时保质地完成任务；较好地掌握知识点；具有较为全面、严谨的思维能力，并能条理清楚、明晰地表达成文			10	
自评分数					
总结提炼					

任务工作单

组号：_____ 姓名：_____ 学号：_____ 检索号：__6126-2__

小组内互评验收表

验收组长		组名		日期	年 月 日
组内验收成员					
任务要求	制定机械装配工艺规程的步骤；确定装配方法；确定装配顺序；文献检索目录清单				
验收文档清单	被评价人完成的 61252-1 任务工作单				
	文献检索目录清单				

验收评分	评分标准	分数/分	得分
	制定机械装配工艺规程的步骤，错一处扣 5 分	30	
	确定装配方法，错一处扣 5 分	30	
	确定装配顺序，错一处扣 5 分	20	
	提供文献检索目录清单，至少 5 份，缺一份扣 4 分	20	
评价分数			
不足之处			

任务工作单

被评组号：_____   检索号：__6126-3__

小组间互评表

班级		评价小组		日期	年 月 日
评价指标	评价内容			分数/分	分数评定
汇报表述	表述准确			15	
	语言流畅			10	
	准确反映改组完成情况			15	
内容正确度	内容正确			30	
	句型表达到位			30	
互评分数					

二维码 6-6

任务工作单

组号：_____   姓名：_____   学号：_____   检索号：__6126-4__

任务名称	制定装配工艺规程的原则与步骤认知		总得分	
评价依据	被评价人完成的 61252-1 任务工作单			

序号	任务内容及要求		配分/分	评分标准	教师评价	
					结论	得分
1	制定机械装配工艺规程的步骤	表述正确	30	错一处扣 5 分		
2	确定装配方法	表述正确	30	错一处扣 5 分		
3	确定装配顺序	表述正确	20			
4	至少包含 5 份文献检索目录清单	(1) 数量	5	每少一个扣 1 分		
		(2) 参考的主要内容要点	5	酌情赋分		
5	素质素养评价	(1) 沟通交流能力	10	酌情赋分,但违反课堂纪律,不听从组长、教师安排,不得分		
		(2) 团队合作				
		(3) 课堂纪律				
		(4) 合作探学				
		(5) 自主研学				

二维码 6-7

项目二　产品装配工艺制定

如图 6-1 所示锥齿轮轴—轴承套组件装配图,分析并制定装配工艺的工艺文件。

任务一　产品结构的装配工艺性分析

6.2.1.1　任务描述

认真阅读如图 6-1 所示装配图,分析零件结构的装配工艺性。

6.2.1.2 学习目标

1. 知识目标

掌握零件结构的装配工艺性要求。

2. 能力目标

能对不合理的机械装配工艺加以改进。

3. 素养素质目标

（1）培养能灵活将学到的具体知识用于指导生产实际的能力；

（2）培养辩证分析问题和归纳总结的能力。

6.2.1.3 重难点

1. 重点

零件结构的装配工艺性要求。

2. 难点

机械装配工艺性实例分析。

6.2.1.4 相关知识链接

具有良好装配工艺性的零部件结构就容易安装，其调试简便、使用性能可靠、便于拆卸更换零件，并且劳动量少、装配效率高等。

零件结构的装配工艺性要求：从形状设计上来降低零件出现摔坏或倾倒的概率，并且易于存放与放置。此外，零件的设计应可以准确定位且安装方便。为避免零件之间出现划伤，应在圆轴类零件中设置倒角，以及设置止口、凸台以及定位销等结构，以更好地定位零件安装的位置。与此同时，应注意在大型零部件中设置吊耳，以便更好地完成运输作业。

二维码 6-8

6.2.1.5　任务实施

6.2.1.5.1　学生分组

学生分组表 6-3

班级		组号		授课教师	
组长		学号			
组员	姓名	学号	姓名	学号

6.2.1.5.2　完成任务工单

任务工作单

组号：_____　姓名：_____　学号：_____　检索号：__62152-1__

引导问题：

（1）零件结构的装配工艺性要求是什么？

_____

_____

（2）举例说明装配结构工艺性对整个生产过程的影响。

_____

6.2.1.5.3　合作探究

任务工作单

组号：_____　姓名：_____　学号：_____　检索号：__62153-1__

引导问题：

（1）小组讨论，教师参与，确定任务工作单 62152-1 的最优答案，并检讨自己存在的不足。

_____

_____

（2）每组推荐一个小组长，进行汇报。根据汇报情况，再次检讨自己的不足。

_____

_____

6.2.1.6 评价反馈

任务工作单

组号：_____   姓名：_____   学号：_____   检索号：_6216-1_

自我检测表

班级		组名		日期	年 月 日
评价指标	评价内容			分数/分	分数评定
信息收集能力	能有效利用网络、图书资源查找有用的相关信息等；能将查到的信息有效地传递到学习中			10	
感知课堂生活	是否能在学习中获得满足感，课堂生活的认同感			10	
参与态度沟通能力	积极主动与教师、同学交流，相互尊重、理解、平等；与教师、同学之间是否能够保持多向、丰富、适宜的信息交流			10	
	能处理好合作学习和独立思考的关系，做到有效学习；能提出有意义的问题或能发表个人见解			10	
知识、能力获得情况	零件结构装配工艺性要求：			15	
	装配工艺性对生产过程的影响：			15	
	提高装配工艺性的举措：			10	
辩证思维能力	是否能发现问题、提出问题、分析问题、解决问题、创新问题			10	
自我反思	按时保质地完成任务；较好地掌握知识点；具有较为全面、严谨的思维能力，并能条理清楚、明晰地表达成文			10	
自评分数					
总结提炼					

任务工作单

组号：_____   姓名：_____   学号：_____   检索号：_6216-2_

验收组长		组名		日期	年 月 日
组内验收成员					
任务要求	零件结构装配工艺性要求；装配工艺性对生产过程的影响；提高装配工艺性的举措；文献检索目录清单				
验收文档清单	被评价人完成的 62152-1 任务工作单				
	文献检索目录清单				
验收评分	评分标准		分数/分		得分
	零件结构装配工艺性要求，错一处扣 5 分		30		
	装配工艺性对生产过程的影响，错一处扣 5 分		30		
	提高装配工艺性的举措，错一处扣 5 分		20		
	提供文献检索目录清单，至少 5 份，缺一份扣 4 分		20		
	评价分数				
不足之处					

任务工作单

被评组号：_____　　检索号：___6216-3___

小组间互评表

班级		评价小组		日期	年 月 日
评价指标	评价内容		分数/分		分数评定
汇报表述	表述准确		15		
	语言流畅		10		
	准确反映改组完成情况		15		
内容正确度	内容正确		30		
	句型表达到位		30		
	互评分数				

二维码 6-9

任务工作单

组号：_____　姓名：_____　学号：_____　检索号：___6216-4___

任务名称	产品结构的装配工艺性分析			总得分	
评价依据	被评价人完成的 62152-1 任务工作单				
序号	任务内容及要求		配分/分	评分标准	教师评价 结论	得分
1	零件结构装配工艺性要求	表述正确	30	错一处扣 5 分		
2	装配工艺性对生产过程的影响	表述正确	30	错一处扣 5 分		
3	提高装配工艺性的举措	表述正确	20			
4	至少包含 5 份文献检索目录清单	（1）数量	5	每少一个扣 1 分		
		（2）参考的主要内容要点	5	酌情赋分		
5	素质素养评价	（1）沟通交流能力	10	酌情赋分，但违反课堂纪律，不听从组长、教师安排，不得分		
		（2）团队合作				
		（3）课堂纪律				
		（4）合作探学				
		（5）自主研学				

二维码 6-10

任务二　装配尺寸链的原理及应用

6.2.2.1　任务描述

　　如图 6-2 所示普通车床装配，现采用修配法装配，试确定各组成环的公差及其分布。

6.2.2.2　学习目标

1. 知识目标

（1）掌握装配尺寸链的分类；
（2）掌握装配尺寸链的计算方法。

2. 能力目标

（1）具有装配方法的选择能力；

（2）具有装配尺寸链的计算能力。

3. 素养素质目标

（1）培养实事求是、因地制宜分析问题的意识；
（2）培养严谨的工作作风。

6.2.2.3　重难点

1. 重点

装配尺寸链的原理与应用。

2. 难点

装配尺寸链的计算。

6.2.2.4　相关知识链接

1. 装配尺寸链的定义

在机器的装配关系中，由相关零件的尺寸或相互位置关系所组成的一个封闭的尺寸系统，称为装配尺寸链。

2. 装配尺寸链的分类

（1）直线尺寸链：由长度尺寸组成，且各环尺寸相互平行的装配尺寸链；
（2）角度尺寸链：由角度、平行度、垂直度等组成的装配尺寸链；
（3）平面尺寸链：由成角度关系布置的长度尺寸构成的装配尺寸链。

3. 装配尺寸链的建立方法

（1）确定装配结构中的封闭环；
（2）确定组成环。

从封闭环的一端出发，按顺序逐步追踪有关零件的有关尺寸，直至封闭环的另一端为止，而形成一个封闭的尺寸系统即构成一个装配尺寸链。

4. 装配尺寸链的计算

装配尺寸链主要有两种计算方法：极值法和统计法。前面介绍的极值法工艺尺寸链基本计算公式完全适用装配尺寸链的计算。

二维码 6-11

6.2.2.5 任务实施

6.2.2.5.1 学生分组

学生分组表 6-4

班级			组号			授课教师	
组长			学号				
组员		姓名	学号		姓名		学号

6.2.2.5.2 完成任务工单

任务工作单

组号：_____ 姓名：_____ 学号：_____ 检索号：___62252-1___

引导问题：

（1）装配尺寸链查找方法是什么？试举例说明。

_____

_____

（2）如图 6-1 所示主轴箱主轴与尾座套筒中心线等高的结构图中装配尺寸链的封闭环如何确定？

_____

_____

6.2.2.5.3 合作探究

任务工作单

组号：_____ 姓名：_____ 学号：_____ 检索号：___62253-1___

引导问题：

（1）小组讨论，教师参与，确定任务工作单 62252-1 的最优答案，并检讨自己存在的不足。

_____

_____

（2）每组推荐一个小组长，进行汇报。根据汇报情况，再次检讨自己的不足。

_____

_____

6.2.2.6　评价反馈

任务工作单

组号：_____　　姓名：_____　　学号：_____　　检索号：__6226−1__

自我检测表

班级		组名		日期	年　月　日
评价指标	评价内容			分数/分	分数评定
信息收集能力	能有效利用网络、图书资源查找有用的相关信息等；能将查到的信息有效地传递到学习中			10	
感知课堂生活	是否能在学习中获得满足感，课堂生活的认同感			10	
参与态度沟通能力	积极主动与教师、同学交流，相互尊重、理解、平等；与教师、同学之间是否能够保持多向、丰富、适宜的信息交流			10	
	能处理好合作学习和独立思考的关系，做到有效学习；能提出有意义的问题或能发表个人见解			10	
知识、能力获得情况	装配尺寸链查找方法：			15	
	举例说明装配尺寸链查找方法的应用：			15	
	如图 6−1 所示主轴箱主轴与尾座套筒中心线等高的结构图中装配尺寸链的封闭环如何确定：			10	
辩证思维能力	是否能发现问题、提出问题、分析问题、解决问题、创新问题			10	
自我反思	按时保质地完成任务；较好地掌握知识点；具有较为全面、严谨的思维能力，并能条理清楚、明晰地表达成文			10	
自评分数					
总结提炼					

任务工作单

组号：_____　　姓名：_____　　学号：_____　　检索号：__6226−2__

小组内互评验收表

验收组长		组名		日期	年　月　日
组内验收成员					
任务要求	装配尺寸链查找方法；举例说明装配尺寸链查找方法的应用；如图 6−1 所示主轴箱主轴与尾座套筒中心线等高的结构图中装配尺寸链的封闭环如何确定；文献检索目录清单				

验收文档清单	被评价人完成的 62252-1 任务工作单		
	文献检索目录清单		
验收评分	评分标准	分数/分	得分
	装配尺寸链查找方法，错一处扣 5 分	30	
	举例说明装配尺寸链查找方法的应用，错一处扣 5 分	30	
	如图 6-1 所示主轴箱主轴与尾座套筒中心线等高的结构图中装配尺寸链的封闭环如何确定，错一处扣 5 分	20	
	提供文献检索目录清单，至少 5 份，缺一份扣 4 分	20	
	评价分数		
不足之处			

任务工作单

被评组号：_____   检索号：　6226-3

小组间互评表

班级		评价小组		日期	年　月　日
评价指标	评价内容			分数/分	分数评定
汇报表述	表述准确			15	
	语言流畅			10	
	准确反映改组完成情况			15	
内容正确度	内容正确			30	
	句型表达到位			30	
	互评分数				

二维码 6-12

任务工作单

组号：_____　姓名：_____　学号：_____　检索号：　6226-4

任务完成情况评价表

任务名称	装配尺寸链的原理及应用		总得分		
评价依据	被评价人完成的 62252-1 任务工作单				
序号	任务内容及要求	配分/分	评分标准	教师评价	
				结论	得分
1	装配尺寸链查找方 / 表述正确	30	错一处扣5分		
2	举例说明装配尺寸链查找方法的应用 / 表述正确	30	错一处扣5分		
3	如图6-1所示主轴箱主轴与尾座套筒中心线等高的结构图中装配尺寸链的封闭环如何确定 / 表述正确	20			
4	至少包含5份文献检索目录清单 / （1）数量	5	每少一个扣1分		
	（2）参考的主要内容要点	5	酌情赋分		
5	素质素养评价 / （1）沟通交流能力	10	酌情赋分，但违反课堂纪律，不听从组长、教师安排，不得分		
	（2）团队合作				
	（3）课堂纪律				
	（4）合作探学				
	（5）自主研学				

二维码 6-13

任务三　产品装配工艺的制定

6.2.3.1　任务描述

分析产品零件图和装配图尺寸精度及位置精度要求，正确参考常见典型机构的装配方法，制定出产品装配工艺规程，并编制装配工艺文件。

6.2.3.2　学习目标

1. 知识目标

掌握产品装配工艺规程的制定步骤及常见典型机构的装配方法。

2. 能力目标

能根据图纸标注，针对不同机器，正确制定出产品装配工艺规程。

3. 素养素质目标

（1）培养系统、全面地分析问题的能力；
（2）培养战略全局思想；
（3）培养注重细节的意识。

6.2.3.3 重难点

1. 重点

产品装配工艺规程的制定步骤。

2. 难点

编写装配工艺文件。

6.2.3.4 相关知识链接

1. 产品装配工艺规程的制定

（1）分析产品图样，确定装配组织形式，划分装配单元，确定装配方法；
（2）拟订装配顺序，划分装配工序，编制装配工艺系统图和装配工艺规程卡片；
（3）选择和设计装配过程中所需要的工具、夹具和设备；
（4）规定总装配和部件装配的技术条件、检查方法和检查工具；
（5）确定合理的运输方法和运输工具；
（6）制定装配时间定额。

2. 常见典型机构的装配

在松键连接时，键与轴和轮槽的配合性质一般取决于机械的工作要求，键固定在轴或轮毂上，而与另一相配零件做相对滑动，以键的尺寸为基准，通过改变轴或轮毂槽的尺寸来得到各种不同的配合要求。

普通平键与半圆键两侧面与轴和轮毂连接必须配合精确，即键与轴为 J2/h8、键与轮毂槽采用 H8/h8 配合。

导向键是用螺钉固定在轴上，要求键与轮毂槽能相对滑动，因此键与轮毂槽的配合应为间隙配合 H9/h8，而键与轴槽则采用 JS/h8 配合，即两侧面必须配合紧密，没有松动现象。

滑键的作用与导向键相同，适用于轴向移动较长的场合，滑键固定在轮槽中（紧密配合），键与轴槽两侧面为间隙配合（H9/h8），以保证滑动时能正常工作。

二维码 6-14

二维码 6-15

6.2.3.5　任务实施

6.2.3.5.1　学生分组

学生分组表 6-5

班级		组号		授课教师	
组长		学号			
组员	姓名	学号	姓名	学号	

6.2.3.5.2　完成任务工单

任务工作单

组号：_____　　姓名：_____　　学号：_____　　检索号：　62352-1　

引导问题：

（1）简述制定零件装配工艺规程的步骤。

_____

_____

（2）不可拆卸固定连接的装配有哪些？分别用于哪些场合？

_____

6.2.3.5.3　合作探究

任务工作单

组号：_____　　姓名：_____　　学号：_____　　检索号：　62353-1　

引导问题：

（1）小组讨论，教师参与，确定任务工作单 63152-1 的最优答案，并检讨自己存在的不足。

_____

（2）每组推荐一个小组长，进行汇报。根据汇报情况，再次检讨自己的不足。

_____

_____

6.2.3.6 评价反馈

任务工作单

组号：_____　　姓名：_____　　学号：_____　　检索号：__6236-1__

自我检测表

班级		组名		日期	年　月　日
评价指标	评价内容			分数/分	分数评定
信息收集能力	能有效利用网络、图书资源查找有用的相关信息等；能将查到的信息有效地传递到学习中			10	
感知课堂生活	是否能在学习中获得满足感，课堂生活的认同感			10	
参与态度沟通能力	积极主动与教师、同学交流，相互尊重、理解、平等；与教师、同学之间是否能够保持多向、丰富、适宜的信息交流			10	
	能处理好合作学习和独立思考的关系，做到有效学习；能提出有意义的问题或能发表个人见解			10	
知识、能力获得情况	制定零件装配工艺规程的步骤：			15	
	不可拆卸固定连接的装配有：			15	
	不可拆卸固定连接的装配分别用于哪些场合：			10	
辩证思维能力	是否能发现问题、提出问题、分析问题、解决问题、创新问题			10	
自我反思	按时保质地完成任务；较好地掌握知识点；具有较为全面、严谨的思维能力，并能条理清楚、明晰地表达成文			10	
自评分数					
总结提炼					

任务工作单

组号：_____　　姓名：_____　　学号：_____　　检索号：__6236-2__

小组内互评验收表

验收组长		组名		日期	年　月　日
组内验收成员					
任务要求	制定零件装配工艺规程的步骤；不可拆卸固定连接的装配有哪些；不可拆卸固定连接的装配分别用于哪些场合；文献检索目录清单				

验收文档清单	被评价人完成的 62352－1 任务工作单		
	文献检索目录清单		
验收评分	评分标准	分数/分	得分
	制定零件装配工艺规程的步骤，错一处扣 5 分	30	
	不可拆卸固定连接的装配有哪些，错一处扣 5 分	30	
	不可拆卸固定连接的装配分别用于哪些场合，错一处扣 5 分	20	
	提供文献检索目录清单，至少 5 份，缺一份扣 4 分	20	
	评价分数		
不足之处			

任务工作单

被评组号：_____   检索号：__6236－3__

小组间互评表

班级		评价小组		日期	年 月 日
评价指标	评价内容			分数/分	分数评定
汇报表述	表述准确			15	
	语言流畅			10	
	准确反映改组完成情况			15	
内容正确度	内容正确			30	
	句型表达到位			30	
	互评分数				

二维码 6－16

任务工作单

组号：_____   姓名：_____   学号：_____   检索号：__6236－4__

任务完成情况评价表

任务名称		产品装配工艺的制定			总得分	
评价依据		被评价人完成的 62152－1 任务工作单				
序号	任务内容及要求		配分/分	评分标准	教师评价	
					结论	得分
1	制定零件装配工艺规程的步骤	表述正确	30	错一处扣 5 分		
2	不可拆卸固定连接的装配有哪些	表述正确	30	错一处扣 5 分		
3	不可拆卸固定连接的装配分别用于哪些场合	表述正确	20			
4	至少包含 5 份文献检索目录清单	（1）数量	5	每少一个扣 1 分		
		（2）参考的主要内容要点	5	酌情赋分		
5	素质素养评价	（1）沟通交流能力	10	酌情赋分，但违反课堂纪律，不听从组长、教师安排，不得分		
		（2）团队合作				
		（3）课堂纪律				
		（4）合作探学				
		（5）自主研学				

二维码 6－17

模块七　特种加工技术认知

项目一　特种加工技术认知

任务一　特种加工的认知

7.1.1.1　任务描述

图7-1所示分别为冲裁模的凸凹模图形，表7-1所示为卡箍落料模凹模零件特点，采用常规的机械加工方法难度大或根本无法加工，只有采用特殊的加工方法和工艺加以解决。特种加工是直接利用电能、热能、光能、化学能、电化学能、声能等进行加工的工艺方法。试分析特种加工与传统切削加工方法相比其加工机理的不同。

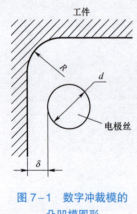

图7-1　数字冲裁模的
凸凹模图形

表7-1　卡箍落料模凹模特点

材料	线径/mm	特点
纯铜	0.1～0.25	适合于切割速度要求不高或特加工时用，丝不易卷曲，抗拉强度低，容易断丝
黄铜	0.1～0.30	适合于高速加工，加工面的蚀屑附着少，表面粗糙度和加工面的平直度也较好
专用黄铜	0.05～0.35	适合于高速、高精度和理想的表面粗糙度加工以及自动穿丝，但价格高
钼	0.06～0.25	由于它的抗拉强度高，一般用于快速走丝，在进行微细、窄缝加工时，也可用于慢速走丝
钨	0.03～0.10	由于抗拉强度高，故可用于各种窄缝的微细加工，但价格昂贵

7.1.1.2　学习目标

1. 知识目标

（1）掌握特种加工方法与传统加工的区别；
（2）掌握典型特种加工方法的特点。

2. 能力目标

（1）能理解特种加工方法的原理；

（2）能理解特种加工方法在一些特殊加工中的应用。

3. 素养素质目标

（1）培养勤于思考及分析问题的意识；

（2）培养创新意识；

（3）培养发散思维意识。

7.1.1.3　重难点

1. 重点

特种加工的认知。

2. 难点

特种加工技术在实际生产中的应用。

7.1.1.4　相关知识链接

随着科学技术、工业生产的发展及各种新兴产业的涌现，工业产品内涵和外延都在扩大；正向着高精度、高速度、高温、高压、大功率、小型化、环保（绿色）化及人本化的方向发展，制造技术本身也应适应这些新的要求而发展，传统机械制造技术和工艺方法面临着更多、更新、更难的问题，主要体现在以下几个方面：

（1）新型材料及传统的难加工材料，如碳素纤维增强复合材料、工业陶瓷、硬质合金、钛合金、耐热钢、镍合金、钨钼合金、不锈钢、金刚石、宝石、石英以及锗、硅等各种高硬度、高强度、高韧性、高脆性、耐高温的金属或非金属材料的加工；

（2）各种特殊复杂表面，如喷气涡轮机叶片、整体涡轮、发动机机匣和锻压模的立体成形表面，各种冲模冷拔模上特殊断面的异形孔，炮管内膛线，喷油器、棚网、喷丝头上的小孔、窄缝及特殊用途的弯孔等的加工；

（3）各种超精、光整或具有特殊要求的零件，如对表面质量和精度要求很高的航天、航空陀螺仪，伺服阀，以及细长轴、薄壁零件、弹性组件等低刚度零件的加工。

上述工艺问题仅仅依靠传统的切削加工方法很难甚至根本无法解决，特种加工就是在这种前提条件下产生和发展起来的。特种加工不是采用常规的刀具或磨具对工件进行切削加工，而是直接利用电能、电化学能、声能或光能等能量，或选择几种能量的复合形式对材料进行加工。特种加工是指切削加工以外的一些新的加工方法。特种加工与传统切削加工的不同点如下：

（1）主要依靠机械能以外的能量（如电、化学、光、声、热等）去除材料，多数属于"熔溶加工"的范畴；

（2）工具硬度可以低于被加工材料的硬度，即能做到"以柔克刚"；

（3）加工过程中工具和工件之间不存在显著的机械切削力；

（4）主运动的速度一般都较低，理论上，某些方法可能成为"纳米加工"的重要手段；

（5）加工后的表面边缘无毛刺残留，微观形貌"圆滑"。

常见的特种加工方法主要有电火花成形加工、电火花线切割加工、电铸加工、电解加工、超声加工和化学加工等。

7.1.1.5　任务实施

7.1.1.5.1　学生分组

学生分组表 7-1

班级			组号		授课教师	
组长			学号			
组员	姓名	学号		姓名		学号

7.1.1.5.2　完成任务工单

任务工作单

组号：＿＿＿＿　姓名：＿＿＿＿　学号：＿＿＿＿　检索号：＿71152-1＿

引导问题：

（1）谈谈你对特种加工技术的认识。

＿＿＿＿＿＿＿＿＿＿＿＿＿＿＿＿＿＿＿＿＿＿＿＿＿＿＿＿＿＿＿＿

＿＿＿＿＿＿＿＿＿＿＿＿＿＿＿＿＿＿＿＿＿＿＿＿＿＿＿＿＿＿＿＿

（2）简述特种加工技术在国防、航空等产业的作用。

＿＿＿＿＿＿＿＿＿＿＿＿＿＿＿＿＿＿＿＿＿＿＿＿＿＿＿＿＿＿＿＿

＿＿＿＿＿＿＿＿＿＿＿＿＿＿＿＿＿＿＿＿＿＿＿＿＿＿＿＿＿＿＿＿

（3）简述特种加工技术和常规加工技术的区别。

＿＿＿＿＿＿＿＿＿＿＿＿＿＿＿＿＿＿＿＿＿＿＿＿＿＿＿＿＿＿＿＿

＿＿＿＿＿＿＿＿＿＿＿＿＿＿＿＿＿＿＿＿＿＿＿＿＿＿＿＿＿＿＿＿

7.1.1.5.3　合作探究

任务工作单

组号：_____　姓名：_____　学号：_____　检索号：__71153-1__

引导问题：

（1）小组讨论，教师参与，确定任务工作单 71152-1 的最优答案，并检讨自己存在的不足。

_____

_____

（2）每组推荐一个小组长，进行汇报。根据汇报情况，再次检讨自己的不足。

_____

_____

7.1.1.6　评价反馈

任务工作单

组号：_____　姓名：_____　学号：_____　检索号：__7116-1__

自我检测表

班级		组名		日期	年　月　日
评价指标	评价内容			分数/分	分数评定
信息收集能力	能有效利用网络、图书资源查找有用的相关信息等；能将查到的信息有效地传递到学习中			10	
感知课堂生活	是否能在学习中获得满足感，课堂生活的认同感			10	
参与态度 沟通能力	积极主动与教师、同学交流，相互尊重、理解、平等；与教师、同学之间是否能够保持多向、丰富、适宜的信息交流			10	
	能处理好合作学习和独立思考的关系，做到有效学习；能提出有意义的问题或能发表个人见解			10	
知识、能力 获得情况	对特种加工技术的认识：			15	
	特种加工技术在国防、航空等产业的作用：			15	
	简述特种加工技术和常规加工技术的区别：			10	
辩证思维能力	是否能发现问题、提出问题、分析问题、解决问题、创新问题			10	
自我反思	按时保质地完成任务；较好地掌握知识点；具有较为全面、严谨的思维能力，并能条理清楚、明晰地表达成文			10	
自评分数					
总结提炼					

任务工作单

组号：_____ 姓名：_____ 学号：_____ 检索号：__7116-2__

小组内互评验收表

验收组长		组名		日期	年 月 日
组内验收成员					
任务要求	对特种加工技术的认识；特种加工技术在国防、航空等产业的作用；简述特种加工技术和常规加工技术的区别；文献检索目录清单				
验收文档清单	被评价人完成的 71152-1 任务工作单				
	文献检索目录清单				
验收评分	评分标准			分数/分	得分
	对特种加工技术的认识，错一处扣5分			30	
	特种加工技术在国防、航空等产业的作用，错一处扣5分			30	
	简述特种加工技术和常规加工技术的区别，错一处扣5分			20	
	提供文献检索目录清单，至少5份，缺一份扣4分			20	
	评价分数				
不足之处					

任务工作单

被评组号：_____ 检索号：__7116-3__

小组间互评表

评价指标	评价内容	分数/分	分数评定
班级	评价小组	日期	年 月 日
汇报表述	表述准确	15	
	语言流畅	10	
	准确反映改组完成情况	15	
内容正确度	内容正确	30	
	句型表达到位	30	
	互评分数		

二维码 7-1

组号：_____ 姓名：_____ 学号：_____ 检索号：__7116-4__

任务完成情况评价表

任务名称		特种加工的认知			总得分		
评价依据		被评价人完成的 71152-1 任务工作单					
序号	任务内容及要求		配分/分	评分标准	教师评价		
					结论	得分	
1	对特种加工技术的认识	表述正确	30	错一处扣 5 分		
2	特种加工技术在国防、航空等产业的作用	表述正确	30	错一处扣 5 分		
3	简述特种加工技术和常规加工技术的区别	表述正确	20			
4	至少包含 5 份文献检索目录清单	（1）数量	5	每少一个扣 1 分		
		（2）参考的主要内容要点	5	酌情赋分		
5	素质素养评价	（1）沟通交流能力	10	酌情赋分，但违反课堂纪律，不听从组长、教师安排，不得分		
		（2）团队合作				
		（3）课堂纪律				
		（4）合作探学				
		（5）自主研学				

二维码 7-2

任务二 特种加工技术分类

7.1.2.1 任务描述

理解特种加工方法根据能量来源和作用形式及加工原理的不同来进行种类的划分，理解各种特种加工方法的特点，理解特种加工方法和常规机械加工方法的衔接与融通关系。

7.1.2.2　学习目标

1. 知识目标

（1）掌握特种加工技术的分类；

（2）掌握不同特种加工方法的特点和应用。

2. 能力目标

（1）能理解常规机械加工方法和特种加工的衔接与融通；

（2）能理解不同特种加工方法在各种加工环境中的应用。

3. 素养素质目标

（1）培养辩证分析能力；

（2）培养创新思维能力。

7.1.2.3　重难点

1. 重点

不同特种加工技术的特点及应用。

2. 难点

特种加工技术与常规机械加工的贯通。

7.1.2.4　相关知识链接

特种加工亦称"非传统加工"或"现代加工方法"，泛指用电能、热能、光能、电化学能、化学能、声能及特殊机械能等能量达到去除或增加材料的加工方法，从而实现材料被去除、变形、改变性能或被镀覆等。

特种加工的一般分类如下：

（1）电能与热能作用方式：电火花加工（EDM）、电火花线切割加工（WEDM）、电子束加工（EBM）和等离子束加工（PAM）。

（2）电能与化学能作用方式：电解加工（ECM）、电镀加工（ECM）、刷镀加工。

（3）电化学能与机械能作用方式：电解磨削（ECG）、电解珩磨（ECH）。

（4）声能与机械能作用方式：超声波加工（USM）。

（5）光能与热能作用方式：激光加工（LBM）。

（6）电能与机械能作用方式：离子束加工（IM）。

（7）液流能与机械能作用方式：挤压珩磨（AFH）和水射流切割（WJC）

特种加工技术方法很多，具体到某种产品的加工，应该选择哪种加工方法呢？选择的依据与传统切削加工是相似的，即应根据毛坯的形状、工件的材质、几何形状、尺寸、精度、生产效率、生产批量及其经济性来选择。常用的特种加工方法的综合比较见表7-2。

表 7-2　几种常用特种加工方法的综合比较

加工方法	加工能力				经济性			适用范围
	成形能力	可加工材料	加工精度/mm（平均/最高）	表面粗糙度 Ra/μm（平均/最高）	加工速度/（mm²·min⁻¹）	设备投资	功率消耗	
电火花加工	好	导电材料	0.03/0.003	10/0.04	30/3 000	中	小	穿孔、型腔加工、磨削、刻字、表面强化
电火花线切割加工	差	导电材料	0.02/0.002	5/0.32	20/200	较低	小	切割
电解加工	较好	导电材料	0.1/0.01	1.25/0.16	100/10 000	高	大	型腔加工、抛光、去毛刺
超声加工	好	脆性材料	0.03/0.005	0.63/0.16	1/100	低	小	穿孔、套料、切割、研磨
激光加工	差	任何材料	0.01/0.001	10/1.25	极低/极高	高	小	微小孔加工、切割、焊接、热处理、快速成形
电子束加工	差	任何材料	0.01/0.001	10/1.25	极低/极高	高	小	微小孔加工、切缝、蚀刻、曝光
离子束加工	差	任何材料	/0.01	/0.01	低	高	小	抛光、蚀刻、掺杂、镀覆
喷射加工	差	任何材料			高	低	小	切割、穿孔
化学加工	差	任何材料	0.05	2.5/0.4	15	低	小	复杂图形加工、刻蚀

7.1.2.5　任务实施

7.1.2.5.1　学生分组

学生分组表 7-2

班级		组号		授课教师	
组长		学号			
组员		姓名	学号	姓名	学号

7.1.2.5.2 完成任务工单

任务工作单

组号：_____　姓名：_____　学号：_____　检索号：__71252−1__

引导问题：

（1）特种加工主要有哪些类别？分别阐述不同种类特种加工的特点和应用。

_____

_____

（2）你了解的特种加工有哪些？

_____

_____

（3）你是否了解现代最新的特种加工技术？对特种加工技术进行畅想。

_____

_____

7.1.2.5.3 合作探究

任务工作单

组号：_____　姓名：_____　学号：_____　检索号：__71253−1__

引导问题：

（1）小组讨论，教师参与，确定任务工作单71252−1的最优答案，并检讨自己存在的不足。

_____

_____

（2）每组推荐一个小组长，进行汇报。根据汇报情况，再次检讨自己的不足。

_____

_____

7.1.2.6 评价反馈

任务工作单

组号：_____　姓名：_____　学号：_____　检索号：__7126−1__

自我检测表

班级		组名		日期	年　月　日
评价指标	评价内容			分数/分	分数评定
信息收集能力	能有效利用网络、图书资源查找有用的相关信息等；能将查到的信息有效地传递到学习中			10	
感知课堂生活	是否能在学习中获得满足感，课堂生活的认同感			10	

评价指标	评价内容	分数/分	分数评定
参与态度 沟通能力	积极主动与教师、同学交流，相互尊重、理解、平等；与教师、同学之间是否能够保持多向、丰富、适宜的信息交流	10	
	能处理好合作学习和独立思考的关系，做到有效学习；能提出有意义的问题或能发表个人见解	10	
知识、能力 获得情况	特种加工的类别：	15	
	不同种类特种加工的特点和应用：	15	
	现代最新的特种加工技术：	10	
辩证思维能力	是否能发现问题、提出问题、分析问题、解决问题、创新问题	10	
自我反思	按时保质地完成任务；较好地掌握知识点；具有较为全面、严谨的思维能力，并能条理清楚、明晰地表达成文	10	
自评分数			
总结提炼			

任务工作单

组号：_____ 姓名：_____ 学号：_____ 检索号：___7126-2___

小组内互评验收表

验收组长		组名		日期	年　月　日
组内验收成员					
任务要求	特种加工有哪些；不同种类特种加工的特点和应用；现代最新的特种加工技术；文献检索目录清单				
验收文档清单	被评价人完成的 71252-1 任务工作单				
	文献检索目录清单				
验收评分	评分标准		分数/分		得分
	特种加工有哪些，错一处扣 5 分		30		
	特种加工技术在国防、航空等产业的作用，错一处扣 5 分		30		
	现代最新的特种加工技术，错一处扣 5 分		20		
	提供文献检索目录清单，至少 5 份，缺一份扣 4 分		20		
	评价分数				
不足之处					

任务工作单

被评组号：_____　　　　检索号：　7126-3

小组间互评表

班级		评价小组		日期	年　月　日
评价指标	评价内容			分数/分	分数评定
汇报表述	表述准确			15	
	语言流畅			10	
	准确反映改组完成情况			15	
内容正确度	内容正确			30	
	句型表达到位			30	
互评分数					

二维码 7-3

任务工作单

组号：_____　姓名：_____　学号：_____　检索号：　7126-4

任务完成情况评价表

任务名称		特种加工技术分类		总得分	
评价依据		被评价人完成的 71252-1 任务工作单			
序号	任务内容及要求		配分/分	评分标准	教师评价
					结论	得分
1	特种加工有哪些	表述正确	30	错一处扣 5 分		
2	特种加工技术在国防、航空等产业的作用	表述正确	30	错一处扣 5 分		
3	现代最新的特种加工技术	表述正确	20			
4	至少包含 5 份文献检索目录清单	（1）数量	5	每少一个扣 1 分		
		（2）参考的主要内容要点	5	酌情赋分		

续表

序号	任务内容及要求		配分/分	评分标准	教师评价	
					结论	得分
5	素质素养评价	（1）沟通交流能力	10	酌情赋分，但违反课堂纪律，不听从组长、教师安排，不得分		
		（2）团队合作				
		（3）课堂纪律				
		（4）合作探学				
		（5）自主研学				

二维码 7-4

 项目二　电火花加工工艺编制及应用

任务一　电火花成形加工的原理、工艺特点及应用认知

7.2.1.1　任务描述

电火花成形加工又称放电加工（Electrical Discharge Machining，EDM），它是在加工过程中，使工具和工件之间不断产生脉冲性的火花放电，靠放电时局部、瞬时产生的高温把金属蚀除下来。因为放电过程可见到火花，故称为电火花加工。

电火花成形加工在工业生产中得到了广泛应用，谈谈适用于电火花成形加工的场合以及进行电火花成形加工应该具备的条件。

7.2.1.2　学习目标

1. 知识目标

（1）掌握电火花成形加工的原理和工艺特点；
（2）掌握理解影响电火花加工的主要因素。

2. 能力目标

（1）能理解电火花成形加工的原理和特点；
（2）能理解电火花成形加工在一些特殊加工中的应用。

3. 素养素质目标

（1）培养勤于思考及分析问题的意识；

（2）培养新技术运用意识；

（3）培养不同技术相结合解决问题的意识。

7.2.1.3　重难点

1. 重点

电火花成形加工的原理和工艺特点。

2. 难点

电火花加工的主要影响因素。

7.2.1.4　相关知识链接

1. 电火花成形加工的原理、机理和特点

1）电火花成形加工的原理

电火花成形加工的原理是基于工具和工件（正、负电极）之间脉冲性火花放电时的电腐蚀现象来蚀除多余的金属，以达到对零件尺寸、形状及表面质量的加工要求。图7-2所示为电火花加工系统图。

工件1与工具4分别与脉冲电源2的两输出端相连接。自动进给调节装置3（此处为液压缸及活塞）使工具和工件间经常保持一个很小的放电间隙，当脉冲电压加到两极之间时，便在当时条件下某一间隙最小处或绝缘强度最低处击穿介质，产生火花放电，瞬时高温使工具和工件表面都蚀除掉一小部分金属，形成一个小凹坑，如图7-3所示。

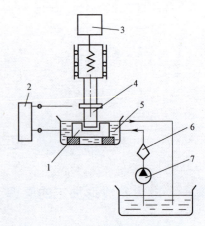

图7-2　电火花加工原理与设备组成

1—工件；2—脉冲电源；3—进给调节装置；4—工具；
5—工作液；6—过滤器；7—工作液泵

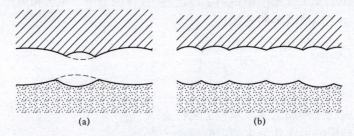

(a)　　　　　　　　　　(b)

图7-3　电火花加工表面局部

(a) 单个脉冲放电；(b) 多个脉冲放电

图7-3（a）所示为单个脉冲放电后的电蚀坑，图7-3（b）所示为多次脉冲放电后的电极表面。脉冲放电结束后，经过一段间隔时间（即脉冲间隔 t_0），工作液恢复绝缘，第二个脉冲电压又加到两极上，会在当时极间距离相对最近或绝缘强度最弱处击穿放电，又电蚀出

一个小凹坑。这样连续不断地重复放电，工具电极不断地向工件进给，即可将工具的形状复制于工件上，加工出所需要的零件。整个加工表面是由无数个小凹坑所组成的。

要达到上述加工目的，设备装置必须具备以下四个条件：

（1）工具电极和工件被加工表面之间保持一定的距离以形成放电间隙。

（2）火花放电必须是瞬时的脉冲性放电，放电延续一段时间后需停歇一段时间，放电延续时间一般为 $10^{-7} \sim 10^{-3}$ s。图 7-4 所示为脉冲电源的电压波形。

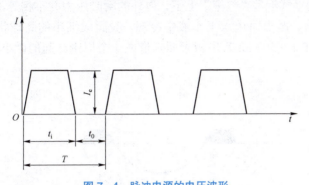

图 7-4　脉冲电源的电压波形

t_i—脉冲宽度；t_0—脉冲间隔；T—脉冲周期；I_e—电流峰值

（3）火花放电必须在有一定绝缘性能的液体介质中进行。

（4）有足够的脉冲放电能量，以保证放电部位的金属熔化或气化。

2）电火花成形加工的机理

火花放电时，电极表面的金属材料被蚀除的微观物理过程即为电火花加工的机理，了解这一微观过程，有助于掌握电火花成形加工的基本规律。

一次脉冲放电过程大致可分为以下四个连续的阶段：极间介质的电离、击穿，形成放电通道；介质热分解，电极材料熔化、气化、热膨胀；电极材料的抛出；极间介质的消电离。

（1）极间介质的电离、击穿，形成放电通道。当脉冲电压施加于工具电极与工件之间时，两极之间立即形成一个电场。电场强度与电压成正比，与距离成反比，随着极间电压的升高或极间距离的减小，极间电场强度也将随着增大，最终在最小间隙处使介质击穿而形成放电通道，电子高速奔向阳极、正离子奔向阴极，并产生火花放电，形成放电通道。放电状况如图 7-5 所示。

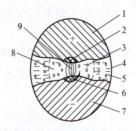

图 7-5　放电状况微观图

1—阳极；2—阳极气化、熔化区；3—熔化的金属微粒；4—工作介质；5—凝固的金属微粒；

6—阴极气化、熔化区；7—阴极；8—气泡；9—放电通道

（2）电极材料熔化、气化、热膨胀。由于放电通道中电子和离子高速运动时相互碰撞，产生大量的热能，两极之间沿通道形成了一个温度高达 10 000 ℃～120 000 C 的瞬时高温热源，电极和工件表面层金属会很快熔化，甚至气化。气化后的工作液和金属蒸气体积瞬时猛增，迅速热膨胀，具有爆炸的特性。

（3）电极材料的抛出。通道和正负极表面放电点瞬时高温使工作液气化和金属材料熔化、气化、热膨胀，产生很高的瞬时压力。通道中心的压力最高，使气化的气体体积不断向外膨胀，形成一个扩张的"气泡"，"气泡"上下、内外的瞬时压力并不相等，压力高处的熔融金属液体和蒸气被排挤、抛出而进入工作液中冷却，凝固成细小的圆球状颗粒，其直径视脉冲能量而异（一般为 0.1～500 μm），电极表面则形成一个周围凸起的微小圆形凹坑，如图 7-6 所示。

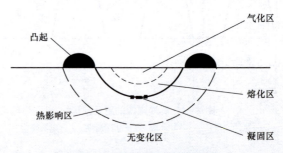

图 7-6　放电凹坑剖面示意图

（4）极间介质的消电离。随着脉冲电压的结束，脉冲电流也迅速降为零，标志着一次脉冲放电结束。但此后仍应有一段间隔时间，使间隙介质消电离，恢复本次放电通道处间隙介质的绝缘强度，以实现下一次脉冲击穿放电。如果电蚀产物和气泡来不及很快排除，就会改变间隙内介质的成分和绝缘强度，破坏消电离过程，易使脉冲放电转变为连续电弧放电，影响加工。

可见，为保证电火花加工过程正常进行，在两次脉冲放电之间应有足够的脉冲间隔时间 t_0，使一次脉冲放电之后两极间的电压急剧下降到接近于零，间隙中的电介质立即恢复到绝缘状态。此后，两极间的电压再次升高，又在另一处绝缘强度最小的地方重复上述放电过程。多次脉冲放电的结果：使整个被加工表面由无数小的放电凹坑构成，工具电极的轮廓形状便被复制在工件上，以达到加工的目的。

3）电火花成形加工的特点

（1）便于加工用机械加工难以加工或无法加工的材料，如淬火钢、硬质合金、耐热合金等。

（2）电极和工件在加工过程中不接触，两者间的宏观作用力很小，所以便于加工小孔、深孔、窄缝零件，而不受电极和工件刚度的限制；对于各种型孔、立体曲面、复杂形状的工件，均可采用成形电极一次加工。

（3）电极材料不必比工件材料硬。

（4）直接利用电、热能进行加工，便于实现加工过程的自动控制。

由于电火花加工有其独特的优点，加上电火花加工工艺技术水平的不断提高及电火花机床的普及，其应用领域日益扩大，已用于模具制造、机械、宇航、航空、电子等部门来解决各种难加工材料和复杂形状零件的加工问题。

2. 影响电火花成形加工工艺的主要因素

1）影响材料腐蚀的主要因素

（1）极性效应对电蚀量的影响；

（2）电参数对电蚀量的影响；

（3）金属材料热学常数对电蚀量的影响。

2）影响加工精度的因素

（1）电极损耗对加工精度的影响；

（2）放电间隙对加工精度的影响；

（3）加工斜度对加工精度的影响。

3）影响表面质量的因素

（1）表面粗糙度。

① 表面粗糙度随脉冲宽度增大而增大；

② 表面粗糙度随峰值电流的增大而增大；

③ 为了减小表面粗糙度，必须减小脉冲宽度和峰值电流；

④ 在粗加工时，提高生产率以增加脉宽和减小间隔为主；精加工时，通过减小脉冲宽度来降低表面粗糙度。

（2）表面变化层。

3. 电火花穿孔加工

用电火花成形加工方法加工通孔称为电火花穿孔加工。它在模具制造中主要用于切削加工方法难以加工的凹模型孔。用电火花加工的冲模，容易获得均匀的配合间隙和所需的落料斜度，刃口平直耐磨，可以相应地提高冲件质量和模具的使用寿命。但加工中电极的损耗会影响加工精度，难以达到小的表面粗糙度，要获得小的棱边和尖角也比较困难。

1）保证凸、凹模配合间隙的方法

（1）直接法；

（2）混合法；

（3）修配凸模法；

（4）二次电极法。

2）电极设计

凹模型孔的加工精度与电极的精度和穿孔时的工艺条件密切相关。为了保证型孔的加工精度，在设计电极时必须合理选择电极材料和确定电极尺寸。此外，还要使电极在结构上便于制造和安装。

（1）电极材料。

（2）电极结构。

① 整体式电极；

② 组合式电极；

③ 镶拼式电极；

④ 分解式电极。

（3）电极尺寸。

① 电极横截面尺寸是指垂直于电极进给方向的电极截面尺寸：当按凹模型孔尺寸及公差确定电极的横截面尺寸时，电极的轮廓应比型孔均匀地缩小一个放电间隙值；当按凸模尺寸和公差确定电极的横截面尺寸时，随凸模、凹模配合间隙（双面）的不同而不同。

② 电极长度尺寸的确定：电极的长度取决于凹模结构形式、型孔的复杂程度、加工深度、电极材料、电极使用次数、装夹形式及电极制造工艺等一系列因素。

3）凹模模坯准备

凹模模坯准备是指电火花加工前的全部加工工序。为了提高电火花加工的生产率和便于工作液强迫循环，凹模模坯应去除型孔废料，留 0.25～1 mm 的单边余量作为电火花穿孔余量。为了避免淬火变形的影响，电火花穿孔加工应在淬火后进行。

4）电规准的选择与转换

电火花加工中所选用的一组电脉冲参数称为电规准。电规准应根据工件的加工要求、电极和工件材料、加工的工艺指标等因素来选择。选择的电规准是否恰当，不仅会影响模具的加工精度，还会直接影响加工的生产率，在生产中主要通过工艺试验确定。通常要用几个规准才能完成凹模型孔加工的全过程。电规准分为粗、中、精三种，从一个规准调整到另一个规准称为电规准的转换。

（1）粗规准主要用于粗加工。对它的要求是生产率高，工具电极损耗小，被加工表面的粗糙度 $Ra > 12.5$ μm。所以粗规准一般采用较大的电流峰值、较长的脉冲宽度（$t_i = 20 \sim 60$ μs）。

（2）中规准是粗、精加工间过渡性加工所采用的电规准，用以减小精加工余量，促进加工稳定性和提高加工速度。中规准采用的脉冲宽度一般为 $6 \sim 20$ μs，被加工表面粗糙度 $Ra = 6.3 \sim 3.2$ μm。

（3）精规准主要用来进行精加工，要求在保证冲模各项技术要求（如配合间隙、表面粗糙度和刃口斜度）的前提下尽可能提高生产率，故多采用小的电流峰值、高频率和短的脉冲宽度（$t_i = 2 \sim 6$ μs）。被加工表面粗糙度可达 $Ra = 1.6 \sim 0.8$ μm。

粗、精规准的正确配合，可以较好地解决电火花加工质量和生产率之间的矛盾。粗规准加工时，排屑容易，冲油压力应小些；转入精规准后加工深度增加，放电间隙小，排屑困难，冲油压力应逐渐增大；当穿透工件时，冲油压力适当降低。对加工斜度、表面粗糙度要求较小和精度要求较高的冲模加工，要将上部冲油改为下端抽油，以减小二次放电的影响。

4. 电火花型腔加工

用电火花成形加工方法进行型腔加工比加工凹模型孔困难得多。型腔加工属于盲孔加工，金属蚀除量大，工作液循环困难，电蚀产物排除条件差，电极损耗不能用增加电极长度和进给的方法来补偿；加工面积大，加工过程中要求电规准的调节范围也较大；型腔复杂，电极损耗不均匀，影响加工精度。因此，型腔加工要从设备、电源、工艺等方面采取措施来减小或补偿电极损耗，以提高加工精度和生产率。

与机械加工相比，电火花加工的型腔加工质量好、粗糙度小，减少了切削加工和工人劳动，使生产周期缩短。近年来它已成为解决型腔加工的一种重要手段。

1）型腔加工的工艺方法

（1）单电极加工方法。

① 用于加工形状简单、精度要求不高的型腔；

② 用于加工经过预加工的型腔；

③ 用单电极平动法加工型腔。

（2）多电极加工法。多电极加工法是用多个电极，依次更换加工同一个型腔。每个电极都要对型腔的整个被加工表面进行加工，但电规准各不相同，所以设计电极时必须根据各电极所用电规准的放电间隙来确定电极尺寸。每更换一个电极进行加工，都必须把被加工表面上由前一个电极加工所产生的电蚀痕迹完全去除。

（3）分解电极法。分解电极法是根据型腔的几何形状，把电极分解成主型腔电极和副型腔电极分别制造。先用主型腔电极加工型腔主要部分，再用副型腔电极加工出尖角、窄缝型腔等部位。此法能根据主、副型腔的不同加工条件，选择不同的电规准，有利于提高加工速度和加工质量，使电极容易制造和整修。但主、副型腔电极的安装精度高。

2）电极设计

（1）电极的材料。

（2）电极结构。

（3）电极尺寸的确定。

① 电极横截面尺寸的确定；

② 电极垂直方向尺寸即电极在平行于主轴轴线方向上的尺寸。

3）电规准的选择与转换

（1）电规准的选择。在选择电规准时应综合考虑这些因素的影响。

① 要求粗规准以高的蚀除速度加工出型腔的基本轮廓，电极损耗要小。为此，一般选用宽脉冲（$t_i > 500\ \mu s$）、大的峰值电流，用负极性进行粗加工。

② 中规准的作用是减小被加工表面的表面粗糙度（一般中规准加工时 $Ra = 11.3 \sim 3.2\ \mu m$），为精加工做准备。要求在保持一定加工速度的条件下，电极损耗尽可能小。通常用脉冲宽度 $t_i = 20 \sim 400\ \mu s$ 及较粗加工小的电流密度进行加工。

③ 精规准。用来使型腔达到加工的最终要求，所去除的余量一般不超过 $0.1 \sim 0.2\ mm$。因此，常采用窄的脉冲宽度（$t_i < 20\ \mu s$）和小的峰值电流进行加工。

（2）电规准的转换。电规准转换的挡数应根据加工对象确定。

5. 电极制造及工件、电极的装夹与校正

1）电极制造

（1）电极的连接。采用混合法工艺时，电极与凸模连接后加工。连接方法可用环氧树脂胶合，以及锡焊、机械连接等方法。

（2）电极的制造方法。根据电极类型、尺寸大小、电极材料和电极结构的复杂程度等进行考虑。孔加工用电极的垂直尺寸一般无严格要求，而水平尺寸要求较高。

① 若适合于切削加工，则可用切削加工方法进行粗加工和精加工。对于紫铜、黄铜一类材料制作的电极，其最后加工可用刨削或由钳工精修来完成，也可采用电火花线切割加工来制作电极。

② 直接用钢凸模作电极时，若凸、凹模配合间隙小于放电间隙，则凸模作为电极部分的断面轮廓必须均匀缩小，可采用氢氟酸（HF）6%（体积比，后同）、硝酸（HNO_3）14%、蒸馏水（H_2O）80%所组成的溶液浸蚀，此外还可采用其他种类的腐蚀液进行浸蚀。当凸、凹模配合间隙大于放电间隙，需要扩大用作电极部分的凸模断面轮廓时，可采用电镀法，单边扩大量在 0.06 mm 以下时表面镀铜，单边扩大量超过 0.06 mm 时表面镀锌。

③ 型腔加工用电极。这类电极水平和垂直方向尺寸要求都较严格，比加工穿孔电极困难。对紫铜电极除采用切削加工法加工外，还可采用电铸法、精锻法等进行加工，最后由钳工精修达到要求。由于使用石墨坯料制作电极时，机械加工、抛光都很容易，所以以机械加工方法为主。当石墨坯料尺寸不够时，可采用螺栓连接或用环氧树脂、聚氯乙烯醋酸液等黏结，制成拼块电极。拼块要用同一牌号的石墨材料，要注意石墨在烧结制作时形成的纤维组织方向，避免不合理拼合引起电极的不均匀损耗，降低加工质量。

2）工件的装夹和校正

电火花成形加工模具工件的校正、压装与工具电极的定位目的，就是使工件与工具电极之间可以实现 x、y、z、c 等各坐标的相对移动，特别是数控电火花加工机床，其数控本身都是以 x、y 基准与 x、y 坐标平行为依据的。

在电火花加工中，工件和工具电极所受的力较小，因此对工件压装的夹紧力要求比切削加工低。为使压装工件时不改变定位所得到的正确位置，在保证工件位置不变的情况下，夹紧力应尽可能小。

3）工具电极的装夹和校正

在电火花加工中，机床主轴进给方向都应该垂直于工作台，因此工具电极的工艺基准必须平行于机床主轴头的垂直坐标，即工具电极的装夹与校正必须保证工具电极进给加工方向垂直于工作台平面。

（1）工具电极的装夹。由于在实际加工中碰到的电极形状各不相同，加工要求也不一样，因此安装电极时电极的装夹方法和电极夹具也不相同。

（2）工具电极的校正。工具电极的校正方式有自然校正和人工校正两种。所谓自然校正就是利用电极在电极柄和机床主轴上的正确定位来保证电极与机床的正确关系；而人工校正一般以工作台面 x、y 水平方向为基准，用百分表、千分表、块规或角尺来校正。

在电极外形不规则、无直壁等情况下就需要辅助基准。一般常用的校正方法如下：

① 极固定板基准校正。在制造电极时，电极轴线必须与电极固定板基准面垂直，校正时用百分表保证固定板基准面与工作台平行，且保证电极与工件对正。

② 极放电痕迹校正电极端面为平面时，除上述方法外，还可用弱规准在工件平面上放电打印记校正电极，并调节到四周均匀地出现放电痕迹（又称放电打印法），以达到校正的目的。

③ 极端面进行校正。主要指工具电极侧面不规则，而电极的端面又在同一平面时，可用"块规"或"等高块"，通过"撞刀保护"挡，使测量端四个等高点尺寸一致，即可认定电极端与工作台平行。

4）工件与工具电极的对正

工件与工具电极的工艺基准校正以后，必须将工件和工具电极的相对位置对正，才能在工件上加工出位置准确的型腔。常用的定位方法主要有以下几种：

（1）移动坐标法。先将工具电极移出工件，移动工具电极的 x 坐标与工件的垂直基准接近，同时密切监测电压表上的指示，在电压表上的指示值急剧变低的瞬间（此时工具电极的垂直基准正好与工件的垂直基准接触），停止移动 x 坐标，然后移动坐标 (x'_0, x_0)，工件和工具电极 x 方向对正。在 y 轴上重复以上操作，工件和工具电极 y 方向对正。

在数控电火花机床上，可用其"端面定位"功能代替电压表，当工具电极的垂直基准正好与工件的垂直基准接触时，机床自动记录下坐标值并反转停止。然后同样按上述方法使工件和电极对正。如果模具工件是规则的方形或圆形，还可用数控电火花机床上的"自动定位"功能进行自动定位。

（2）划线打印法。在工件表面划出型孔轮廓线，将已安装正确的电极垂直下降，与工作表面接触，用眼睛观察并移动工件，使电极对准工件后将工件紧固；或用粗规准初步电蚀打印后观察定位情况，调整位置。当底部或侧面为非平面时，可用角尺作基准。这种方法主要适用于型孔位置精度要求不太高的单型孔工件。

（3）复位法。这种情况多为工具电极的重修复位（例如多电极加工同一型腔）。校正时，工具电极应尽可能与原型腔相符合。校正原理是利用电火花机床自动保持工具电极与工件之间的放电间隙功能，通过火花放电时的进给深度来判断工具电极与原型腔的符合程度。只要工具电极与原型腔未完全符合，总是可以通过移动某一坐标的某一方向来进行调整。继续加大进给深度，如只要向左移动电极，即会加大进给深度。反复调整，直至两者工艺基准完全对准为止。

二维码 7-5

7.2.1.5　任务实施

7.2.1.5.1　学生分组

学生分组表 7-3

班级			组号		授课教师	
组长			学号			
组员	姓名	学号		姓名		学号

7.2.1.5.2 完成任务工单

任务工作单

组号：_____　　姓名：_____　　学号：_____　　检索号：__72152-1__

引导问题：

（1）谈谈你对电火花成形加工的认识。

_____

_____

（2）简述电火花成形加工在国防、航空等产业的作用。

_____

_____

（3）简述电火花成形加工的影响因素。

_____

_____

任务工作单

组号：_____　　姓名：_____　　学号：_____　　检索号：__72152-2__

引导问题：

（1）电火花成形加工相比传统机械加工的优势有哪些？

_____

_____

（2）电火花成形加工在什么情况下会被优先使用？

_____

_____

7.2.1.5.3 合作探究

任务工作单

组号：_____　　姓名：_____　　学号：_____　　检索号：__72153-1__

引导问题：

（1）小组讨论，教师参与，确定任务工作单 72152-1 和 72152-2 的最优答案，并检讨自己存在的不足。

_____

_____

（2）每组推荐一个小组长，进行汇报。根据汇报情况，再次检讨自己的不足。

_____

_____

7.2.1.6 评价反馈

任务工作单

组号：_____ 姓名：_____ 学号：_____ 检索号：__7216-1__

自我检测表

班级			日期	年 月 日
评价指标	评价内容		分数/分	分数评定
信息收集能力	能有效利用网络、图书资源查找有用的相关信息等；能将查到的信息有效地传递到学习中		10	
感知课堂生活	是否能在学习中获得满足感，课堂生活的认同感		5	
参与态度沟通能力	积极主动与教师、同学交流，相互尊重、理解、平等；与教师、同学之间是否能够保持多向、丰富、适宜的信息交流		5	
	能处理好合作学习和独立思考的关系，做到有效学习；能提出有意义的问题或能发表个人见解		10	
知识、能力获得情况	谈谈你对电火花成形加工的认识：		10	
	电火花成形加工在国防、航空等产业的作用：		10	
	简述电火花成形加工的影响因素：		10	
	电火花成形加工相比传统机械加工的优势：		10	
	电火花成形加工在什么情况下会被优先使用：		10	
辩证思维能力	是否能发现问题、提出问题、分析问题、解决问题、创新问题		10	
自我反思	按时保质地完成任务；较好地掌握知识点；具有较为全面、严谨的思维能力，并能条理清楚、明晰地表达成文		10	
自评分数				
总结提炼				

任务工作单

组号：_____ 姓名：_____ 学号：_____ 检索号：__7216-2__

小组内互评验收表

验收组长		组名		日期	年　月　日
组内验收成员					
任务要求	谈谈你对电火花成形加工的认识；电火花成形加工在国防、航空等产业的作用；简述电火花成形加工的影响因素；电火花成形加工相比传统机械加工的优势；电火花成形加工在什么情况下会被优先使用；文献检索目录清单				
验收文档清单	被评价人完成的 71252-1 任务工作单				
	文献检索目录清单				
验收评分	评分标准		分数/分		得分
	谈谈你对电火花成形加工的认识，错一处扣5分		20		
	电火花成形加工在国防、航空等产业的作用，错一处扣5分		20		
	简述电火花成形加工的影响因素，错一处扣5分		20		
	电火花成形加工相比传统机械加工的优势，错一处扣2分		10		
	电火花成形加工在什么情况下会被优先使用，错一处扣2分		10		
	提供文献检索目录清单，至少5份，缺一份扣4分		20		
评价分数					
不足之处					

任务工作单

被评组号：＿＿＿＿＿＿＿＿＿＿＿　　检索号：＿7216-3＿

小组间互评表

班级		评价小组		日期	年　月　日
评价指标	评价内容		分数/分		分数评定
汇报表述	表述准确		15		
	语言流畅		10		
	准确反映改组完成情况		15		
内容正确度	内容正确		30		
	句型表达到位		30		
互评分数					

二维码 7-6

任务工作单

组号：_____ 姓名：_____ 学号：_____ 检索号：__7216-4__

任务完成情况评价表

任务名称	电火花成形加工的原理、工艺特点及应用认知		总得分		
评价依据	被评价人完成的 72152-1 任务工作单				
序号	任务内容及要求		配分/分	评分标准	教师评价
					结论
1	谈谈你对电火花成形加工的认识	表述正确	20	错一处扣 5 分	
2	电火花成形加工在国防、航空等产业的作用	表述正确	20	错一处扣 5 分	
3	简述电火花成形加工的影响因素	表述正确	20	错一处扣 5 分	
4	电火花成形加工相比传统机械加工的优势	表述正确	20	错一处扣 5 分	
5	至少包含 5 份文献检索目录清单	（1）数量	5	每少一个扣 1 分	
		（2）参考的主要内容要点	5	酌情赋分	
6	素质素养评价	（1）沟通交流能力	10	酌情赋分，但违反课堂纪律，不听从组长、教师安排，不得分	
		（2）团队合作			
		（3）课堂纪律			
		（4）合作探学			
		（5）自主研学			

二维码 7-7

任务二　电火花线切割加工的原理、工艺特点及应用认知

7.2.2.1　任务描述

数控电火花线切割加工是在电火花成形加工基础上发展起来的，因其由数控装置控制机床的运动，采用线状电极通过火花放电对工件进行切割，故称为数控电火花线切割加工。谈谈电火花线切割加工的主要工艺特点及应用范围。

7.2.2.2　学习目标

1. 知识目标

（1）掌握电火花线切割加工的原理和工艺特点；

（2）掌握影响数控电火花切割加工工艺指标的主要因素。

2. 能力目标

（1）能理解电火花线切割加工和其他特种加工的衔接与融通；

（2）能理解电火花线切割加工在各种加工环境中的应用。

3. 素养素质目标

（1）培养对"以柔克刚"含义的认识；

（2）培养抓住事物主要矛盾、辩证分析问题的能力。

7.2.2.3　重难点

1. 重点

电火花线切割加工的特点及应用。

2. 难点

电火花线切割加工工艺指标的主要因素。

7.2.2.4　相关知识链接

1. 数控电火花线切割加工的原理、特点及应用

1）加工原理

数控线切割加工的基本原理与电火花成形加工相同，但加工方式不同，它是用细金属丝作电极。线切割加工时，线电极一方面相对于工件不断地往上（下）移动（慢速走丝是单向移动，快速走丝是往返移动），另一方面，装夹工件的十字工作台由数控伺服电动机驱动，在 x、y 轴方向实现切割进给，使线电极沿加工图形的轨迹对工件进行切割加工。图 7-7 所示为数控线切割加工原理的示意图。

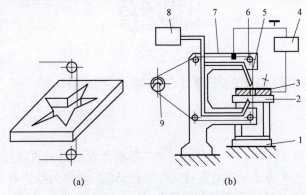

(a)　　　　　　　　(b)

图 7-7　数控线切割加工原理

1—工作台；2—夹具；3—工件；4—脉冲电源；5—电极丝；6—导轮；7—丝架；8—工作液箱；9—储丝筒

2）加工的特点

（1）它是以金属线为工具电极，大大降低了成形工具电极的设计和制造费用，缩短了生产准备时间，加工周期短。

（2）能方便地加工出细小或异形孔，以及窄缝和复杂形状的零件。

（3）无论被加工工件的硬度如何，只要是导电体或半导电体的材料都能进行加工。由于加工中工具电极和工件不直接接触，没有像机械加工那样的切削力，因此，也适宜加工低刚度工件及细小零件。

（4）由于电极丝比较细，切缝很窄，能对工件材料进行"套料"加工，故材料的利用率很高，能有效地节约贵重材料。

（5）由于采用移动的长电极丝进行加工，使单位长度电极丝的损耗较小，从而对加工精度的影响比较小，特别在低速走丝线切割加工时，电极丝一次使用，电极损耗对加工精度的影响更小。

（6）依靠数控系统的线径偏移补偿功能，使冲模加工的凹凸模间隙可以任意调节。

（7）采用四轴联动控制时，可加工上、下面异形体，形状扭曲的曲面体，变锥度和球形体等零件。

3）数控线切割加工的应用

线切割广泛用于加工硬质合金、淬火钢模具零件、样板、各种形状复杂的细小零件、窄缝等。如形状复杂、带有尖角窄缝的小型凹模的型孔可采用整体结构在淬火后加工，既能保证模具精度，也可简化模具的设计和制造。此外，电火花线切割还可加工除盲孔以外的其他难加工的金属零件。

2. 影响数控线切割加工工艺指标的主要因素

1）主要工艺指标

（1）切割速度 v_{wi}。单位时间内电极丝中心线在工件上切过的面积总和称为切割速度，单位为 mm²/min，通常快走丝线切割速度为 40～80 mm²/min，慢走丝线切割速度可达 350 mm²/min。

（2）切割精度。线切割加工后，工件的尺寸精度、形状精度（如直线度、平面度、圆度等）和位置精度（如平行度、垂直度、倾斜度等）称为切割精度。快走丝线切割精度可达 0.01 mm，一般为±0.015～0.02 mm；慢走丝线切割精度可达±0.001 mm 左右。

（3）表面粗糙度。线切割加工中的工件表面粗糙度通常用轮廓算术平均值偏差 Ra 值表示。快走丝线切割加工的 Ra 值一般为 1.25～2.5 μm，最低可达 0.63～1.25 μm；慢走丝线切割的 Ra 值可达 0.3 μm。

2）影响工艺指标的主要因素

（1）脉冲电源主要参数的影响。

① 峰值电流 I_e 是决定单脉冲能量的主要因素之一；

② 脉冲宽度 t_i 主要影响加工速度和表面粗糙度；

③ 脉冲间隔 t_0 直接影响平均电流；

④ 空载电压 u_i 的影响；

⑤ 放电波形的影响。

（2）电极及其走丝速度的影响。

① 电极丝直径的影响；

② 电极丝走丝速度的影响。

（3）工件厚度及材料的影响。

① 加工铜、铝、淬火钢时，加工过程稳定，切割速度高；

② 加工不锈钢、磁钢、未淬火高碳钢时，稳定性较差，切割速度较低，表面质量不太好；

③ 加工硬质合金时，比较稳定，切割速度较低，表面粗糙度好。

（4）诸因素对工艺指标的相互影响关系。

前面分析了各主要因素对线切割加工工艺指标的影响。实际上，各因素对工艺指标的影响往往是相互依赖又相互制约的。

切割速度与脉冲电源的电参数有直接的关系，它将随单个脉冲能量的增加和脉冲频率的提高而提高，但有时也受到加工条件或其他因素的制约。因此，为了提高切割速度，除了合理选择脉冲电源的电参数外，还要注意其他因素的影响，如工作液种类、浓度、脏污程度的影响，线电极材料、直径、走丝速度和抖动的影响，工件材料和厚度的影响，切割加工进给速度、稳定性和机械传动精度的影响等。合理地选择搭配各因素指标，可使两极间维持最佳的放电条件，以提高切割速度。

表面粗糙度主要取决于单个脉冲放电能量的大小，但线电极的走丝速度和抖动状况等因素对表面粗糙度的影响也很大，而线电极的工作状况则与所选择的线电极材料、直径和张紧力大小有关。

加工精度主要受机械传动精度的影响，但线电极直径、放电间隙大小、工作液喷流流量大小和喷流角度等也会影响加工精度。

因此，在线切割加工时，要综合考虑各因素对工艺指标的影响，善于取其利、去其弊，以充分发挥设备性能，达到最佳的切割加工效果。

3. 数控线切割加工工艺的制定

数控线切割加工，一般是作为工件的最后一道工序，使工件达到图样规定的精度和表面粗糙度。数控线切割加工工艺制定的内容主要有以下几个方面：零件图的工艺分析、工艺准备、加工参数的选择。

1）零件图的工艺分析

主要分析零件的凹角和尖角是否符合线切割加工的工艺条件、零件的加工精度及表面粗糙度是否在线切割加工所能达到的经济精度范围内。

（1）凹角和尖角的尺寸分析。因电极丝具有一定的直径 d，加工时又有放电间隙 δ，使电极丝中心的运动轨迹与加工面相距 l，即 $l = d/2 + \delta$，如图 7-8 所示。因此，加工凸模类零件时，电极丝中心轨迹应放大；加工凹模类零件时，中心轨迹应缩小。

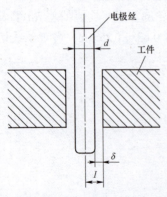

图 7-8　电极丝与工件

对凹角，有

$$R_1 \geqslant l = d/2 + \delta$$

对尖角，有

$$R_2 = R_1 - Z/2$$

式中：R_1——凹角圆弧半径；

　　　R_2——尖角圆弧半径；

　　　Z——凹、凸模的配合间隙。

（2）表面粗糙度及加工精度分析。合理确定线切割加工表面粗糙度 Ra 值是很重要的。因为 Ra 值的大小对线切割速度 v_{wi} 影响很大，Ra 值降低一个档次将使线切割速度 v_{wi} 大幅下降。所以，要检查零件图样上是否有过高的表面粗糙度要求。此外，线切割加工所能达到的表面粗糙度 Ra 值是有限的，譬如欲达到优于 $Ra0.32\ \mu m$ 的要求还较困难，因此，若不是特殊需要，零件上标注的 Ra 值应尽可能不要太小，否则对生产率的影响很大。

同样，也要分析零件图上的加工精度是否在数控线切割机床加工精度所能达到的范围内，然后根据加工精度要求的高低来合理确定线切割加工的有关工艺参数。

2）工艺准备

工艺准备主要包括线电极准备、工件准备和工作液配制。

（1）线电极准备。

① 线电极材料的选择；

② 线电极直径的选择。

由图 7-9 可知，线电极直径 d 与拐角半径 R 及放电间隙 δ 的关系为 $d \leqslant 2(R - \delta)$。所以，在拐角要求小的微细线切割加工中，需要选用线径细的电丝。

（2）工件准备。

① 工件材料的选定和处理。以线切割加工为主要工艺时，钢件的加工工艺路线一般为：下料→锻造→退火→机械粗加工→淬火与高温回火→磨加工（退磁）→线切割加工→钳工修整。

② 工件加工基准的选择。

a. 以外形为校正和加工基准。外形是矩形的工件，一般需要有两个相互垂直的基准面，并垂直于工件的上、下平面，如图 7-10 所示。

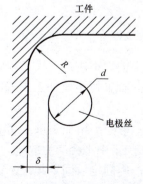

图 7-9　线电极直径与拐角的关系

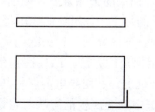

图 7-10　矩形工件的校正与加工基准

b. 以外形为校正基准，内孔为加工基准。如图 7-11 所示。在大多数情况下，外形基面在线切割加工前的机械加工中就已准备好了。工件淬硬后，若基面变形很小，则稍加打光便可用线切割加工；若变形较大，则应当重新修磨基面。

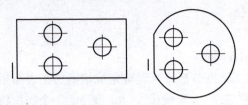

图 7-11　外形一侧为校正基准，内孔为加工基准

　　③ 穿丝孔的确定。

　　a. 切割凸模类零件，此时为避免将坯件外形切断引起变形，通常在坯件内部外形附近预制穿丝孔，如图 7-12（c）所示。

　　b. 切割凹模、孔类零件。此时可将穿丝孔位置选在待切割型腔（孔）内部。当穿丝孔位置选在待切割型腔（孔）的边角处时，切割过程中无用的轨迹最短；若穿丝孔位置选在已知坐标尺寸的交点处，则有利于尺寸推算；切割孔类零件时，若将穿丝孔位置选在型孔中心，则可使编程操作容易。

　　c. 穿丝孔大小。穿丝孔大小要适宜。穿丝孔径太小，不但钻孔难度增加，而且也不便于穿丝；若穿丝孔径太大，则会增加钳工工艺的难度。一般穿丝孔径通常为 ϕ（3～10）mm。如果预制孔，则可用车削等方法加工，且穿丝孔径也可大些。

　　④ 切割路线的确定。切割孔类零件时，为了减少变形，还可采用二次切割法，如图 7-13 所示。第一次粗加工型孔，各边留余量 0.1～0.5 mm，第二次切割为精加工，这样可以达到比较满意的效果。

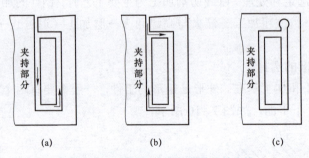

(a)　　　　　　　　(b)　　　　　　　　(c)

图 7-12　切割起始点和切割路线的安排

　　⑤ 接合凸尖的去除方法。如图 7-14 所示，这个凸尖的大小决定于线径和放电间隙。在快速走丝的加工中，用细的线电极加工，凸尖一般很小，而在慢走丝加工中就比较大，必须将它去除。下面介绍几种去除凸尖的方法。

　　a. 利用拐角的方法。凸模在拐角位置的凸尖比较小，可减小精加工量，切下前要将凸模固定在外框上，并用导电金属将其与外框连通，否则在加工中不会产生放电。

　　b. 切缝中插金属板的方法。将切割要掉下来的部分，用固定板固定起来，在切缝中插入金属板，金属板长度与工件厚度大致相同，金属板应尽量向切落侧靠近，切割时应往金属

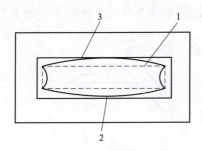

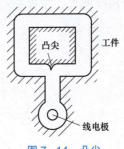

图 7-13　二次切割孔类零件　　　　　　图 7-14　凸尖

1—第一次切割的理论图形；2—第一次切割的实际图形；
3—第二次切割的图形

板方向多切入大约一个线电极直径的距离。

c. 用多次切割的方法。工件切断后，对凸尖进行多次切割精加工。

（3）工作液的准备。根据线切割机床的类型和加工对象，选择工作液的种类、浓度及导电率等。对快速走丝线切割加工，一般常用质量分数为 10% 左右的乳化液，此时可达到较高的线切割速度；对于慢速走丝线切割加工，普遍使用去离子水。

3）加工参数的选择

（1）电参数的选择。

① 空载电压；

② 放电电容；

③ 脉宽和间隔；

④ 峰值电流。峰值电流 I_e 主要根据表面粗糙度和电极丝直径选择。要求 Ra 值小于 1.25 μm 时，I_e 取 6.8 A 以下；要求 Ra 值为 1.25～2.5 μm 时，I_e 取 6～12 A；Ra 值大于 2.5 μm 时，I_e 可取更高的值。电极丝直径越粗，I_e 的取值可越大。

（2）速度参数的选择。

① 进给速度，正式加工时，一般将试切的进给速度下降 10%～20%，以防止短路和断丝；

② 走丝速度应尽量快一些，对快走丝线切割来说，有利于减小因线电极损耗对加工精度的影响，尤其是对厚工件的加工，由于线电极的损耗，会使加工面产生锥度。

一般走丝速度是根据工件厚度和切割速度来确定的。

（3）线径偏移量的确定。

正式加工前，按照确定的加工条件，切一个与工件的材料和厚度相同的正方形，测量尺寸，确定线径偏移量。在积累了足够的工艺数据或生产厂家提供了有关工艺参数时，可参照相关数据进行确定。

在进行多次切割时，要考虑工件的尺寸公差，估计尺寸变化，分配每次切割时的偏移量。偏移量的方向按切割凸模或凹模以及切割路线的不同而定。

4. 工件的装夹和位置校正

1）对工件装夹的基本要求

（1）工件的装夹基准面应清洁无毛刺，经过热处理的工件，在穿丝孔或凹模类工件扩孔的台阶处，要清理热处理液的渣物及氧化膜表面。

（2）夹具精度要高，工件至少用两个侧面固定在夹具或工作台上，如图7-15所示。

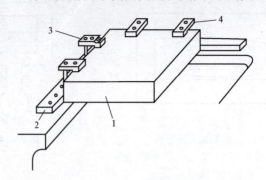

图7-15　工件的固定

1—工件；2—工件挡板；3—弹簧压板；4—工件压板

（3）装夹工件的位置要有利于工件的找正，并能满足加工行程的需要，工作台移动时不得与丝架相碰。

（4）装夹工件的作用力要均匀，不得使工件变形或翘起。

（5）批量加工零件时，最好采用专用夹具，以提高效率。

（6）细小、精密、壁薄的工件应固定在辅助工作台或不易变形的辅助夹具上，如图7-16所示。

2）工件的装夹

（1）悬臂支撑方式。如图7-17所示的悬臂支撑方式装夹方便、通用性强，但工件平面与工作台面找平困难，工件受力时位置易变化。因此，只在工件加工要求低或悬臂部分小的情况下使用。

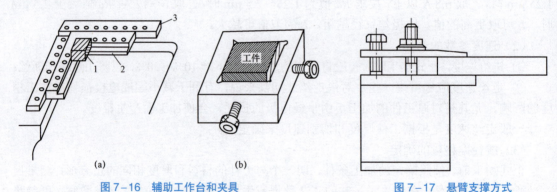

图7-16　辅助工作台和夹具

（a）辅助工作台；（b）夹具

1—工件；2—辅助工作台；3—工件挡板

图7-17　悬臂支撑方式

（2）两端支撑方式。两端支撑方式是将工件两端固定在夹具上，如图7-18所示。用这种方式装夹方便、稳定，定位精度高，但不适于装夹较小的工件。

（3）桥式支撑方式。桥式支撑方式是在两端支撑的夹具上加两块支撑垫铁（见图7-19）。桥式支撑方式装夹方便，对大、中、小型工件都适用。

（4）板式支撑方式。板式支撑方式是根据常规工件的形状，制成具有矩形或圆形孔的支

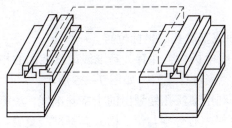

图7-18　两端支撑方式

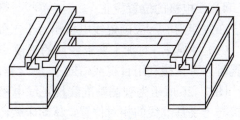

图7-19　桥式支撑方式

撑板夹具，如图7-20所示。此种方式装夹精度高，适用于常规与批量生产。同时，也可增加纵、横方向的定位基准。

（5）复式支撑方式。在通用夹具上装夹专用夹具，便成为复式支撑方式，如图7-21所示。此方式对于批量加工尤为方便，可缩短装夹和校正时间，提高效率。

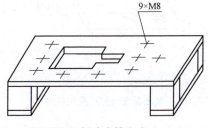

图7-20　板式支撑方式

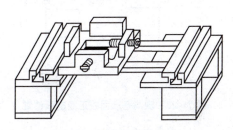

图7-21　复式支撑方式

3）工件位置的校正方法

（1）拉表法。拉表法是利用磁力表架，将百分表固定在丝架或其他固定位置上，百分表头与工件基面接触，往复移动床鞍，按百分表指示数值调整工件。校正应在三个方向上进行，如图7-22所示。

（2）划线法。当工件待切割图形与定位基准相互位置要求不高时，可采用划线法，如图7-23所示。固定在丝架上的一个带有顶丝的零件将划针固定，划针尖指向工件图形的基准线或基准面，移动纵（或横）向床鞍，据目测调整工件进行找正。该法也可以在粗糙度较差的基面校正时使用。

（3）固定基面靠定法。固定基面靠定法是利用通用或专用夹具纵、横方向的基准面，经过一次校正后，保证基准面与相应坐标方向一致，于是具有相同加工基准面的工件可以直接靠定，即保证了工件的正确加工位置，如图7-24所示。

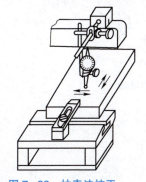

图7-22　拉表法校正

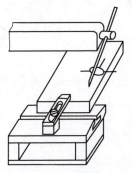

图7-23　划线法校正

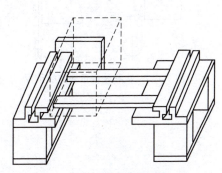

图7-24　固定基面靠定法

4）线电极的位置校正

在线切割前，应确定线电极相对于工件基准面或基准孔的坐标位置。

（1）目视法。对加工要求较低的工件，在确定线电极与工件有关基准线或基准面的相互位置时，可直接利用目视或借助于 2～8 倍的放大镜来进行观察，如图 7-25 所示。

图 7-26 所示为观测基准线校正线电极位置。利用穿丝孔处划出的十字基准线，观测线电极与十字基准线的相对位置，移动床鞍，使线电极中心分别与纵、横方向基准线重合，此时的坐标值就是线电极的中心位置。

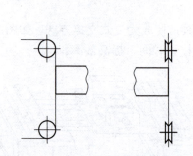

图 7-25　观测基准面校正线电极位置

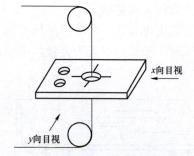

图 7-26　观测基准线校正线电极位置

（2）火花法。火花法是利用线电极与工件在一定间隙时发生火花放电来确定线电极的坐标位置的，如图 7-27 所示。

（3）自动法。自动找中心是为了让线电极在工件的孔中心定位。具体方法为：移动横向床鞍，使电极丝与孔壁相接触，记下坐标值 x_1，反向移动床鞍至另一导通点，记下相应坐标值 x_2，将拖板移至两者绝对值之和的一半处，即 $(|x_1|+|x_2|)/2$ 的坐标位置。同理也可得到 y_1 和 y_2，则基准孔中心与线电极中心相重合的坐标值为 $[(|x_1|+|x_2|)/2, (|y_1|+|y_2|)/2]$，如图 7-28 所示。

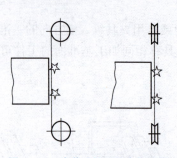

图 7-27　火花法校正线电极位置

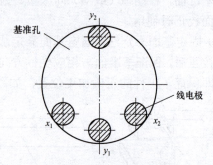

图 7-28　自动法

7.2.2.5 任务实施

7.2.2.5.1 学生分组

学生分组表 7-4

班级		组号		授课教师	
组长		学号			
组员		姓名	学号	姓名	学号

7.2.2.5.2 完成任务工单

任务工作单

组号：_____ 姓名：_____ 学号：_____ 检索号：__72252-1__

引导问题：

（1）简述电火花切割加工的特点和应用。

_____

_____

（2）电火花切割加工的主要应用场合有哪些？

_____

_____

（3）电火花切割加工的工艺准备有哪些？

_____

_____

7.2.2.5.3 合作探究

任务工作单

组号：_____ 姓名：_____ 学号：_____ 检索号：__72253-1__

引导问题：

（1）小组讨论，教师参与，确定任务工作单 72252-1 的最优答案，并检讨自己存在的不足。

（2）每组推荐一个小组长，进行汇报。根据汇报情况，再次检讨自己的不足。

7.2.2.6 评价反馈

任务工作单

组号：_____ 姓名：_____ 学号：_____ 检索号：___7226-1___

自我检测表

班级		组名		日期	年　月　日
评价指标	评价内容			分数/分	分数评定
信息收集能力	能有效利用网络、图书资源查找有用的相关信息等；能将查到的信息有效地传递到学习中			5	
感知课堂生活	是否能在学习中获得满足感，课堂生活的认同感			5	
参与态度沟通能力	积极主动与教师、同学交流，相互尊重、理解、平等；与教师、同学之间是否能够保持多向、丰富、适宜的信息交流			5	
	能处理好合作学习和独立思考的关系，做到有效学习；能提出有意义的问题或能发表个人见解			5	
知识、能力获得情况	简述电火花切割加工的特点和应用：			20	
	电火花切割加工的主要应用场合有哪些：			20	
	电火花切割加工的工艺准备有哪些：			20	
辩证思维能力	是否能发现问题、提出问题、分析问题、解决问题、创新问题			10	
自我反思	按时保质地完成任务；较好地掌握知识点；具有较为全面、严谨的思维能力，并能条理清楚、明晰地表达成文			10	
自评分数					
总结提炼					

任务工作单

组号：_____ 姓名：_____ 学号：_____ 检索号：__7226-2__

小组内互评验收表

验收组长		组名		日期	年 月 日
组内验收成员					
任务要求	简述电火花切割加工的特点和应用；电火花切割加工的主要应用场合有哪些；电火花切割加工的工艺准备有哪些；文献检索目录清单				
验收文档清单	被评价人完成的 72252-1 任务工作单				
	文献检索目录清单				
验收评分	评分标准		分数/分		得分
	简述电火花切割加工的特点和应用，错一处扣 5 分		20		
	电火花切割加工的主要应用场合有哪些，错一处扣 5 分		30		
	电火花切割加工的工艺准备有哪些，错一处扣 5 分		30		
	提供文献检索目录清单，至少 5 份，缺一份扣 4 分		20		
	评价分数				
不足之处					

任务工作单

被评组号：_____ 检索号：__7226-3__

小组间互评表

班级		评价小组		日期	年 月 日
评价指标	评价内容		分数/分		分数评定
汇报表述	表述准确		15		
	语言流畅		10		
	准确反映改组完成情况		15		
内容正确度	内容正确		30		
	句型表达到位		30		
	互评分数				

二维码 7-8

任务工作单

组号：_____ 姓名：_____ 学号：_____ 检索号： <u>7226-4</u>

任务完成情况评价表

任务名称	电火花成形加工的原理、工艺特点及应用认知			总得分	
评价依据	被评价人完成的 72252-1 任务工作单				

序号	任务内容及要求		配分/分	评分标准	教师评价	
					结论	得分
1	简述电火花切割加工的特点和应用	表述正确	20	错一处扣 5 分		
2	电火花切割加工的主要应用场合有哪些	表述正确	30	错一处扣 5 分		
3	电火花切割加工的工艺准备有哪些	表述正确	20	错一处扣 5 分		
4	至少包含 5 份文献检索目录清单	（1）数量	10	每少一个扣 2 分		
		（2）参考的主要内容要点	10	酌情赋分		
5	素质素养评价	（1）沟通交流能力	10	酌情赋分，但违反课堂纪律，不听从组长、教师安排，不得分		
		（2）团队合作				
		（3）课堂纪律				
		（4）合作探学				
		（5）自主研学				

二维码 7-9